高等院校计算机应用系列教材

AutoCAD 2022
基础教程
（微课版）

孙薇　孟祥玲　于佳佳　主编

清華大學出版社
北　京

内 容 简 介

本书作为 AutoCAD 的基础教程，详细介绍了 AutoCAD 2022 的主要功能和应用技巧。全书共 15 章，第 1~14 章为 AutoCAD 的软件知识，在介绍软件知识的同时配以大量实用的操作练习和实例，让读者在轻松的学习中快速掌握软件的使用技巧，同时对软件知识达到学以致用的目的；第 15 章主要讲解 AutoCAD 在工程制图中的案例应用。

本书内容丰富、结构合理、思路清晰、语言简洁流畅、示例翔实。本书主要面向使用 AutoCAD 制图的初学者，适合作为高等院校相关专业的教材，也可作为 AutoCAD 爱好者的自学参考书。

本书配套的电子课件、习题答案和实例源文件可以到 http://www.tupwk.com.cn/downpage 网站下载，也可以扫描前言中的二维码获取。扫描前言中的"看视频"二维码可以直接观看教学视频。

图书在版编目(CIP)数据

AutoCAD 2022基础教程：微课版 / 孙薇，孟祥玲，于佳佳主编. —北京：清华大学出版社，2023.1

高等院校计算机应用系列教材

ISBN 978-7-302-62394-6

Ⅰ.①A⋯　Ⅱ.①孙⋯ ②孟⋯ ③于⋯　Ⅲ.①AutoCAD软件—教材　Ⅳ.①TP391.72

中国国家版本馆 CIP 数据核字 (2023) 第 012960 号

责任编辑：胡辰浩
封面设计：高娟妮
版式设计：孔祥峰
责任校对：成凤进
责任印制：曹婉颖

出版发行：清华大学出版社
　　　网　　　址：http://www.tup.com.cn，http://www.wqbook.com
　　　地　　　址：北京清华大学学研大厦 A 座　　　　邮　　编：100084
　　　社 总 机：010-83470000　　　　　　　　　　邮　　购：010-62786544
　　　投稿与读者服务：010-62776969，c-service@tup.tsinghua.edu.cn
　　　质 量 反 馈：010-62772015，zhiliang@tup.tsinghua.edu.cn
印 装 者：三河市铭诚印务有限公司
经　　销：全国新华书店
开　　本：185mm×260mm　　　印　　张：22　　　字　　数：508 千字
版　　次：2023 年 3 月第 1 版　　　印　　次：2023 年 3 月第 1 次印刷
定　　价：86.00 元

产品编号：098155-01

前　言

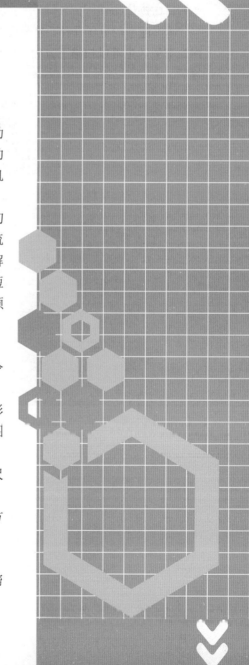

　　AutoCAD是目前应用广泛的辅助设计软件之一，其功能强大，使用方便。AutoCAD凭借其智能化、直观生动的交互界面和强大的图形处理能力，被广泛应用于建筑、机械、电子等领域。

　　本书主要面向AutoCAD 2022的初中级学习者，从初中级学习者的角度出发，合理安排知识点，运用简洁流畅的语言，结合丰富实用的练习和实例，由浅入深地讲解AutoCAD在辅助制图领域的应用。本书让读者可以在最短的时间内学习到实用的知识，轻松掌握AutoCAD在专业领域的应用方法和技巧。

　　本书共15章，具体内容如下。

- 第1、2章：主要讲解AutoCAD的基础知识、命令方式、坐标系、图形特性与图层管理等。
- 第3~9章：主要讲解运用AutoCAD绘制和编辑图形的操作方法，以及辅助绘图功能、图块运用和图案填充等内容。
- 第10、11章：主要讲解为图形添加文字注释和尺寸标注等内容。
- 第12、13章：主要讲解绘制和编辑二维图形的方法。
- 第14章：主要讲解图形打印和输出的方法。
- 第15章：通过综合案例来巩固本书所学知识，帮助读者掌握AutoCAD在实际工作中的应用。

本书内容丰富、结构清晰、图文并茂、通俗易懂,适合以下读者学习和使用。

○ 从事初中级AutoCAD制图的工作人员。

○ 在培训机构学习AutoCAD制图的学员。

○ 高等院校相关专业的学生。

本书由哈尔滨理工大学的孙薇、孟祥玲和于佳佳合作编写。其中,孙薇编写了第3、4、5、9、10、11章,孟祥玲编写了第1、2、6、12、13章,于佳佳编写了第7、8、14、15章和附录。我们真切希望读者在阅读本书之后,不仅能开拓视野,还可以增长实践操作技能,并且学习和总结操作的经验与规律,达到灵活运用的水平。

由于作者水平有限,书中难免有不足之处,恳请专家和广大读者批评指正。在本书的编写过程中参考了相关文献,在此向这些文献的作者深表感谢。我们的电话是010-62796045,信箱是992116@qq.com。

本书配套的电子课件、实例源文件、习题答案可以到http://www.tupwk.com.cn/downpage网站下载,也可以扫描下方的二维码获取。扫描下方的"看视频"二维码可以直接观看教学视频。

配套资源   扫一扫

扫描下载   看视频

作　者

2022年9月

目 录

第1章

AutoCAD 基础知识

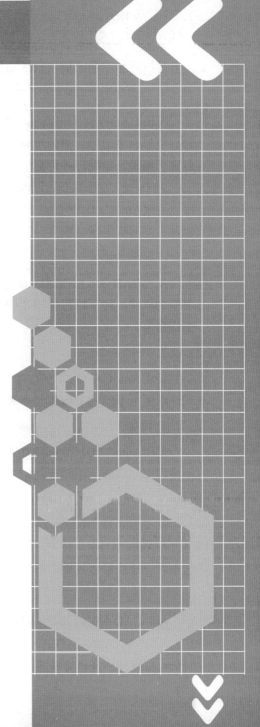

本章导读

　　AutoCAD是一款功能强大的绘图软件，主要应用于计算机中的辅助设计领域，是目前使用较为广泛的计算机辅助绘图软件之一。使用该软件不仅能够将涉及的方案用规范、美观的图纸表现出来，还能有效地帮助设计人员提高设计水平及工作效率，从而解决传统手工绘图效率低、准确度差以及工作强度大的问题。用户在学习AutoCAD制图之前，首先要了解并掌握AutoCAD的一些基本功能，为后期的深入学习打下坚实的基础。

本章重点

　　○　AutoCAD 2022工作界面
　　○　AutoCAD命令方式
　　○　AutoCAD文件管理
　　○　AutoCAD坐标定位

二维码教学视频

　　【练习】修改默认的工作界面
　　【练习】切换工作空间

1.1 AutoCAD概述

AutoCAD软件由美国Autodesk公司于1982年首次推出，并经过了不断完善和更新。该软件集专业性、功能性、实用性于一体，是计算机辅助设计领域较受欢迎的绘图软件之一。

1.1.1 AutoCAD功能简介

AutoCAD是计算机辅助绘图与设计软件包，具有功能强大、易于掌握、使用方便等特点，能够绘制平面图形与三维图形，深受广大工程技术人员的喜爱。

1. 绘制并编辑图形

AutoCAD提供了丰富的绘图命令，使用这些命令可以绘制直线、构造线、多段线、圆、矩形、多边形、椭圆等基本图形，也可以对图形进行填充，还可以借助编辑命令对图形进行编辑，绘制出各种复杂的图形。

对于一些二维图形，可以通过拉伸、旋转等操作将其转换为三维图形。另外，用户还可以通过AutoCAD提供的三维绘图命令，方便地绘制长方体、圆柱体、球体等基本实体，以及三维网格等网格模型。

2. 创建表格

AutoCAD可以直接通过对话框创建表格，而不是使用直线工具来绘制。用户可以设置表格的样式，便于以后使用相同格式的表格，还可以在表格中使用简单公式，计算总数和平均值等。

3. 文字注释

使用AutoCAD的文字功能可以为图形标注说明、技术要求等。用户可以设置文字样式，以便用不同的字体和大小等设置标注文字。

4. 尺寸标注

使用AutoCAD尺寸标注功能可以为图形对象标注各种形式的尺寸。用户可以设置尺寸标注样式，以满足不同行业、不同国家对尺寸标注样式的要求，还可以随时更改已有标注值和标注样式。

5. 渲染三维图形

在AutoCAD中，使用光源和材质可以将模型渲染为具有真实感的图像。如果只需要快速查看设计的整体效果，则可以将实体简单消隐或设置视觉样式进行处理。

6. 输出与打印图形

AutoCAD不仅可以将所绘图形以不同样式通过绘图仪或打印机输出，还可以将不同格式的图形导入AutoCAD中，或将AutoCAD图形以其他格式输出。因此，当完成图形的绘制后，可以使用多种方法将其输出。

1.1.2　AutoCAD应用领域

AutoCAD的应用极其广泛，包括建筑、工业、电子、军事、医学及交通等领域，而在建筑设计、室内外装饰设计和机械工业设计等领域的应用更为重要。

- 在机械工业设计领域，可以使用AutoCAD进行机械工业设计，模拟产品实际的工作情况，监测产品造型与机械在实际使用中的缺陷，以便在产品进行批量生产之前及早做出相应的改进，避免因设计失误而造成巨大损失。AutoCAD机械工业设计图如图1-1所示。
- 在建筑设计领域，利用AutoCAD能够绘制出尺寸精确的建筑设计与施工图，为工程施工提供参照依据。AutoCAD建筑设计图如图1-2所示。

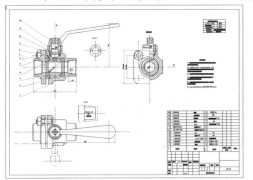 

图1-1　AutoCAD 机械工业设计图　　　　　　图1-2　AutoCAD 建筑设计图

1.2　启动与退出AutoCAD

要使用AutoCAD进行绘图操作，首先需要启动AutoCAD应用程序，结束绘图操作后，还应该退出该程序，以节省计算机内存资源。

1.2.1　启动AutoCAD 2022

安装AutoCAD 2022软件后，可以通过以下3种常用方法启动AutoCAD 2022应用程序。

- 单击"开始"菜单，然后在"程序"列表中选择相应的命令来启动AutoCAD 2022应用程序，如图1-3所示。
- 双击桌面上的AutoCAD 2022快捷图标启动AutoCAD应用程序，如图1-4所示。

图1-3　选择应用程序命令　　　　　　　　图1-4　双击快捷图标

○ 双击AutoCAD文件即可启动AutoCAD应用程序，如图1-5所示。

使用前面介绍的方法启动AutoCAD 2022程序后，将出现如图1-6所示的开始界面。用户可以在此界面中新建或打开图形文件。

图1-5　双击 AutoCAD 文件

图1-6　AutoCAD 开始界面

1.2.2　退出AutoCAD 2022

在完成AutoCAD 2022应用程序的使用后，可以使用以下3种常用方法退出AutoCAD 2022应用程序。

○ 单击程序图标 A ，然后在弹出的菜单中选择"退出Autodesk AutoCAD 2022"命令，即可退出AutoCAD应用程序，如图1-7所示。

○ 单击AutoCAD 应用程序窗口右上角的"关闭"按钮 ✕ ，退出AutoCAD应用程序，如图1-8所示。

○ 按Alt+F4组合键，退出AutoCAD应用程序。

图1-7　选择退出命令

图1-8　单击"关闭"按钮

❖ 注意：

在AutoCAD中，通过输入EXIT命令并按Enter键进行确定，也可以退出AutoCAD应用程序。

1.J AutoCAD 2022工作界面

在学习AutoCAD之前，用户首先要了解该软件的操作界面。AutoCAD 2022提供了便捷的操作工具，可以帮助用户快速熟悉操作环境，提高工作效率。

1.3.1 AutoCAD 2022默认工作界面

第一次启动AutoCAD 2022程序后，在开始界面中单击"开始绘图"链接或"新图形"按钮 **+** ，将进入AutoCAD 2022默认工作界面。该界面主要由标题栏、功能区、绘图区、十字光标、命令行和状态栏6个主要部分组成，如图1-9所示。

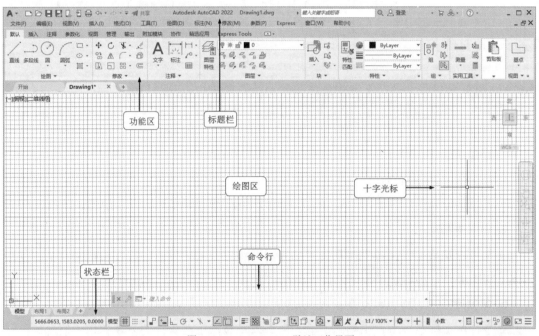

图 1-9 AutoCAD 2022 默认工作界面

1. 标题栏

标题栏位于整个程序窗口的上方，用于说明当前程序和图形文件的状态，主要包括程序图标、程序名称、"快速访问"工具栏，以及图形文件的文件名称和窗口控制按钮等，如图1-10所示。

图 1-10 标题栏

○ 程序图标：程序图标位于标题栏的最左侧。单击该图标，可以展开AutoCAD 2022用于管理图形文件的各种命令，如新建、打开、保存、打印和输出等。

- 程序名称：包括程序的名称及版本号。其中，AutoCAD为程序名称，而2022为程序版本号。

- "快速访问"工具栏：用于存储经常访问的命令。

- 文件名称：图形文件名称用于为当前图形文件的名称。如图1-10所示，Drawing1为当前图形文件的名称，.dwg为文件的扩展名。

- 窗口控制按钮：窗口控制按钮位于标题栏的右侧，单击"最小化"按钮可以将程序窗口最小化；单击"最大化/还原"按钮可以将程序窗口充满整个屏幕或以窗口方式显示；单击"关闭"按钮可以关闭AutoCAD 2022程序。

2. 功能区

AutoCAD 2022的功能区位于标题栏的下方，功能面板上的每个图标都形象地代表一个命令。用户只需单击图标按钮，即可执行相应的命令。默认情况下，AutoCAD 2022的功能区主要包括"默认""插入""注释""参数化""视图""管理"和"输出"等部分，如图1-11所示。

图1-11　功能区

3. 绘图区

绘图区是用户绘制图形的区域，位于屏幕中央空白区域，也被称为绘图窗口。绘图区是一个无限延伸的空白区域，无论多大的图形，用户都可以在其中进行绘制。

4. 十字光标

十字光标是AutoCAD绘图时所使用的光标，可以用来定位点、选择和绘制对象，使用鼠标绘制图形时，可以根据十字光标的移动，直观地看到图形的上下左右关系。

5. 命令行

命令行位于屏幕下方，主要用于输入命令以及显示正在执行的命令和相关信息。执行命令时，在命令行中输入相应操作的命令，按Enter键或空格键后系统将执行该命令。在命令的执行过程中，按Esc键可取消命令的执行；按Enter键确定参数的输入。

6. 状态栏

状态栏位于AutoCAD 2022窗口的下方，如图1-12所示。状态栏左边是"模型"和"布局"选项卡；右边包括多个经常使用的控制按钮，如捕捉、栅格、正交等，这些按钮均属于开/关型按钮，即单击该按钮一次，则启用该功能，再单击一次，则关闭该功能。

图1-12　状态栏

状态栏中主要工具按钮的作用如下。

- 模型：单击该按钮，可以控制绘图空间的转换。当前图形处于模型空间时，单击该按钮就切换至图纸空间。

○ 显示图形栅格田：单击该按钮，可以打开或关闭栅格显示功能，打开栅格显示功能后，屏幕上显示均匀的栅格点。

○ 捕捉模式……：单击该按钮，可以打开捕捉功能，光标只能在设置的"捕捉间距"上进行移动。

○ 正交限制光标┗：单击该按钮，可以打开或关闭"正交"功能。打开"正交"功能后，光标只能在水平和垂直方向上进行移动，这样可以方便地绘制水平和垂直线条。

○ 极轴追踪⌖：单击该按钮，可以启用"极轴追踪"功能。绘制图形时，移动光标可以捕捉设置的极轴角度上的追踪线，从而绘制具有一定角度的线条。

○ 对象捕捉□：单击该按钮，可以打开"对象捕捉"功能，在绘图过程中可以自动捕捉图形的中点、端点、垂点等特征点。

○ 对象捕捉追踪∠：单击该按钮，可以启用"对象捕捉追踪"功能。打开对象捕捉追踪功能后，当自动捕捉到图形中某个特征点时，以这个点为基准点沿正交或极轴方向捕捉其追踪线。

○ 自定义☰：单击该按钮，可以弹出用于设置状态栏工具按钮的菜单。其中，带钩标记的选项表示该工具按钮已经在状态栏中打开，如图1-13所示。选择菜单中未选中的选项，可以将对应的工具按钮在状态栏中打开，如图1-14所示的"线宽"按钮☰和"单位"按钮小数。

图 1-13 自定义状态栏工具按钮

图 1-14 显示其他按钮

【练习】修改默认的工作界面。

01 在"快速访问"工具栏中单击"自定义快速访问工具栏"下拉按钮▾，在弹出的菜单中选择"显示菜单栏"命令，如图1-15所示，即可在默认的工作界面中显示菜单栏，如图1-16所示。

图 1-15 选择"显示菜单栏"命令

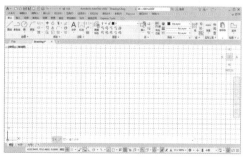

图 1-16 显示菜单栏

02 在功能区标签栏中右击，在弹出的快捷菜单中选择"显示选项卡"命令。在该命令的子菜单中取消选择"附加模块""协作""精选应用"和Express Tools等不常用的命令选项，如图1-17所示，则可以隐藏对应的功能区，效果如图1-18所示。

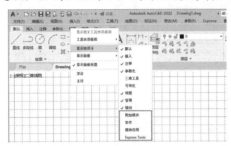

图1-17 取消选择要隐藏的选项卡选项

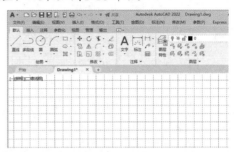

图1-18 隐藏对应的功能区

❖ **注意：**

在子命令的前方，如果有打钩的符号标记，则表示相对应的功能选项卡处于打开状态。单击该命令选项，则将对应的功能选项卡隐藏。如果未标记打钩的符号，则表示相对应的功能选项卡处于关闭状态。单击该命令选项，则打开对应的功能选项卡。

03 在默认功能区中右击，在弹出的快捷菜单中选择"显示面板"命令。在该命令的子菜单中取消选择"组""实用工具""剪贴板"和"视图"命令选项，如图1-19所示，则可以隐藏对应的功能面板。

04 单击功能区标签右方的"最小化为面板按钮"按钮，可以将功能区最小化为面板按钮，从而增加绘图区的区域，如图1-20所示。

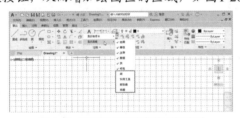

图1-19 取消选择要隐藏的面板选项

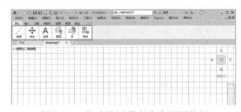

图1-20 将功能区最小化为面板按钮

05 多次单击功能区标签右方的"最小化为面板按钮"按钮，可以将功能区最小化为标题，如图1-21所示。

06 拖动命令行左端的标题按钮，然后将命令行置于窗口左下方的边缘，可以将其紧贴窗口边缘铺展开，从而显示为传统的命令行样式，如图1-22所示。

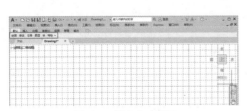

图1-21 最小化功能区

图1-22 展开命令行

❖ **注意：**

将功能区最小化后，功能区的控制按钮将转变为"显示为完整的功能区"按钮▲。单击该按钮，可以重新显示完整的功能区。

1.3.2　AutoCAD 2022工作空间

为满足不同用户的需要，AutoCAD 2022提供了"草图与注释""三维基础"和"三维建模"3种工作空间模式。用户可以根据需要选择不同的工作空间模式。

○ "草图与注释"空间：默认状态下，启动的工作空间即为"草图与注释"工作空间。该工作空间的功能区提供了大量的绘图、修改、图层、注释及块等工具。

○ "三维基础"空间：在"三维基础"工作空间中可以方便地绘制基础的三维图形，并且可以通过其中的"修改"面板对图形进行快速修改。

○ "三维建模"空间："三维建模"工作空间的功能区提供了大量的三维建模和编辑工具，可以方便地绘制各类复杂的三维图形，也可以对三维图形进行修改、编辑等操作。

【练习】切换工作空间。

01 启动AutoCAD 2022应用程序，单击"开始"选项卡右方的"新图形"按钮➕，如图1-23所示，即可进入默认的"草图与注释"工作空间，并自动新建一个名为Drawing1.dwg的图形文件，如图1-24所示。

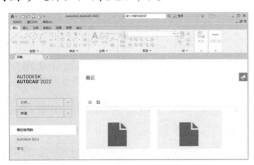
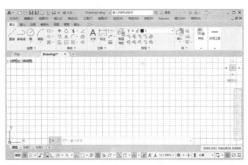

图1-23　单击"新图形"按钮　　　　　　　图1-24　进入"草图与注释"工作空间

02 在工作界面左上方的"快速访问"工具栏中单击"自定义快速访问工具栏"下拉按钮▼，在弹出的菜单中选择"工作空间"命令，如图1-25所示，即可在"快速访问"工具栏中显示"工作空间"列表框，如图1-26所示。

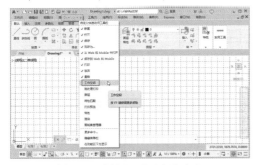

图1-25　选择"工作空间"命令　　　　　　　图1-26　显示"工作空间"列表框

03 在"快速访问"工具栏中单击"工作空间"下拉按钮，在弹出的"工作空间"下拉列表中选择需要的工作空间即可进行切换，如图1-27所示。

04 在工作界面右下方的"状态栏"中单击"切换工作空间"按钮✿，在弹出的"工作空间"下拉列表中选择需要的工作空间，也可以进行工作空间的切换，如图1-28所示。

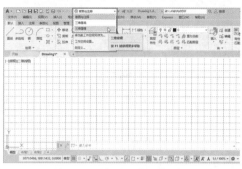

图1-27　选择需要的工作空间

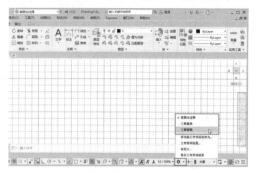

图1-28　单击"切换工作空间"按钮

1.4 AutoCAD命令方式

执行AutoCAD命令是绘制图形的关键步骤。下面介绍AutoCAD命令的执行方法，终止命令和重复命令等操作。

1.4.1 执行命令的方法

在AutoCAD中有多种执行命令的方法，主要包括选择命令、单击工具按钮和在命令行中输入命令等方式。

- 选择命令：通过选择命令的方式来执行命令。例如，执行"多边形"命令，其方法是显示菜单栏，然后选择"绘图"|"多边形"命令。

- 单击工具按钮：在"草图与注释"工作空间中单击相应功能面板上的按钮来执行命令。例如，在"绘图"面板中单击"矩形"按钮▭，即可执行"矩形"命令。

- 在命令行中输入命令：通过在命令行中输入命令的方式执行命令。在命令行中输入命令的方法比较快捷、简便。执行命令时，只需在命令行中输入英文命令或缩写后的简化命令，然后按Enter键，即可执行该命令。例如，执行"圆"命令，只需在命令行中输入Circle或C，然后按Enter键即可。

1.4.2 子命令与参数

在执行命令时，用户需要对提示做出回应。例如，在执行"直线"命令时，系统提示"指定第一个点:"，输入直线的起点坐标数值，或单击来指定起点；系统将再提示"指定下一点或[放弃(U)]:"，表示应指定下一点；直到系统提示为"指定下一点或[(闭合) 放弃(U)]:"时，按Enter键或空格键即可结束该命令。

当输入某命令后，AutoCAD会提示用户输入命令的子命令或必要的参数，当信息输入完毕后，命令功能才能被执行。在AutoCAD命令的执行过程中，通常有很多子命令及参数出现。参数符号规定如下。

- ◯ /为分隔符，用于分隔命令提示与选项，大写字母表示命令缩写方式，可直接通过键盘输入。
- ◯ <>为预设值(系统自动赋予初值，可重新输入或修改)或当前值。例如，按空格键或Enter键，则系统将接受此预设值。

1.4.3 透明命令

AutoCAD的透明命令是指在不中断其他命令的情况下被执行的命令。例如，Zoom(视图缩放)命令就是一个典型的透明命令。使用透明命令的前提条件是在执行某个命令的过程中需要用到其他命令而又不退出当前执行的命令。透明命令既可以单独执行，也可以在执行其他命令的过程中执行。在绘图或编辑过程中，要在命令行中执行透明命令，必须在原命令前面加一个撇号"'"，然后根据相应的提示进行操作即可。

1.4.4 终止命令

在执行AutoCAD操作命令的过程中，按Esc键，可以随时终止AutoCAD命令的执行。需要注意的是，在操作中退出命令时，有些命令需要连续按两次Esc键才能退出。如果要终止正在执行中的命令，可以在"命令:"状态下输入U(退出)并按空格键进行确定，即可返回上次操作前的状态。

1.4.5 重复命令

在完成一个命令的操作后，如果要重复执行上一次使用的命令，可以通过以下几种方法快速实现。

- ◯ 按Enter键：在一个命令执行完成后，按Enter或空格键，即可再次执行上一次执行的命令。
- ◯ 右击：若用户设置了禁用右键快捷菜单，可在前一个命令执行完成后右击，继续执行前一个操作命令。
- ◯ 按方向键↑：按下键盘上的方向键↑，可依次向上翻阅前面在命令行中所输入的数值或命令。当出现用户所执行的命令后，按Enter键即可执行该命令。

❖ 注意:

在AutoCAD中，为了方便操作，除了在输入文字内容等特殊情况下，通常可以使用空格键代替Enter键来快速执行确定操作。

1.4.6 放弃命令及操作

在AutoCAD中，系统提供了图形的恢复功能。使用图形恢复功能，可以取消绘图过程中的操作。

【命令调用方式】

○ 选择"放弃"命令：选择"编辑"|"放弃"命令。

○ 单击"放弃"按钮：单击"快速访问"工具栏中的"放弃"按钮 ⇦ ，可以取消前一次执行的命令。连续单击该按钮，可以取消多次执行的操作。

○ 执行U或Undo命令：执行U命令可以取消前一次的命令；或执行Undo命令，并根据提示输入要放弃的操作数目，可以取消前面对应次数执行的命令。

○ 执行Oops命令：执行Oops命令，可以取消前一次删除的对象。但使用Oops命令只能恢复前一次被删除的对象而不会影响前面所进行的其他操作。

○ 按Ctrl+Z组合键。

1.4.7 重做放弃的命令及操作

在AutoCAD中，系统提供了图形的重做功能。使用图形重做功能，可以重新执行放弃的操作。

【命令调用方式】

○ 选择"重做"命令：选择"编辑"|"重做"命令。

○ 单击"重做"按钮：单击"快速访问"工具栏中的"重做"按钮 ⇨ ，可以恢复已放弃的上一步操作。

○ 执行Redo命令：在执行放弃命令操作后，紧接着执行Redo命令即可恢复已放弃的上一步操作。

1.5 AutoCAD文件管理

对文件进行管理是使用AutoCAD进行绘图的重要内容。下面将学习使用AutoCAD新建文件、保存文件和打开文件等操作方法。

1.5.1 新建文件

绘制新图形通常需要在新建的图形文件中进行操作。因此，在绘制新图形前，通常需要创建一个新的图形文件。下面将讲解新建图形文件的操作。

【命令调用方式】

○ 单击"快速访问"工具栏中的"新建"按钮 ▢ 。

○ 在图形窗口的图形名称选项卡右方单击"新图形"按钮 ✚ 。

○ 显示菜单栏，然后选择"文件"|"新建"命令。

○ 按Ctrl+N组合键。

○ 输入NEW命令并确定。

单击"新图形"按钮 ➕ 可以在当前样板图形的基础上快速创建一个新图形文件；选择"文件"|"新建"命令，或单击"快速访问"工具栏中的"新建"按钮 ▢，可以打开"选择样板"对话框，如图1-29所示，在该对话框中可以选择并打开acad或acadiso选项，创建一个空白文件，也可以选择其他样板文件作为新图形文件的基础，创建一个指定的样板图形文件。

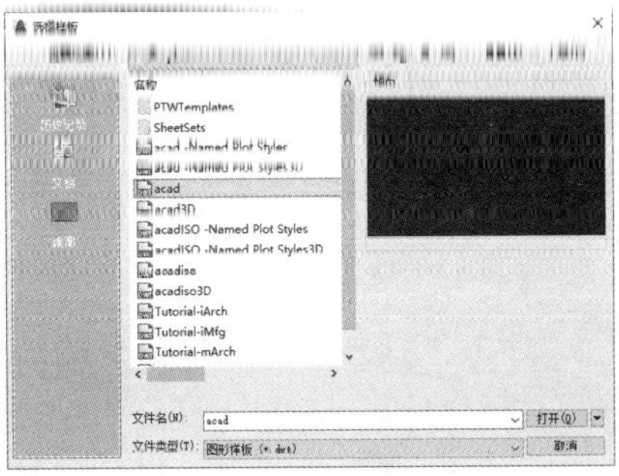

图1-29 "选择样板"对话框

1.5.2 保存文件

完成图形的绘制或编辑后，就需要将所做的工作保存下来。下面将讲解保存文件的操作。

【命令调用方式】

○ 单击"快速访问"工具栏中的"保存"按钮 ▣。

○ 选择"文件"|"保存"命令。

○ 按Ctrl+S组合键。

○ 输入SAVE命令并确定。

执行保存文件命令，可打开"图形另存为"对话框。在该对话框中指定相应的保存路径和文件名称，然后单击"保存"按钮，即可保存图形文件，如图1-30所示。

图1-30 "图形另存为"对话框

> ❖ **注意：**
>
> 使用"保存"命令保存已经保存过的文件时，系统会直接以原路径和原文件名对已有文件进行保存。如果需要对修改后的文件进行重命名，或更改文件的保存位置，则需要选择"文件"|"另存为"命令。在打开的"图形另存为"对话框中重新设置文件的保存位置、文件名或文件类型，然后单击"保存"按钮。

1.5.3 打开文件

如果要查看或编辑已有的图形文件，就需要将该图形文件打开。下面将讲解打开文件的操作。

【命令调用方式】

○ 单击"快速访问"工具栏中的"打开"按钮 ▭。

○ 选择"文件"|"打开"命令。

○ 按Ctrl+O组合键。

○ 输入OPEN命令并确定。

执行打开文件命令，可打开"选择文件"对话框，在该对话框中可以选择文件的位置并打开指定文件，如图1-31所示。单击该对话框中"打开"按钮右侧的下三角按钮，可以选择打开文件的4种方式，即"打开""以只读方式打开""局部打开"和"以只读方式局部打开"，如图1-32所示。

图1-31 "选择文件"对话框

【选项说明】

○ "打开"：直接打开所选的图形文件。

○ "以只读方式打开"：所选的AutoCAD文件将以只读方式打开，打开后的AutoCAD 文件不能直接以原文件名存盘。

○ "局部打开"：选择该选项后，系统将打开"局部打开"对话框。如果AutoCAD图形中

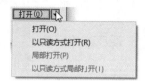

图1-32 选择文件打开方式

包含不同的内容，并分别属于不同的图层，可以选择其中某些图层打开文件。

○ "以只读方式局部打开"：以只读方式打开AutoCAD文件的部分图层中的图形。

1.5.4 关闭文件

单击应用程序窗口右上角的"关闭"按钮✕，可以退出应用程序。同时，系统会自动关闭当前已经保存过的文件。如果要在不退出应用程序的情况下关闭当前编辑好的文件，可以选择"文件"|"关闭"命令；或者单击图形文件窗口右上角的"关闭"按钮✕快速关闭文件。

1.6 AutoCAD坐标定位

AutoCAD的对象定位，主要由坐标系进行确定。使用AutoCAD的坐标系，首先要了解AutoCAD坐标系的概念和坐标的输入方法。

1.6.1 认识AutoCAD的坐标系

坐标系由X轴、Y轴、Z轴和原点构成。AutoCAD中包括笛卡儿坐标系、世界坐标系和用户坐标系3种坐标系。

1. 笛卡儿坐标系

AutoCAD 采用笛卡儿坐标系来确定位置，该坐标系也被称为绝对坐标系。启动AutoCAD，系统将自动进入笛卡儿坐标系第一象限，其坐标原点在绘图区的左下角，如图1-33所示。

2. 世界坐标系

世界坐标系(World Coordinate System，WCS)是AutoCAD的基础坐标系，它由3个相互而自相交的坐标轴X、Y和Z组成。在绘制和编辑图形的过程中，WCS是固定的坐标系，其坐标原点和坐标轴都不会改变。默认情况下，X轴以水平向右为正方向，Y轴以垂直向上为正方向，Z轴以垂直屏幕向外为正方向，坐标原点位于绘图区的左下角，如图1-34所示。

图 1-33　笛卡儿坐标系　　　　　　　　图 1-34　世界坐标系

3. 用户坐标系

为方便用户绘制图形，AutoCAD提供了可变的用户坐标系(User Coordinate System，UCS)。通常情况下，用户坐标系与世界坐标系相重合。而在绘制一些复杂的实体造型时，用户可以根据具体需要，通过UCS命令设置适合当前图形应用的坐标系。

> ❖ 注意：
>
> 在二维平面中绘制和编辑工程图形时，只需输入X轴和Y轴的坐标数值；而Z轴的坐标数值可以不输入，由AutoCAD自动赋值为0。

1.6.2　AutoCAD的坐标输入法

在AutoCAD中使用各种命令时，通常需要提供与该命令相应的指示与参数，以便指引该命令所要完成的工作或动作执行的方式和位置等。

在绘制图形时，直接使用鼠标虽然便于制图，但不能进行精确的定位。进行精确的定位则需要通过采用键盘输入坐标值的方式来实现。常用的坐标输入方式包括绝对直角坐标、相对直角坐标、绝对极坐标和相对极坐标4种。其中，相对坐标与相对极坐标的原理相同，只是格式不同。

1. 输入绝对直角坐标

绝对直角坐标以笛卡儿坐标系的原点(0,0,0)为基点定位。用户可以通过输入(X,Y,Z)坐标的方式来定义一个点的位置。

例如，在图1-35所示的示意图中，O点的绝对坐标为(0,0,0)；A点的绝对坐标为(10,10,0)；B点的绝对坐标为(30,10,0)；C点的绝对坐标为(30,30,0)；D点的绝对坐标为(10,30,0)。

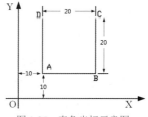

图 1-35　直角坐标示意图

2. 输入相对直角坐标

相对直角坐标是以上一点为坐标原点确定下一点的位置。输入相对于上一点坐标(X,Y,Z)增量为(ΔX,ΔY,ΔZ)的坐标时，格式为(@ΔX,ΔY,ΔZ)。其中，@字符是指定与上一点的偏移量(即相对偏移量)。

例如，在图1-35所示的示意图中，对于O点而言，A点的相对坐标为(@10,10)，如果以A点为基点，那么B点的相对坐标为(@20,0)，C点的相对坐标为(@20,@20)，D点的相对坐标为(@0,20)。

❖ 注意：

用户在绘图过程中，如果指定了图形的第一点，在直接输入下一点的坐标值时，系统将自动将其转换成相对坐标。因此，在绘图过程中输入相对坐标时，可以省略@符号的输入。如果此时要使用绝对坐标，则需要在坐标前添加#。

3. 输入绝对极坐标

绝对极坐标是以坐标原点(0,0,0)为基点定位所有的点，通过输入距离和角度的方式来定义一个点的位置。绝对极坐标的输入格式为(距离<角度)。

例如，在图1-36所示的示意图中，C点距离O点的长度为25mm，角度为30°，则输入C点的绝对极坐标为(25<30)。

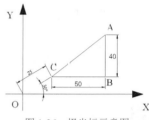

图1-36　极坐标示意图

4. 输入相对极坐标

相对极坐标是以上一点为参考基点，通过输入极距增量和角度值来定义下一点的位置。其输入格式为(@距离<角度)。

例如，在图1-36所示的示意图中，输入B点相对于C点的极坐标为(@50<0)。

1.6.3　偏移基点

From(捕捉自)是用于偏移基点的命令，在执行绘图和编辑命令时，可以通过该命令偏移绘图和编辑图形的基点位置。

❖ 注意：

在执行From(捕捉自)命令之前，首先需要执行绘图或编辑命令。执行From(捕捉自)命令后，可以根据系统提示确定偏移的基点和偏移的坐标，然后进行图形绘制或编辑操作。

1.7　思考与练习

1. AutoCAD 2022默认的"草图与注释"工作空间没有菜单栏，如果要在该工作空间使用某菜单命令，应该怎样显示菜单栏？

2. AutoCAD 2022执行命令的常用方式有哪几种？

3. AutoCAD中的透明命令是什么意思？应该如何使用透明命令？

4. 在AutoCAD中，相对直角坐标和绝对直角坐标的输入格式分别是什么？

5. 在AutoCAD 2022中，新建一个基于acadiso样板的空白图形文件。

第 2 章
图形特性与图层管理

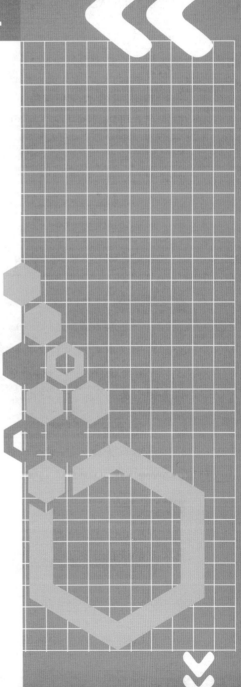

本章导读

　　应用AutoCAD进行图形的绘制，应熟悉图形特性和图层管理的相关知识。通过设置图形特性，可以修改图形的显示效果；运用图层功能可以对图形进行分层管理，使图形变得有条理，从而可以更快、更方便地绘制和修改复杂图形。本章将学习如何设置图形特性，新建图层，设置图层颜色、线型、线宽和控制状态，以及如何保存与调用图层等操作。

本章重点

○　设置图形特性
○　创建与设置图层
○　控制图层状态
○　保存与输入图层状态

二维码教学视频

　　【练习】创建并命名新图层
　　【练习】修改图层特性
　　【上机实训】绘制平垫圈
　　【上机实训】应用图层模板

2.1 设置图形特性

每个对象都具有一定的特性，如图形颜色、线型、线宽和特性匹配等。用户可以在绘制图形之前设置好图形的各种特性，也可以在绘制好图形后对其特性进行修改。

2.1.1 设置图形颜色

在AutoCAD中，设置图形颜色的方法主要包括使用功能面板和使用命令这两种方法。

1. 使用功能面板设置颜色

在"草图与注释"工作空间中选择"默认"选项卡，然后单击"特性"功能面板中的"对象颜色"下拉按钮，如图2-1所示，在弹出的颜色下拉列表中可以设置图形所需的颜色，如图2-2所示，在颜色下拉列表中选择"更多颜色"选项，将打开"选择颜色"对话框，在此可以设置更多的颜色，如图2-3所示。

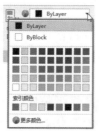

图 2-1　单击"对象颜色"下拉按钮　　图 2-2　颜色下拉列表　　图 2-3　"选择颜色"对话框

> ❖ **注意：**
>
> 　　在"选择颜色"对话框中包括"索引颜色""真彩色"和"配色系统"3个选项卡，分别用于以不同的方式设置绘图的颜色。在"索引颜色"选项卡中可以将绘图颜色设置为ByLayer(随层)或某一具体颜色。其中，ByLayer指所绘制对象的颜色总是与对象所在图层设置的图层颜色一致，这也是经常用到的设置。

2. 使用命令设置颜色

选择"格式"|"颜色"命令，或输入Color命令(简化命令COL)，可以打开"选择颜色"对话框进行颜色的设置。

> ❖ **注意：**
>
> 　　在AutoCAD默认情况下，设置对象颜色为"白"时，其实相当于将对象颜色设置为黑色，对象将在绘图区显示为黑色，打印出来的效果也为黑色。

2.1.2 设置绘图线宽

在绘图中，对于不同的对象需要设置不同的线宽。例如，零件图轮廓通常设置为粗

线；辅助线、标注、填充图形等通常设置为细线；中心
线、隐藏线等通常设置为点画线。

1. 设置线宽

设置图形线宽主要包括使用功能面板和使用命令两
种方法。

图2-4 "线宽"下拉列表

- 在"特性"功能面板中单击"线宽"下拉按
  钮，在弹出的下拉列表中选择需要的线宽，如
  图2-4所示。如果选择"线宽设置"选项，将打
  开"线宽设置"对话框。
- 选择"格式"|"线宽"命令，打开"线宽设
  置"对话框。在该对话框中选择需要的线宽，
  然后单击"确定"按钮，如图2-5所示。

2. 显示或关闭线宽

在AutoCAD中，用户可以在图形中打开或关闭线
宽。图2-6所示为关闭线宽的效果；图2-7所示为打开线
宽的效果。关闭线宽显示可以优化程序的性能，而不会
影响线宽的打印效果。

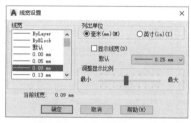

图2-5 "线宽设置"对话框

用户可以通过以下两种常用方法设置显示或隐藏图形的线宽。

- 在"线宽设置"对话框里选中或取消"显示线宽"复选框。
- 单击状态栏中的"显示/隐藏线宽"按钮 ≣。

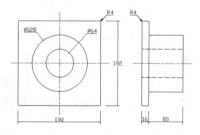

图2-6 关闭线宽的效果

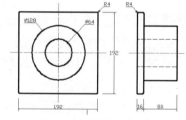

图2-7 打开线宽的效果

❖ **注意：**

在未选择任何对象时，设置的图形特性将应用于后面绘制的图形；如果在选择对象的
情况下，进行图形特性设置，只会修改选择对象的特性，而不会影响后面绘制的图形。

2.1.3 设置绘图线型

线型是由虚线、点和空格组成的重复图案，显示为直线或曲线。用户可以通过图层将
线型指定给对象，也可以不依赖图层而明确指定线型。除了选择线型之外，用户还可以通
过设置线型比例来控制虚线的空格大小，也可以创建自定义线型。

1. 认识图线

在设计图纸中，不同的图线表示不同的含义，常见图线的具体含义如表2-1所示。

表2-1　图线说明

名称	线型	线宽	用途
细实线	———————————	$0.25b$	表示小于$0.5b$的图形线、尺寸线、尺寸界线、图例线、索引符号、标高符号、详图材料的引出线等
中实线	———————————	$0.5b$	1. 表示平面、剖面图中被剖切的次要构造的轮廓线 2. 表示平面、立面、剖面图中的配件轮廓线 3. 表示构造详图及构配件详图中的一般轮廓线
粗实线	———————————	b	1. 表示平面、剖面图中被切割的主要构造(包括构配件)的轮廓线 2. 表示立面图的外轮廓线 3. 表示构造详图中被剖切的主要部分的轮廓线 4. 表示构配件详图的外轮廓线 5. 表示平面、立面、剖面图的剖切符号
细虚线	- - - - - - - - - - -	$0.25b$	图例线小于$0.5b$的不可见轮廓线
中虚线	▬ ▬ ▬ ▬ ▬ ▬ ▬	$0.5b$	1. 表示构造详图及构配件不可见的轮廓线 2. 表示平面图中的起重机、吊车的轮廓线
细单点长画线	— · — · — · —	$0.25b$	表示中心线、对称线、定位轴线
粗单点长画线	▬ · ▬ · ▬ · ▬	b	表示起重机、吊车的轨道线
波浪线	∼∼∼∼∼∼	$0.25b$	1. 表示不需要画全的断开界线 2. 表示构造层次的断开界线

2. 设置线型

同设置图形颜色类似，设置图形线型主要包括使用功能面板和使用命令这两种方法。

- 在"特性"功能面板中单击"线型"下拉按钮，在弹出的下拉列表中选择需要的线型，如图2-8所示。如果选择"其他"选项，将打开"线型管理器"对话框。
- 选择"格式"|"线型"命令，打开"线型管理器"对话框，选择需要的线型，然后单击"当前"按钮，如图2-9所示。

图 2-8　"线型"下拉列表

图 2-9　"线型管理器"对话框

3. 加载线型

默认情况下，"线型管理器"对话框、功能面板或工具栏中的线型列表中只显示了

ByLayer、ByBlock和Continuous这3种常用的线型。如果要使用其他的线型，需要对线型进行加载。

单击"线型管理器"对话框中的"加载"按钮，打开"加载或重载线型"对话框，在此选择要使用的线型。例如，选中如图2-10所示的ACAD_ISO08W100，单击"确定"按钮后，即可将选择的线型加载到"线型管理器"对话框中，如图2-11所示。加载的线型也将显示在功能面板或工具栏中的线型列表中。

图2-10　选择要加载的线型

图2-11　加载后的线型列表

4. 设置线型比例

对于某些特殊的线型，更改线型的比例，将产生不同的线型效果。例如，在绘制中轴线时，通常使用虚线样式表示轴线，但在图形显示时，往往会将虚线显示为实线。这时就可以通过更改线型的比例来达到修改线型效果的目的。

在"线型管理器"对话框中单击"显示细节"按钮，将显示"详细信息"选项组，如图2-12所示。在此可以通过设置"全局比例因子"和"当前对象缩放比例"选项来改变线型的比例。图2-13所示是同一线型使用不同"全局比例因子"得到的效果。

图2-12　显示"详细信息"选项组

图2-13　不同比例的线型效果

> **❖ 注意：**
>
> 单击"线型管理器"对话框中的"显示细节"按钮，将显示"详细信息"选项组中的内容。此时，"显示细节"按钮变成"隐藏细节"按钮。单击"隐藏细节"按钮，即可隐藏"详细信息"选项组中的内容。

2.1.4　特性匹配

在AutoCAD中，使用"特性匹配"功能可复制对象的特性，如颜色、线宽、线型和所在图层等。

【命令调用方式】

○ 选择"修改" | "特性匹配"命令。

○ 单击"特性"面板中的"特性匹配"按钮■。

○ 输入Matchprop命令(简化命令MA)并确定。

执行Matchprop命令后，命令行中的提示及操作如下。

命令:matchprop   //执行matchprop命令

选择源对象: //选择作为特性匹配的源对象

当前活动设置: 颜色 图层 线型 线型比例 线宽 透明度 厚度 打印样式 标注 文字 图案填充 多段线 视
口 表格 材质 阴影显示 多重引线 中心对象   //系统提示当前可以进行特性匹配的对象特性类型

选择目标对象或 [设置(S)]:   //选择需要特性匹配的目标对象

选择目标对象或 [设置(S)]:   //继续选择其他目标对象，或按空格键结束命令

例如，执行Matchprop命令，在如图2-14所示的图形中选择多边形作为特性匹配的源
对象，然后选择圆作为需特性匹配的目标对象，得到的效果如图2-15所示。

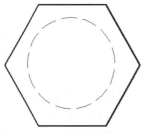

图 2-14 原图形

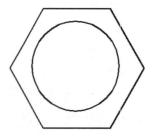

图 2-15 对圆复制多边形特性

❖ 注意:

命令行中提示"选择目标对象或[设置(S)]:"时，选择"设置"选项，打开"特性设
置"对话框。在该对话框中可以选择在特性匹配过程中可以被复制的特性。

2.2 认识图层

在绘制图形的过程中，应了解图层的含义与作用，这样才能更好地利用图层功能对图
形进行管理。

2.2.1 图层的作用

图层就像透明的覆盖层，用户可以在上面对图形中的对象进行组织和编组。在
AutoCAD中，图层的作用主要是用于按功能在图形中组织信息以及执行线型、颜色等其他
标准。

在AutoCAD中，用户不但可以使用图层控制对象的可见性，还可以使用图层将特性指定给对象，也可以锁定图层防止对象被修改。图层具有以下特性。

- 用户可以在一个图形文件中指定任意数量的图层。
- 每一个图层都有一个名称，其名称可以是汉字、字母或个别的符号($、_、-)。在给图层命名时，最好根据绘图的实际内容以容易识别的名称命名，从而方便在再次编辑时快速、准确地了解图形文件中的内容。
- 通常情况下，同一个图层上的对象只能为同一种颜色、同一种线型；在绘图过程中，可以根据需要，随时改变各图层的颜色、线型。
- 每一个图层都可以设置为当前层，新绘制的图形只能生成在当前层上。
- 可以对一个图层进行打开、关闭、冻结、解冻、锁定和解锁等操作。
- 如果删除或清理某个图层，则无法恢复该图层。
- 如果将新图层添加到图形中，则无法删除该图层。

在绘图的过程中，将不同属性的实体建立在不同的图层上，以便管理图形对象，并可以通过修改所在图层的属性，快速、准确地完成实体属性的修改。

2.2.2 图层特性管理器

在AutoCAD的"图层特性管理器"选项板中可以创建图层，设置图层的颜色、线型和线宽，以及进行其他设置与管理操作。

【命令调用方式】

- 选择"格式"｜"图层"命令。
- 单击"图层"面板中的"图层特性"按钮，如图2-16所示。
- 输入Layer命令(简化命令LA)并确定。

执行以上任意一种命令后，即可打开"图层特性管理器"选项板。该选项板的左侧为图层过滤器区域，右侧为图层列表区域，如图2-17所示。

图 2-16 单击"图层特性"按钮

图 2-17 "图层特性管理器"选项板

1. 图层过滤器

图层过滤器区域用于设置图层组，显示了图形中图层和过滤器的层次结构列表。

【主要选项说明】

- "新建特性过滤器"按钮：用于打开如图2-18所示的"图层过滤器特性"对话框，从中可以根据图层的一个或多个特性创建图层过滤器。
- "新建组过滤器"按钮：用于创建图层过滤器，其中包含选择并添加到该过滤器的图层，如图2-19所示。

○ "图层状态管理器"按钮 ：用于打开"图层状态管理器"对话框。

○ 反转过滤器：显示所有不满足选定图层特性过滤器中条件的图层。

○ 状态栏：显示当前过滤器的名称、列表视图中显示的图层数和图形中的图层数。

图2-18 "图层过滤器特性"对话框

图2-19 新建组过滤器

2. 图层列表

图层列表区域用于设置所选图层组中的图层属性，显示了图层和图层过滤器及其特性和说明。

【主要选项说明】

○ "新建图层"按钮 ：用于创建新图层，列表中将自动显示一个名为"图层1"的图层。

○ "在所有视口中都被冻结的新图层视口"按钮 ：用于创建新图层，然后在所有现有布局视口中将其冻结。

○ "删除图层"按钮 ：将选定的图层删除。

○ "置为当前"按钮 ：将选定图层设置为当前图层，用户绘制的图形将放置于当前图层上。

○ "设置"按钮 ：用于打开"图层设置"对话框，在"图层设置"对话框中，可以设置新图层通用设置，是否将图层过滤器更改应用于"图层"面板以及更改图层特性替代的背景色。

○ 名称：显示图层或过滤器的名称，按F2键后可以直接输入新名称。

○ 开/关：用于显示与隐藏图层上的AutoCAD图形。

○ 冻结/解冻：用于冻结图层上的图形，使其不可见，并且使该图层的图形对象不能进行打印，再次单击对应的按钮，可以使其解冻。

○ 锁定/解锁：为了防止图层上的对象被误编辑，可以将绘制好图形内容的图层锁定。再次单击对应的按钮，可以进行解锁。

○ 颜色：为了区分不同图层上的图形对象，可以为图层设置不同的颜色。默认状态下，新绘制的图形将使用该图层的颜色属性。

○ 线型：可以根据需要为每个图层分配不同的线型。

○ 线宽：可以为线条设置不同的宽度，宽度范围是0~2.11 mm。

○ 打印样式：可以为不同的图层设置不同的打印样式，以及是否打印该图层样式属性。

○ 打印：用于控制相应图层是否能被打印输出。

2.3 创建与设置图层

应用AutoCAD进行工程制图之前，通常都需要创建需要的图层，并对其进行设置，以便对图形进行管理。

2.3.1 创建新图层

使用"图层特性管理器"选项板可以创建一个新图层，以便在绘图过程中对相同特性的图形进行统一管理。

【练习】创建并命名新图层。

[01] 执行Layer(LA)命令，打开"图层特性管理器"选项板。单击该选项板上方的"新建图层"按钮 ，即可在图层设置区中新建一个图层。图层名称默认为"图层1"，如图2-20所示。

[02] 选择新建的图层，再单击图层名称将其激活，然后输入新的图层名称，按Enter键即可重命名图层，如图2-21所示。

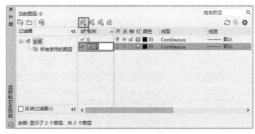

图 2-20　创建新图层

图 2-21　重命名图层

❖ 注意：

在AutoCAD中创建新图层时，如果在图层设置区选择了其中的一个图层，则新建的图层将自动使用被选中图层的所有属性。

2.3.2 设置图层特性

由于图形中的所有对象都与图层相关联，因此在修改和创建图形的过程中，需要对图层特性进行调整。在"图层特性管理器"选项板中，通过单击图层的各个属性对象，可以对图层的名称、颜色、线型和线宽等属性进行设置。

【练习】修改图层特性。

[01] 在"图层特性管理器"选项板中单击"颜色"图标，打开"选择颜色"对话框，选择需要的图层颜色，如图2-22所示的红色。单击"确定"按钮，即可将图层的颜色设置为选择的颜色，效果如图2-23所示。

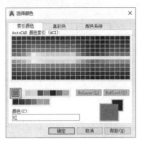
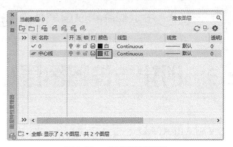

图 2-22 "选择颜色"对话框 　　　　　　　　图 2-23 修改图层颜色

02 在"图层特性管理器"选项板中单击"线型"图标，打开"选择线型"对话框，单击"加载"按钮，如图2-24所示。

03 在打开的"加载或重载线型"对话框中选择需要加载的线型，如图2-25所示。

图 2-24 "选择线型"对话框 　　　　　　图 2-25 "加载或重载线型"对话框

04 在"加载或重载线型"对话框中单击"确定"按钮，即可将指定线型加载到"选择线型"对话框中，然后选择需要的线型，如图2-26所示。

05 在"选择线型"对话框中单击"确定"按钮，即可完成线型的设置，如图2-27所示。

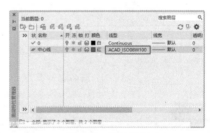

图 2-26 选择线型 　　　　　　　　　　图 2-27 修改线型

06 在"图层特性管理器"选项板中创建一个"轮廓线"图层，设置其颜色为白色、线型为Continuous，如图2-28所示。

07 单击"轮廓线"图层对应的"线宽"图标，打开"线宽"对话框，然后选择需要的线宽(如图2-29所示)，单击"确定"按钮，即可完成线宽的设置，如图2-30所示。

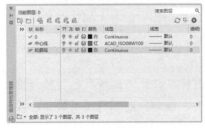

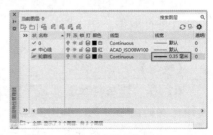

图 2-28 创建新图层 　　　图 2-29 "线宽"对话框 　　　图 2-30 修改线宽

2.3.3 设置当前图层

在AutoCAD中，当前层是指正在使用的图层。当用户绘制图形时，绘制的对象将存在当前层上。设置当前层有如下两种常用方法。

- 在"图层特性管理器"选项板中选择需设置为当前层的图层，然后单击"置为当前"按钮，如图2-31所示。
- 在"图层"面板的"图层控制"下拉列表中，选择需要设置为当前层的图层即可，如图2-32所示。

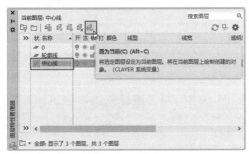

图 2-31 设置当前层

图 2-32 选择图层

❖ 注意:

单击"图层"面板中的"置为当前"按钮，然后在绘图区选择某个实体，也可以将该实体所在图层设置为当前层。

2.3.4 删除图层

在AutoCAD中进行图形绘制时，可以将不需要的图层删除，以便于对有用的图层进行管理。选择"格式"｜"图层"命令，打开"图层特性管理器"选项板。选中要删除的图层，单击"删除图层"按钮，即可删除选择的图层。

❖ 注意:

在执行删除图层的操作中，0层、默认层、当前层、含有图形实体的层和外部引用依赖层均不能被删除。

2.3.5 转换对象所在的图层

转换对象所在的图层是指将一个图层中的图形转换到另一个图层中，被转换后的图形颜色、线型和线宽将拥有新图层的属性。

转换图层时，首先在绘图区中选择需要转换图层的图形，然后单击"图层"面板中的下拉列表框，如图2-33所示。在其中选择要转换到的图层即可。选择被转换的图层对象，在图层列表中即可显示该对象所在的图层，如图2-34所示。

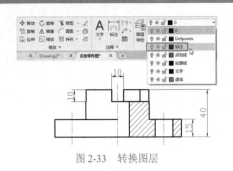

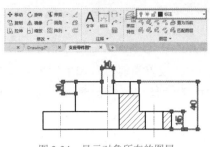

图 2-33　转换图层　　　　　　　　　图 2-34　显示对象所在的图层

2.4　控制图层状态

在AutoCAD中绘制复杂的图形时，可以将暂时不用的图层进行关闭、锁定或冻结处理，以方便绘图操作。

2.4.1　关闭/打开图层

在绘图操作中，可以将图层中的对象暂时隐藏起来，或将隐藏的对象显示出来。隐藏的图层中的图形将不能被选择、编辑、修改和打印。

1. 关闭图层

默认情况下，0图层和新建的图层均处于打开状态，用户可以通过以下两种方法将指定的图层关闭。

- 在"图层特性管理器"选项板中单击要关闭的图层前面的"开/关图层"图标 💡，如图2-35所示。图层前面的图标 💡 被单击后转变为图标 💡，表示该图层被关闭。如图2-36所示为关闭的"虚线"图层。

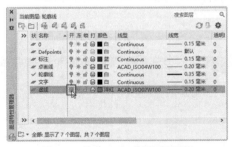

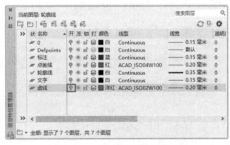

图 2-35　单击"开/关图层"图标　　　　　　图 2-36　关闭"虚线"图层

- 在"图层"面板中单击"图层控制"下拉列表中的"开/关图层"图标 💡，如图2-37所示。图层前面的图标 💡 将转变为图标 💡，表示该图层已关闭。如图2-38所示为关闭的"标注"图层。

如果关闭的图层是当前图层，系统将弹出如图2-39所示的询问对话框。在该对话框中选择"关闭当前图层"选项即可。如果不需要对当前图层执行关闭操作，可以单击"使当前图层保持打开状态"选项，取消关闭操作。

图 2-37　单击"开/关图层"图标

图 2-38　关闭"标注"图层

图 2-39　询问对话框

2. 打开图层

当图层被关闭后，在"图层特性管理器"选项板中单击图层前面的"开"图标，或在"图层"面板中单击"图层控制"下拉列表中的"开/关图层"图标，即可打开被关闭的图层。此时，图层前面的图标将转变为图标。

2.4.2　冻结/解冻图层

将图层中不需要进行修改的对象进行冻结处理，可以避免这些图形受到错误操作的影响。另外，冻结图层可以在绘图过程中减少系统生成图形的时间，从而提高计算机的运行速度。

1. 冻结图层

默认情况下，0图层和创建的图层都处于解冻状态，用户可以通过以下两种方法将指定的图层冻结。

- 在"图层特性管理器"选项板中选择要冻结的图层，单击该图层前面的"冻结"图标，如图2-40所示。图标将转变为图标，表示该图层已经被冻结。如图2-41所示为冻结的"点画线"图层。

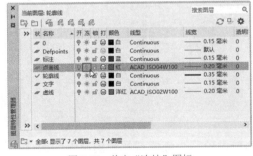
图 2-40　单击"冻结"图标

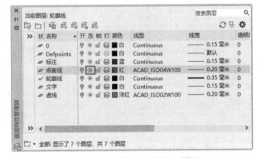
图 2-41　冻结"点画线"图层

- 在"图层"面板中单击"图层控制"下拉列表中的"在所有视口中冻结/解冻"图标，如图2-42所示。图层前面的图标将转变为图标，表示该图层已经被冻结。如图2-43所示为冻结的"标注"图层。

❖ 注意：

由于绘制图形操作是在当前图层上进行的，因此不能对当前的图层进行冻结操作。当用户对当前图层进行冻结操作，系统将提示无法冻结，如图2-44所示。

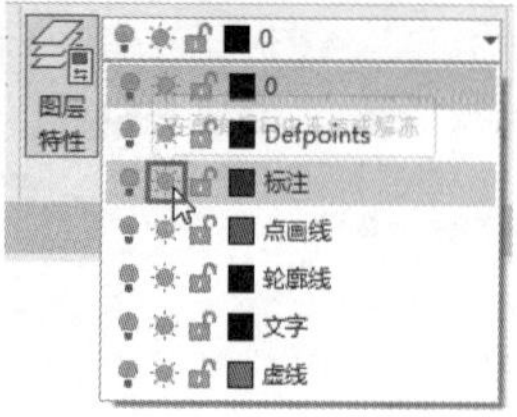

图 2-42　单击冻结图标

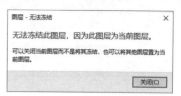

图 2-43　冻结"标注"图层

图 2-44　无法冻结当前图层

2. 解冻图层

当图层被冻结后，在"图层特性管理器"选项板中单击图层前面的"解冻"图标❄；或在"图层"面板的"图层控制"下拉列表中选择"在所有视口中冻结/解冻"图标❄，可以解冻被冻结的图层。此时，在图层前面的图标❄将转变为图标☀。

2.4.3　锁定/解锁图层

锁定图层可以将该图层中的对象锁定。锁定图层后，图层上的对象仍然处于显示状态，但是用户无法对其进行选择、编辑修改等操作。

1. 锁定图层

默认情况下，0图层和创建的图层都处于解锁状态，用户可以通过以下两种方法将图层锁定。

○ 在"图层特性管理器"选项板中选择要锁定的图层，单击该图层前面的"锁定"图标🔓，如图2-45所示。图标🔓将转变为图标🔒，表示该图层已经被锁定。如图2-46所示为锁定的"轮廓线"图层。

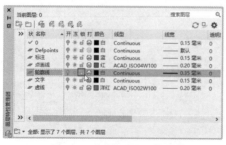

图 2-45　单击"锁定"图标

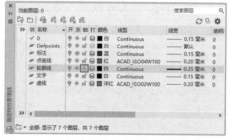

图 2-46　锁定"轮廓线"图层

○ 在"图层"面板的"图层控制"下拉列表中单击"锁定或解锁图层"图标🔓，如图2-47所示。图层前面的图标🔓将转变为图标🔒，表示该图层已经被锁定。如图2-48所示为锁定的"标注"图层。

图 2-47　单击"锁定或解锁图层"图标

图 2-48　锁定"标注"图层

2. 解锁图层

解锁图层的操作与锁定图层的操作相似。当图层被锁定后，在"图层特性管理器"选项板中单击图层前面的"解锁"图标 🔒，或在"图层"面板中单击"图层控制"下拉列表中的"锁定或解锁图层"图标 🔒，可以解锁被锁定的图层。此时，在图层前面的图标 🔒 将转变为图标 🔓。

2.5 保存与输入图层状态

如果用户需要经常进行同类型图形的绘制，可以对图层状态进行保存和输入等操作，从而提高绘图效率。

2.5.1 保存图层状态

在绘制图形的过程中，在创建好图层并设置好图层参数后，可以保存图层状态的设置，以便创建相同或相似的图层时直接进行调用。

在"图层特性管理器"选项板中右击图层列表，然后在弹出的快捷菜单中选择"保存图层状态"命令，如图2-49所示，在弹出的"要保存的新图层状态"对话框的"新图层状态名"文本框中输入图层状态名称并确定(如图2-50所示)，即可对图层状态进行保存。

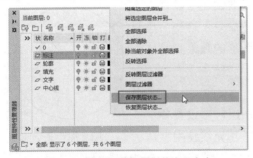

图 2-49 选择"保存图层状态"命令

图 2-50 输入图层状态名

2.5.2 输入图层状态

在绘制图形时，如果要设置相同或相似图层，可以将保存后的图层状态进行调用，从而更快、更好地完成图形的绘制，提高绘图效率。

在"图层特性管理器"选项板中单击"图层状态管理器"按钮 🔳，在打开的"图层状态管理器"对话框中单击"输入"按钮，如图2-51所示，在打开的"输入图层状态"对话框中选择"图层状态(*.las)"文件类型，然后选择存在的图层状态文件，再单击"打开"按钮，如图2-52所示，即可将指定的图层状态输入新建的图形文件中。

图 2-51　单击"输入"按钮

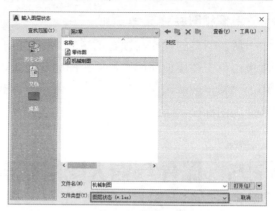

图 2-52　选择并打开图层状态文件

2.6　上机实训

本章上机实训将绘制平垫圈和保存并调用图层模板，综合学习本章讲解的知识点，加深掌握图层的创建和设置、保存并调用图层状态的具体应用。

2.6.1　绘制平垫圈

本实训要求绘制平垫圈图形，主要掌握图层的创建与设置。绘制该图形时，将使用到"圆"和"直线"绘图命令，这些简单的绘图命令将在下一章进行具体的讲解，本例图形的效果和具体尺寸如图2-53所示。

【实例分析】

在本实例中，首先创建绘图所需要的各个图层，并设置各个图层的特性，其中轮廓线使用0.35mm的粗实线、填充线使用默认的细实线、中心线使用虚线，然后使用"圆"和"直线"命令绘制所需图形。

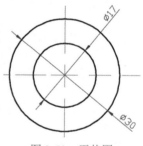

图 2-53　平垫圈

【操作步骤】

☐1 执行Layer(LA)命令，打开"图层特性管理器"选项板，如图2-54所示。

☐2 单击"新建图层"按钮⑤，新建一个图层，并命名为"轮廓线"，如图2-55所示。

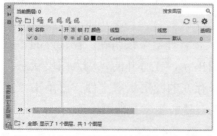

图 2-54　打开"图层特性管理器"选项板

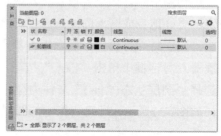

图 2-55　创建"轮廓线"图层

☐3 单击"轮廓线"图层的线宽标记，打开"线宽"对话框。在该对话框中设置轮廓线的线宽值为0.35mm并确定，如图2-56所示。

04 退回"图层特性管理器"选项板，再新建一个图层，然后将其命名为"中心线"，如图2-57所示。

图 2-56　设置图层线宽

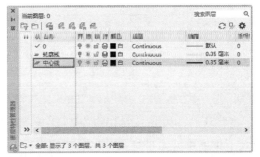

图 2-57　创建"中心线"图层

05 单击"中心线"图层的颜色标记，在打开的"选择颜色"对话框中选择"红"色作为此图层的颜色，如图2-58所示。

06 单击"中心线"图层的线型标记，在打开的"选择线型"对话框中单击"加载"按钮，如图2-59所示。

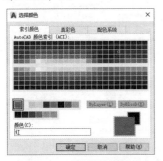

图 2-58　设置图层颜色

图 2-59　单击"加载"按钮

07 在打开的"加载或重载线型"对话框中选择CENTER线型，单击"确定"按钮，如图2-60所示。

08 加载的线型便显示在"选择线型"对话框中。选择所加载的CENTER线型，单击"确定"按钮，如图2-61所示。然后将此线型赋予"中心线"图层。

图 2-60　选择要加载的线型

图 2-61　选择加载的线型

09 单击"中心线"图层的线宽标记，在打开的"线宽"对话框中设置该图层线宽为默认值，修改后的"中心线"图层如图2-62所示。

10 将"中心线"图层设置为当前图层，如图2-63所示。然后关闭"图层特性管理器"选项板。

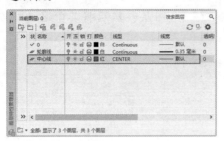
图 2-62　设置"中心线"线宽

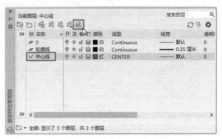
图 2-63　将"中心线"图层设置为当前图层

⑪　执行Dsettings (SE)命令，打开"草图设置"对话框。在该对话框的"对象捕捉"选项卡中选中"启用对象捕捉""圆心"和"交点"复选框并确定，如图2-64所示。

⑫　选择"格式"|"线宽"命令，在打开的"线宽设置"对话框中选中"显示线宽"复选框，打开线宽功能，如图2-65所示。

图 2-64　设置对象捕捉

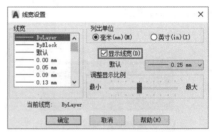
图 2-65　显示线宽

⑬　按F8键，开启"正交"模式。

⑭　执行XL(构造线)命令，绘制两条相互垂直的构造线作为绘图的中心线，如图2-66所示。

⑮　将"轮廓线"图层设置为当前图层。

⑯　执行C(圆)命令，以中心线的交点为圆心，分别绘制半径为8.5和15的圆形，如图2-67所示。

图 2-66　绘制构造线　　　　　　　　　　图 2-67　绘制圆形

2.6.2　应用图层模板

本实训要求保存并调用图层模板。通过本例的制作，用户应掌握常用图层状态的保存、输出和调用方法，以便在以后的工作中可以直接调用这些图层，从而提高工作效率。本例的图层状态效果如图2-68所示。

【实例分析】

本例首先要打开"图层特性管理器"选项板，然后对图层进行保存。再打开"图层状态管理器"对话框将保存的图层状态输出到指定位置。要输入图层状态，首先要打开"图层状态管理器"对话框，单击"输入"按钮，在打开的"输入图层状态"对话框中即可输入需要的图层状态。

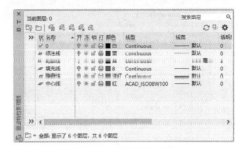

图 2-68　图层状态效果

【操作步骤】

01 选择"格式" | "图层"命令，打开"图层特性管理器"选项板。依次创建"标注线""轮廓线""填充线""隐藏线"和"中心线"图层，并设置各个图层的特性，如图2-69所示。

02 在图层列表中右击，然后在弹出的快捷菜单中选择"保存图层状态"命令，如图2-70所示。

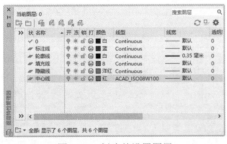

图 2-69　创建并设置图层

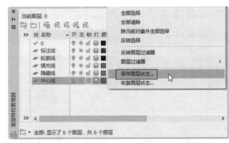

图 2-70　选择"保存图层状态"命令

03 在打开的"要保存的新图层状态"对话框的"新图层状态名"文本框中输入"机械"，如图2-71所示，然后单击"确定"按钮保存图层状态。

04 返回"图层特性管理器"选项板，单击"图层状态管理器"按钮，如图2-72所示。

图 2-71　输入新图层状态名

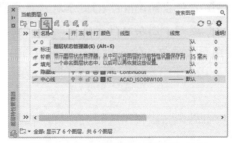

图 2-72　单击"图层状态管理器"按钮

05 在打开的"图层状态管理器"对话框中单击"输出"按钮，如图2-73所示。

06 在打开的"输出图层状态"对话框中选择图层的保存位置，并输入图层状态的名称，然后单击"保存"按钮即可保存并输出图层状态，如图2-74所示。

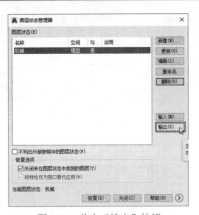

图 2-73　单击"输出"按钮

图 2-74　"输出图层状态"对话框

07 新建一个空白图形文档。

08 执行LA(图层)命令，打开"图层特性管理器"选项板。在该选项板中单击"图层状态管理器"按钮，在打开的"图层状态管理器"对话框中单击"输入"按钮，如图2-75所示。

09 在打开的"输入图层状态"对话框中单击"文件类型"选项右侧的下拉按钮。在弹出的下拉列表中选择"图层状态(*.las)"选项。然后选择前面输出的"机械.las"图层状态文件，再单击"打开"按钮，如图2-76所示。

图 2-75　单击"输入"按钮

图 2-76　"输入图层状态"对话框

10 在弹出的AutoCAD提示对话框中单击"恢复状态"按钮，如图2-77所示。

11 返回"图层特性管理器"选项板，即可将"机械.las"图层文件的图层状态输入新建的图形文件中，输入的图层效果如图2-78所示。

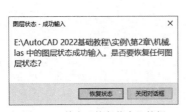

图 2-77　单击"恢复状态"按钮

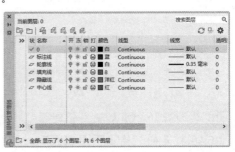

图 2-78　输入的图层状态

2.7 思考与练习

1. 在不改变该图层上其他图形对象特性的前提下，使用什么方法可以设置同一个图层上不同对象的特性？

2. 设置好图层的线宽和线型后，为什么图形还是没有显示相应的线宽和线型效果？

3. 参照如图2-79所示的图层效果，创建并设置需要的图层，然后绘制如图2-80所示的内六角螺母图形。

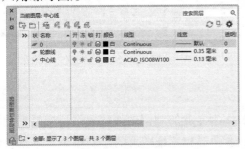

图 2-79 创建并设置图层

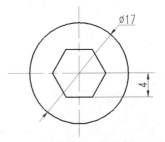

图 2-80 绘制内六角螺母

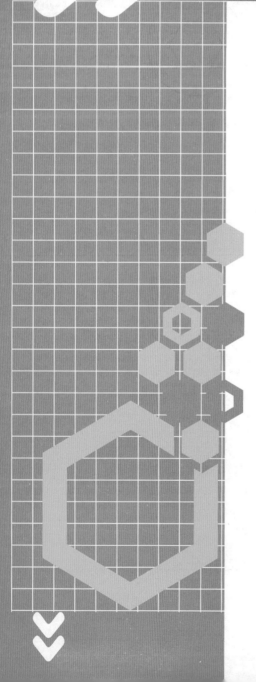

第3章

绘制简单图形

本章导读

AutoCAD作为专业的制图软件，提供了一系列绘图命令，包括二维图形和三维图形的绘制命令。本章将学习二维图形中简单图形的绘制方法，包括点、直线、构造线、矩形、圆和圆弧的绘制。

本章重点

○ 绘制点对象　　　　　　　○ 绘制直线和射线

○ 绘制构造线　　　　　　　○ 绘制矩形

○ 绘制圆　　　　　　　　　○ 绘制圆弧

二维码教学视频

【练习】指定通过点绘制射线

【练习】绘制水平和垂直构造线

【练习】绘制指定角度的构造线

【练习】绘制指定长宽的矩形

【练习】绘制指定角点坐标的矩形

【练习】绘制指定半径的圆角矩形

【练习】绘制指定距离的倒角矩形

【练习】绘制指定旋转角度的矩形

【练习】绘制指定圆心和半径的圆

【练习】绘制通过指定两点作为直径的圆

【练习】绘制通过指定三点的圆

【练习】绘制通过指定切点和半径的圆

【练习】通过三点绘制圆弧

【练习】绘制指定角度的圆弧

【上机实训】绘制传动带

【上机实训】绘制主动轴

3.1 绘制点对象

绘制点的命令包括Point(点)、Measure(定距等分点)和Divide(定数等分点)命令。在绘制点对象时，用户可以根据需要设置点的样式。

3.1.1 点样式

【命令调用方式】

○ 选择"格式"|"点样式"命令。

○ 输入Ddptype命令并确定。

执行"点样式"命令，打开"点样式"对话框。在该对话框中可以设置多种不同的点样式，包括点的大小和形状，以满足用户绘图时的不同需要，如图3-1所示。对点样式进行更改后，在绘图区中的点对象也将发生相应的变化，如图3-2所示的点对象是设置为⊠样式的效果。

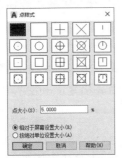

图 3-1 "点样式"对话框

图 3-2 点的效果

【主要选项说明】

○ 点大小：用于设置点的显示大小，可以相对于屏幕设置点的大小，也可以设置点的绝对大小。

○ 相对于屏幕设置大小：用于按屏幕尺寸的百分比设置点的显示大小。当进行显示比例的缩放时，点的显示大小并不改变。

○ 按绝对单位设置大小：使用实际单位设置点的大小。当进行显示比例的缩放时，AutoCAD显示的点的大小也随之改变。

> ❖ **注意：**
>
> 除了可以在"点样式"对话框中设置点样式外，也可使用"点数值(Pdmode)"和"点尺寸(Pdsize)"命令来设置点样式和大小。执行Pdmode命令，设置Pdmode的值为0、2、3和4时，将指定通过该点绘制图形；设置其值为1时，将指定不显示任何图形。执行Pdsize命令，设置Pdsize为正值时，表示点的实际大小；设置Pdsize为负值时，则表示点相对于视图大小的百分比；设置Pdsize为0时，则生成点的大小为绘图区高度的5%。如果改变系统变量Pdmode和Pdsize的值，只会影响以后绘制的点，而不会改变已绘制好的点。

3.1.2 绘制点

在AutoCAD中，绘制点对象的操作包括绘制单点和绘制多点操作。

1. 绘制单点

【命令调用方式】

○ 输入Point命令(或输入简化命令PO)并确定。

○ 选择"绘图"|"点"|"单点"命令。

执行"单点"命令后，系统将显示"指定点:"的提示。用户在绘图区单击指定点的位置，当在绘图区内单击时，即可创建一个点，同时退出该命令。

2. 绘制多点

【命令调用方式】

○ 单击"绘图"面板中的"多点"按钮 。

○ 选择"绘图"|"点"|"多点"命令。

执行"多点"命令后，系统将提示"指定点:"。用户在绘图区单击创建点对象即可。执行"多点"命令后，在绘图区连续绘制多个点，直至按Esc键终止该命令。

【练习】绘制沙发花纹图案。

01 打开"沙发.dwg"素材图形，如图3-3所示。

02 选择"格式"|"点样式"命令，在打开的"点样式"对话框中选择 点样式，设置"点大小"为30，选中"按绝对单位设置大小"单选按钮并确定，如图3-4所示。

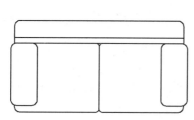

图 3-3　素材图形

图 3-4　设置点样式

03 选择"绘图"|"点"|"多点"命令，在沙发坐垫图形中单击绘制一个点，如图3-5所示。继续在图形中单击绘制其他点，然后按Esc键退出"多点"命令，效果如图3-6所示。

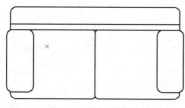

图 3-5　绘制点图形

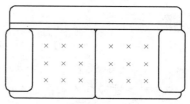

图 3-6　绘制坐垫花纹

3.1.3 绘制定距等分点

使用"定距等分"命令可以在选择的对象上创建指定距离的点或图块，以指定的长度进行分段，即将一个对象以一定的距离进行划分。

【命令调用方式】

- 输入Measure命令(或输入简化命令ME)并确定。
- 选择"绘图"|"点"|"定距等分"命令。

在执行Measure命令创建定距等分点的过程中，系统提示"选择要定距等分的对象:"时，用户需要选择要等分的对象。选择完成后系统将提示"指定线段长度或[块(B)]:"。此时输入等分的长度，然后按空格键结束操作。

> ❖ **注意：**
>
> 在系统提示"指定线段长度或[块(B)]:"时，输入B并确定，可以使用指定的块对象定距等分选择的图形。

3.1.4 绘制定数等分点

使用"定数等分"命令能够在某一图形上以等分数目创建点。可以被等分的对象包括直线、圆、圆弧和多段线等。在定数等分点的过程中，用户可以指定等分数目。

【命令调用方式】

- 输入Divide命令(或输入简化命令DIV)并确定。
- 选择"绘图"|"点"|"定数等分"命令。

在执行Divide命令创建定数等分点的过程中，系统提示"选择要定数等分的对象:"时，用户需要选择要等分的对象。选择完成后系统将提示"输入线段数目或[块(B)]:"。此时输入等分的数目，然后按空格键结束操作。

【练习】绘制灶具开关图形。

01 打开"灶具.dwg"素材图形，如图3-7所示。

02 选择"格式"|"点样式"命令，在打开的"点样式"对话框中选择⊕点样式，设置"点大小"为30，选中"按绝对单位设置大小"单选按钮并确定，如图3-8所示。

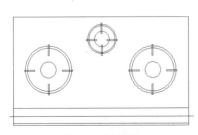

图 3-7 素材图形

图 3-8 设置点样式

03 选择"绘图"|"点"|"定数等分"命令，在系统提示下选择如图3-9所示的辅助线作为要定数等分的对象，根据提示输入等分的线段数目为4，如图3-10所示。

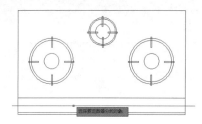

图 3-9　选择定数等分的对象

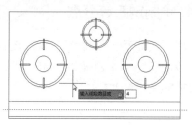

图 3-10　输入等分的线段数目

04 完成定数等分后的效果如图3-11所示。选择辅助线，然后按Delete键将其删除，效果如图3-12所示。

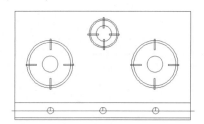

图 3-11　定数等分效果

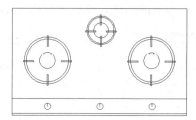

图 3-12　删除辅助线

> ❖ **注意:**
>
> 使用Divide和Measure命令创建的点对象，主要用于作为其他图形的捕捉点，生成的点标记并非起到断开图形的作用，而是起到等分测量的作用。

3.2　绘制直线型图形

在AutoCAD中，可以绘制的直线型对象包括直线、射线和构造线。下面介绍这些对象的具体绘制方法。

3.2.1　绘制直线

"直线"命令是最基本、最简单的直线型绘图命令。使用"直线"命令可以在两点之间绘制正交线段和斜线段。

【命令调用方式】

○　输入Line命令(或输入简化命令L)并确定。

○　选择"绘图"|"直线"命令。

○　单击"绘图"面板中的"直线"按钮 ╱。

在AutoCAD中，使用"直线"命令绘制直线段的操作步骤如下。

01 执行L(直线)命令，单击指定线段的起点，系统将提示"指定下一点或[放弃(U)]:"。

02 根据系统提示，移动光标指定线段的下一点，系统将提示"指定下一点或[闭合

(C)/放弃(U)]:"。

- ○ 闭合(C)：在绘制多条线段后，如果输入C并按空格键进行确定，则最后一个端点将与第一条线段的起点重合，从而组成一个封闭图形。
- ○ 放弃(U)：输入U并按Enter键进行确定，则将最后绘制的线段撤销。

03 继续指定要绘制线段的其他点，或按Enter键进行确定，结束操作。

【练习】绘制指定长度的线段。

01 执行L(直线)命令，在绘图区指定线段的第一个点，如图3-13所示。

02 向右移动鼠标指定线段的方向，然后输入线段的长度(如800)，如图3-14所示。

03 按Enter键或空格键进行确定，即可绘制指定长度的直线。

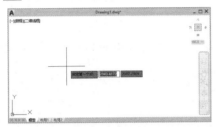 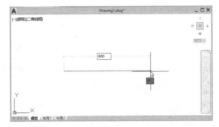

图 3-13 指定第一个点   图 3-14 输入长度

❖ **注意：**

执行"直线"命令，指定直线的第一个点后，输入<加角度数并确定，可以绘制偏移水平线指定角度的斜线。

3.2.2 绘制射线

使用"射线"命令可以绘制朝一个方向无限延伸的线段。在AutoCAD绘图操作中，射线被用作辅助线。

【命令调用方式】

- ○ 选择"绘图"|"射线"命令。
- ○ 输入RAY(射线)命令。

【练习】指定通过点绘制射线。

01 执行RAY(射线)命令，在绘图区单击指定射线起点，如图3-15所示。

02 移动光标即可出现一条射线(如图3-16所示)，在指定点位置单击鼠标即可绘制出指定通过点的射线。

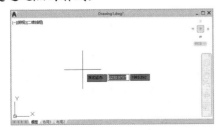 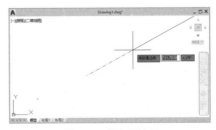

图 3-15 指定起点   图 3-16 指定通过点

03 继续移动光标将显示绘制的下一条射线(如图3-17所示)。单击即可绘制当前显示的射线，按空格键结束"射线"命令，效果如图3-18所示。

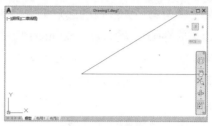

图 3-17　绘制下一条射线　　　　　　　　　　图 3-18　绘制射线

3.2.3　绘制构造线

使用"构造线"命令可以绘制无限延伸的构造线。在建筑或机械制图中，通常使用构造线作为绘制图形过程中的辅助线，如基准坐标轴。

【命令调用方式】

○　选择"绘图"｜"构造线"命令。

○　展开"绘图"面板，单击其中的"构造线"按钮。

○　输入Xline命令(或输入简化命令XL)并确定。

1. 绘制正交构造线

执行Xline(XL)命令，通过"水平(H)"或"垂直(V)"命令选项可以绘制水平或垂直构造线。

【练习】绘制水平和垂直构造线。

01 执行Xline(XL)命令，根据系统提示"指定点或[水平(H)/垂直(V)/角度(A)/二等分(B)/偏移(O)]: "，输入H并确定，选择"水平"选项。

02 系统提示"指定通过点:"时，在绘图区单击一点作为通过点。

03 按空格键结束命令，绘制的水平构造线如图3-19所示。

04 重复执行Xline(XL)命令，根据系统提示"指定点或[水平(H)/垂直(V)/角度(A)/二等分(B)/偏移(O)]: "，输入V并确定，选择"垂直"选项。

05 系统提示"指定通过点:"时，在绘图区单击一点作为通过点。

06 按空格键结束命令，完成垂直构造线的绘制，如图3-20所示。

图 3-19　绘制水平构造线　　　　　　　　　　图 3-20　绘制垂直构造线

2. 绘制倾斜构造线

执行Xline(XL)命令，通过"角度(A)"命令选项可以绘制指定倾斜角度的构造线。

【练习】绘制指定角度的构造线。

01 执行Xline(XL)命令，根据系统提示"指定点或[水平(H)/垂直(V)/角度(A)/二等分(B)/偏移(O)]:"，输入A并确定，选择"角度"选项。

02 系统提示"输入构造线的角度(0)或[参照(R)]:"时，输入构造线的角度(如45)并确定，如图3-21所示。

03 根据系统提示指定构造线的通过点，然后按空格键结束命令，效果如图3-22所示。

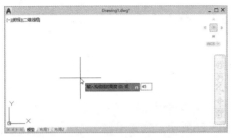

图 3-21　输入构造线的倾斜角度　　　　　　图 3-22　绘制倾斜构造线

3. 绘制角平分构造线

执行Xline(XL)命令，通过"二等分(B)"命令选项可以绘制角平分构造线。

【练习】绘制法兰盘的角平分构造线。

01 打开"法兰盘.dwg"素材图形，如图3-23所示。

02 执行Xline(XL)命令，根据系统提示"指定点或[水平(H)/垂直(V)/角度(A)/二等分(B)/偏移(O)]:"，输入B并确定，选择"二等分"选项。

03 根据系统提示"指定角的顶点:"，在法兰盘中心点处捕捉角的顶点。

04 根据系统提示"指定角的起点:"，在法兰盘水平直线与大圆的左方交点处捕捉角的起点。

05 根据系统提示"指定角的端点:"，在法兰盘垂直线与大圆的上方交点处捕捉角的端点，按Enter键结束命令，绘制出一条角平分构造线。

06 按Enter键重复执行"构造线"命令，输入B并确定，选择"二等分"选项，然后依次在法兰盘中心点、垂直直线与大圆的上方交点、水平直线与大圆的右方交点处指定角的顶点、起点和端点，绘制另一条角平分构造线，如图3-24所示。

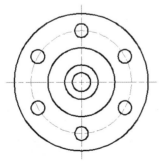
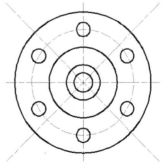

图 3-23　法兰盘素材　　　　　　　　　　图 3-24　绘制角平分构造线

4. 绘制偏移构造线

执行Xline(XL)命令，通过"偏移(O)"命令选项可以绘制指定对象的偏移构造线。

【练习】绘制偏移三角形斜边的构造线。

01 打开"三角形.dwg"素材图形，如图3-25所示。

02 执行Xline命令，根据系统提示"指定点或[水平(H)/垂直(V)/角度(A)/二等分(B)/偏移(O)]:"，输入O并确定，选择"偏移"选项。

图3-25 三角形

03 根据系统提示"指定偏移距离或[通过(T)]:"，输入偏移距离(如5)并确定，指定构造线与参考线的偏移距离。

04 根据系统提示"选择直线对象:"，选择三角形右方的斜线作为参考的直线对象。

05 根据系统提示"指定向哪侧偏移:"，在斜线右方单击指定偏移的方向，然后按Enter键结束命令，效果如图3-26所示。

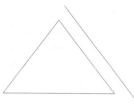

图3-26 绘制偏移构造线

3.3 绘制矩形

使用"矩形"命令可以通过单击指定两个对角点的方式绘制矩形，也可以通过输入坐标指定两个对角点的方式绘制矩形。当矩形的两个角点形成的边长相同时，则生成正方形。

【命令调用方式】

- ○ 选择"绘图"丨"矩形"命令。
- ○ 单击"绘图"面板中的"矩形"按钮□。
- ○ 输入Rectang命令(或输入简化命令REC)并确定。

执行Rectang(REC)命令后，系统将提示"指定第一个角点或[倒角(C)/标高(E)/圆角(F)/厚度(T)/宽度(W)]: "。

【主要选项说明】

- ○ 倒角(C)：用于设置矩形的倒角距离。
- ○ 标高(E)：用于设置矩形在三维空间中的基面高度。
- ○ 圆角(F)：用于设置矩形的圆角半径。
- ○ 厚度(T)：用于设置矩形的厚度，即三维空间Z轴方向的高度。
- ○ 宽度(W)：用于设置矩形的线条粗细。

3.3.1 绘制直角矩形

执行Rectang(REC)命令，可以通过直接单击确定矩形的两个对角点，绘制一个任意大小的直角矩形，也可以确定矩形的第一个角点后，通过"尺寸(D)"命令选项绘制指定大小的矩形，或是通过指定矩形另一个角点的坐标绘制指定大小的矩形。

【练习】绘制指定长宽的矩形。

01 执行Rectang(REC)命令，单击指定矩形的第一个角点。

02 根据系统提示输入D并确定，选择"尺寸(D)"选项，如图3-27所示。

03 根据系统提示依次设置矩形的长度(如100)和宽度(如70)。

04 根据系统提示指定矩形另一个角点的方向(如图3-28所示)，即可创建一个指定大小的矩形。

图3-27 选择"尺寸(D)"选项

图3-28 创建指定大小的矩形

【练习】绘制指定角点坐标的矩形。

01 执行Rectang(REC)命令，单击指定矩形的第一个角点。

02 根据系统提示输入矩形另一个角点的相对坐标值(如@100,70)，如图3-29所示。

03 按空格键确定，即可创建一个指定角点坐标的矩形，如图3-30所示。

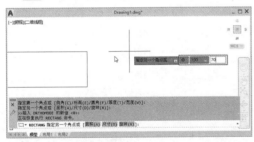

图3-29 指定另一个角点坐标

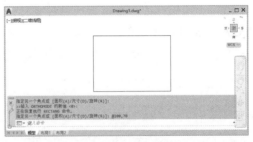

图3-30 创建指定角点坐标的矩形

3.3.2 绘制圆角矩形

在绘制矩形时，可以通过"圆角(F)"命令选项绘制带圆角的矩形，并且可以指定矩形的大小和圆角的大小。

【练习】绘制指定半径的圆角矩形。

01 执行Rectang(REC)命令，根据系统提示"指定第一个角点或[倒角(C)/标高(E)/圆角(F)/厚度(T)/宽度(W)]: "，输入F并确定，选择"圆角(F)"选项，如图3-31所示。

02 根据系统提示输入矩形圆角的半径为8并确定。

03 单击鼠标指定矩形的第一个角点。

04 输入矩形的另一个角点相对坐标为(@100,70)，按空格键进行确定，即可绘制指定大小的圆角矩形，如图3-32所示。

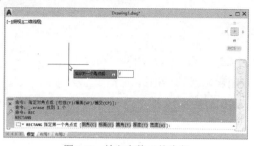

图 3-31　输入参数 F 并确定

图 3-32　绘制圆角矩形

3.3.3　绘制倒角矩形

在绘制矩形时，可以通过"倒角(C)"命令选项绘制带倒角的矩形，并且可以指定矩形的大小和倒角大小。

【练习】绘制指定距离的倒角矩形。

01 执行Rectang(REC)命令，根据系统提示"指定第一个角点或[倒角(C)/标高(E)/圆角(F)/厚度(T)/宽度(W)]:"，输入参数C并确定，选择"倒角(C)"选项，如图3-33所示。

02 根据系统提示输入矩形的第一个倒角距离为8并确定。

03 输入矩形的第二个倒角距离为10并确定。

04 根据系统提示单击指定矩形的第一个角点。

05 输入矩形另一个角点的相对坐标值为(@100,70)，按空格键即可创建指定大小的倒角矩形，如图3-34所示。

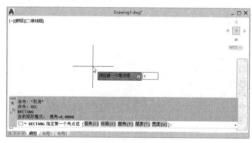

图 3-33　输入参数 C 并确定

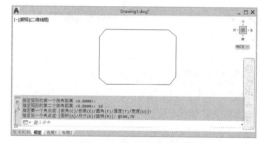

图 3-34　绘制倒角矩形

3.3.4　绘制旋转矩形

在AutoCAD中，创建旋转矩形的方法有两种，一种是绘制好水平方向的矩形后，使用"旋转"修改命令将其旋转，另一种是通过"矩形"命令中的"旋转(R)"命令选项直接绘制旋转矩形。

【练习】绘制指定旋转角度的矩形。

01 执行Rectang(REC)命令，指定矩形的第一个角点，然后根据系统提示输入R并确定，选择"旋转(R)"命令选项，如图3-35所示。

02 根据提示输入旋转矩形的角度(如45)并确定。

03 根据提示输入D并确定，选择"尺寸(D)"选项。

04 根据提示输入矩形的长度(如100)并确定。

05 根据提示输入矩形的宽度(如70)并确定，即可绘制指定角度的旋转矩形，如图3-36所示。

图3-35 输入参数 R 并确定

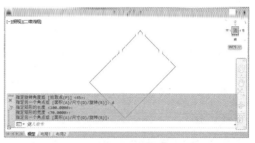

图3-36 绘制旋转矩形

3.4 绘制圆

在默认状态下，圆形的绘制方式是先确定圆心，再确定半径。用户也可以通过指定两点确定圆的直径或是通过三点确定圆形等方式绘制圆形。

【命令调用方式】

○ 选择"绘图"｜"圆"命令，然后选择其中的子命令。

○ 单击"绘图"面板中的"圆"按钮⊘。

○ 输入Circle命令(或输入简化命令C)并确定。

执行Circle(C)命令，系统将提示"指定圆的圆心或[三点(3P)/两点(2P)/相切、相切、半径(T)]:"，用户可以指定圆的圆心或选择某种绘制圆的方式。

【主要选项说明】

○ 三点(3P)：通过在绘图区确定三个点来确定圆的位置与大小。输入3P后，系统分别提示指定圆上的第一点、第二点、第三点。

○ 两点(2P)：通过确定圆的直径的两个端点绘制圆。输入2P后，命令行分别提示指定圆的直径的第一端点和第二端点。

○ 相切、相切、半径(T)：通过两条切线和半径绘制圆，输入T后，系统分别提示指定圆的第一切线和第二切线上的点以及圆的半径。

3.4.1 通过圆心和半径绘制圆

执行Circle(C)命令，用户可以通过单击依次指定圆的圆心和半径，从而绘制出一个圆，也可以在指定圆心后，通过输入圆的半径，绘制一个指定圆心和半径的圆。

【练习】绘制指定圆心和半径的圆。

01 执行Circle(C)命令，直接在指定位置单击以确定圆的圆心，如图3-37所示。

02 输入圆的半径(如图3-38所示)并确定，即可创建指定半径的圆。

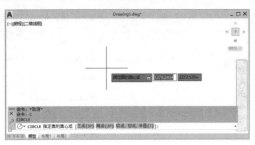

图 3-37　指定圆的圆心

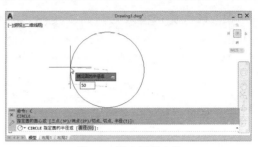

图 3-38　输入圆的半径

3.4.2　通过两点绘制圆

选择"绘图"|"圆"|"两点"命令，或执行Circle(C)命令后，输入参数2P并确定，可以通过指定两个点确定圆的直径，从而绘制出指定直径的圆。

【练习】绘制通过指定两点作为直径的圆。

01 使用"直线"命令绘制一条指定长度(如80)的直线段作为参照图形。

02 执行Circle(C)命令，在系统提示下输入2P并确定，如图3-39所示。

03 根据系统提示在直线的左端点处单击指定圆的直径的第一个端点，如图3-40所示。

图 3-39　输入 2P 并确定

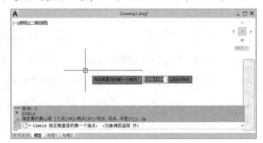

图 3-40　指定直径的第一个端点

04 根据系统提示在直线的右端点处单击指定圆的直径的第二个端点，如图3-41所示，即可绘制一个通过指定两点的圆，效果如图3-42所示。

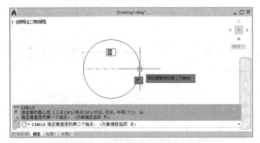

图 3-41　指定直径的第二个端点

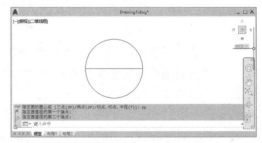

图 3-42　绘制圆形

3.4.3　通过三点绘制圆

由于指定三点可以确定一个圆的形状，因此，选择"绘图"|"圆"|"三点"命令；或在执行Circle(C)命令时，输入参数3P并确定，即可通过指定圆所经过的三个点绘制一个圆。

【练习】绘制通过指定三点的圆。

①1 绘制一个三角形作为参照图形

②2 执行Circle(C)命令，然后输入参数3P并确定。

③3 在三角形的任意一个角点处单击指定圆通过的第一个点，如图3-43所示。

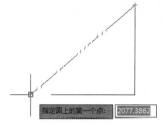

指定圆上的第一个点: 2077.3862

图 3-43　指定通过的第一个点

④4 根据系统提示在三角形的下一个角点处单击指定圆通过的第二个点。

⑤5 继续在三角形的另一个角点处单击指定圆通过的第三个点，即可绘制出通过指定三个点的圆，如图3-44所示。

3.4.4　通过切点和半径绘制圆

选择"绘图"｜"圆"｜"相切、相切、半径"命令；或执行Circle(C)命令，输入参数T并确定，然后指定圆通过的切点和圆的半径，也可以绘制相应的圆。

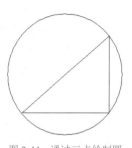

图 3-44　通过三点绘制圆

【练习】绘制通过指定切点和半径的圆。

①1 绘制一个矩形作为参照图形，以左方和下方的边作为绘制圆的切边。

②2 执行Circle(C)命令，然后输入参数T并确定。

③3 根据系统提示指定对象与圆的第一条切边，如图3-45所示。

④4 根据系统提示指定对象与圆的第二条切边，如图3-46所示。

指定对象与圆的第一个切点: 49.2345 -4.2753

图 3-45　指定第一条切边

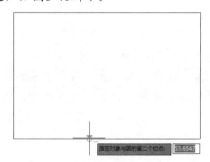

指定对象与圆的第二个切点: 53.6547

图 3-46　指定第二条切边

⑤5 根据系统提示输入圆的半径(如6)并确定，如图3-47所示。此时，将绘制通过指定切边和半径的圆，如图3-48所示。

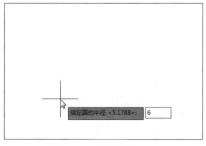

指定圆的半径 <5.1788>: 6

图 3-47　指定圆的半径

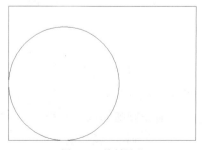

图 3-48　绘制圆形

3.5 绘制圆弧

AutoCAD提供了多种绘制圆弧的方法，用户可以通过指定圆弧起点、方向、中点、夹角、终点和弦长等方式绘制圆弧。

【命令调用方式】

○ 选择"绘图"｜"圆弧"命令，再选择其中的子命令。

○ 单击"绘图"面板中的"圆弧"按钮╱。

○ 输入Arc命令(或输入简化命令A)并确定。

执行"圆弧"命令后，系统将提示"指定圆弧的起点或[圆心(C)]:"。指定起点或圆心后，系统提示"指定圆弧的第二点或[圆心(C)/端点(E)]:"。

【主要选项说明】

○ 圆心(C)：用于确定圆弧的中心点。

○ 端点(E)：用于确定圆弧的终点。

3.5.1 通过指定点绘制圆弧

选择"绘图"｜"圆弧"｜"三点"命令；或者执行Arc(A)命令，系统提示"指定圆弧的起点或[圆心(C)]:"时，依次指定圆弧的起点、圆心和端点来绘制圆弧。

【练习】通过三点绘制圆弧。

|01| 使用"直线"命令绘制一个三角形作为参照图形。

|02| 执行Arc(A)命令，在三角形左下方的端点处单击指定圆弧的起点，如图3-49所示。

|03| 根据系统提示在三角形上方的端点处指定圆弧的第二个点。

|04| 在三角形右下方的端点处指定圆弧的端点，即可创建圆弧，如图3-50所示。

图 3-49　指定圆弧的起点

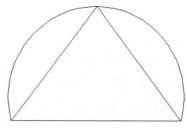

图 3-50　创建圆弧

3.5.2 通过圆心绘制圆弧

在绘制圆弧的过程中，用户可以输入参数C(圆心)并确定，然后根据提示先确定圆弧的圆心，再确定圆弧的端点，绘制一个圆心通过指定点的圆弧。

【练习】绘制指定圆心的圆弧。

|01| 使用"矩形"命令绘制一个正方形作为参照图形。

02 执行Arc(A)命令，根据系统提示"指定圆弧的起点或[圆心(C)]:"，然后输入C并确定，选择"圆心"选项。

03 在正方形左下方的角点处指定圆弧的圆心，如图3-51所示。

04 在正方形左上方的角点处指定圆弧的起点。

05 在正方形右下方的角点处指定圆弧的端点，即可创建圆弧，如图3-52所示。

图 3-51　指定圆弧的圆心

3.5.3　绘制指定角度的圆弧

执行Arc(A)命令，输入C(圆心)并确定。在指定圆心的位置后，系统将继续提示"指定圆弧的端点或[角度(A)/弦长(L)]:"。此时，用户可以通过输入圆弧的角度或弦长来绘制圆弧线。

【练习】绘制指定角度的圆弧。

01 使用"直线"命令绘制一条线段作为参照图形。

02 执行Arc(A)命令，输入C并确定，选择"圆心"选项。

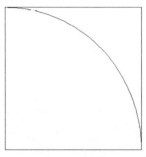

图 3-52　创建圆弧

03 在线段的中点处指定圆弧的圆心，如图3-53所示。

04 在线段的右端点处指定圆弧的起点。

05 根据系统提示"指定圆弧的端点或[角度(A)/弦长(L)]:"，输入A并确定，选择"角度"选项，如图3-54所示。

图 3-53　指定圆弧的圆心

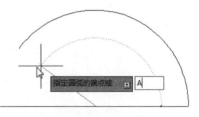

图 3-54　输入 A 并确定

06 输入圆弧所包含的角度为150，如图3-55所示。按空格键即可创建一个包含角度为150°的圆弧，效果如图3-56所示。

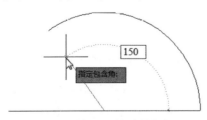

图 3-55　输入圆弧包含的角度

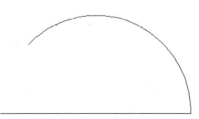

图 3-56　创建指定角度的圆弧

3.6　上机实训

本章上机实训将分别绘制传动带零件图和主动轴，综合学习本章讲解的知识点，加深掌握直线、矩形和圆等命令的具体应用。

3.6.1　绘制传动带

本实训要求绘制传动带图形，主要掌握带角度的直线和圆的绘制操作。绘制该图形时，可以参照本例图形的尺寸进行操作，效果如图3-57所示。

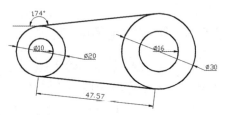

图 3-57　传动带

【实例分析】

绘制本实例的传动带图形时，首先使用"直线"命令绘制带角度的直线，然后使用"圆"命令绘制与直线相切的圆，再绘制同心圆。

【操作步骤】

01 执行L(直线)命令，指定直线的第一个点后，输入"<6"并确定。然后向右指定直线的下一个点，再输入直线长度为47.57并确定，效果如图3-58所示。

02 执行L(直线)命令，输入From并确定，捕捉刚绘制的直线左方端点为基点，输入偏移基点的坐标为"@0,-19.89"，然后输入"<174"并确定。再向右指定直线的下一个点，输入直线长度为47.57并确定，效果如图3-59所示。

图 3-58　绘制斜线　　　　　　　　　　　　　　图 3-59　绘制对称斜线

03 执行C(圆)命令，输入T并确定，选择"切点、切点、半径(T)"选项，然后依次选择两条直线作为切边，再输入圆的半径为10，绘制一个与两条直线相切、半径为10的圆，效果如图3-60所示。

04 执行C(圆)命令，捕捉刚绘制的圆的圆心作为当前圆的圆心，然后绘制一个半径为5的圆，效果如图3-61所示。

05 执行C(圆)命令，输入T并确定，选择"切点、切点、半径(T)"选项，然后依次选择两条直线作为切边，再输入圆的半径为15，绘制一个与两条直线相切、半径为15的圆，效果如图3-62所示。

06 执行C(圆)命令，捕捉半径为15的圆的圆心，然后绘制一个半径为8的圆，效果如图3-63所示，完成本例图形的绘制。

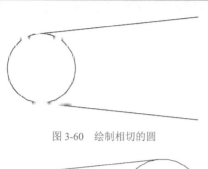

图 3-60 绘制相切的圆

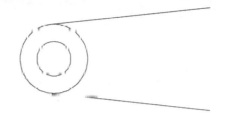

图 3-61 绘制同心圆

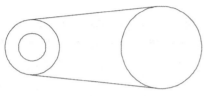

图 3-62 绘制相切的圆

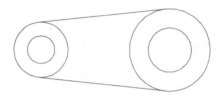

图 3-63 绘制同心圆

3.6.2 绘制主动轴

本实训要求绘制主动轴，主要掌握直角矩形、圆角矩形和直线的绘制操作。绘制该图形时，可以参照本例图形的尺寸进行操作，效果如图3-64所示。

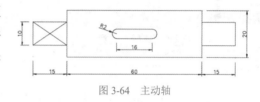

图 3-64 主动轴

【实例分析】

绘制本实例的主动轴时，首先使用"矩形"命令绘制一个直角矩形，再使用"矩形"和From命令绘制指定位置的圆角矩形。然后执行"直线"命令，通过指定直线各个端点的相对坐标绘制左右两侧的矩形框。

【操作步骤】

01 执行REC(矩形)命令，绘制一个长度为60、宽度为20的矩形。

02 执行REC(矩形)命令，设置圆角半径为2，然后输入From并确定，捕捉刚绘制的矩形的左上方端点为基点，如图3-65所示。输入偏移基点的坐标为"@20,-8"，再指定矩形另一个角点的坐标为"@20,-4"，绘制一个圆角半径为2、长度为20、宽度为4的圆角矩形，如图3-66所示。

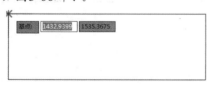

图 3-65 指定基点

图 3-66 绘制圆角矩形

03 执行L(直线)命令，输入From并确定，捕捉直角矩形的左上方端点为基点，输入偏移基点的坐标为"@0,-5"。再依次指定直线的其他点的坐标为"@-15,0""@0,-10""@15,0"，绘制出左方的矩形框，如图3-67所示。

04 执行L(直线)命令，通过捕捉左方矩形框的对角线端点，绘制一条对角线，如

图3-68所示。

图 3-67　绘制左方矩形框

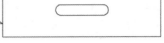

图 3-68　绘制对角线

05 执行L(直线)命令，通过捕捉左方矩形框另外两个对角线端点，绘制另一条对角线，如图3-69所示。

06 执行L(直线)命令，输入From并确定，捕捉直角矩形的右上方端点为基点，输入偏移基点的坐标为"@0,-5"。再依次指定直线的其他点的坐标为"@15,0""@0,-10""@-15,0"，绘制出右方的矩形框(如图3-70所示)，完成本例图形的绘制。

图 3-69　绘制另一条对角线

图 3-70　绘制右方矩形框

3.7　思考与练习

1. 定数等分点或定距等分点命令是将对象分成独立的几段吗？

2. 在绘制直线时，输入"闭合(C)"命令，能否应用于当前图形中的所有直线？

3. 执行"直线"命令，如何绘制与水平线存在一定角度的斜线？

4. 使用"构造线"命令，绘制两条相互垂直的构造线和一条倾斜度为45°的构造线。

5. 参照图3-71所示的灯具图形，使用"直线"和"圆"命令绘制该图形，其中两个圆的半径分别是40和125，直线适当超出圆外。

6. 参照图3-72所示的底座主视图尺寸和效果，使用"直线""矩形"和"圆"等命令绘制该图形。

图 3-71　绘制灯具

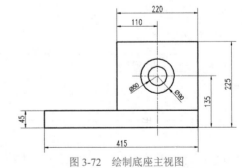

图 3-72　绘制底座主视图

第4章

绘制常规二维图形

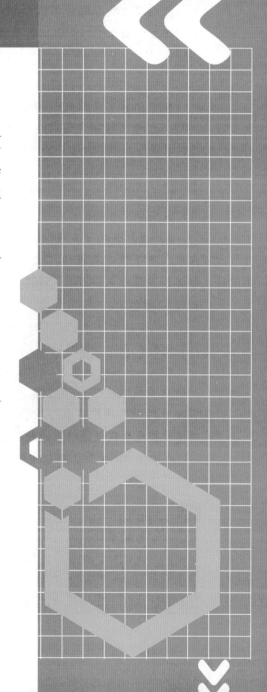

本章导读

　　AutoCAD提供了大量的二维绘图命令，除了前面介绍的简单图形的绘图命令外，还包括其他常见的图形绘制命令，如多线、多段线、样条曲线、修订云线、多边形、椭圆、圆环和徒手画等。

本章重点

- ○ 绘制多线
- ○ 绘制多段线
- ○ 绘制样条曲线
- ○ 绘制多边形
- ○ 绘制椭圆

二维码教学视频

- 【练习】设置多线样式
- 【练习】绘制墙线
- 【练习】绘制五边形
- 【练习】绘制指定轴端点的椭圆
- 【练习】绘制指定中心点的椭圆
- 【练习】绘制指定弧度的椭圆弧
- 【练习】绘制指定内径和外径的圆环
- 【练习】将矩形转换为修订云线
- 【上机实训】绘制洗手池
- 【上机实训】绘制六角螺母

4.1 绘制各类线性对象

在AutoCAD中可以绘制多线、多段线和样条曲线等对象，各种线性对象拥有不同的特性，下面将介绍这些对象的特点和创建方法。

4.1.1 多线

使用"多线"命令可以绘制多条相互平行的线，通常用于绘制建筑图中的墙线。在绘制多线的操作中，可以将各条线设置为相同的颜色和线型，也可以设置为不同的颜色和线型。

1. 设置多线样式

在"新建多线样式"对话框中可以设置多线的线型、颜色、线宽、偏移、样式和端头连接方式等特性。

【练习】设置多线样式。

01 选择"格式"｜"多线样式"命令，或输入Mlstyle命令并确定。

02 在打开的"多线样式"对话框中的"样式"区域列出了目前存在的样式，预览区域显示了所选样式的多线效果，单击"新建"按钮创建新样式，如图4-1所示。

图4-1 单击"新建"按钮

03 在打开的"创建新的多线样式"对话框中输入新的样式名称，如图4-2所示。

04 单击该对话框中的"继续"按钮，在打开的"新建多线样式"对话框的"图元"选项栏中选择多线中的一个对象，然后单击"颜色"下拉按钮，

图4-2 输入新样式名称

在下拉列表中设置该对象的颜色为"红"，如图4-3所示。

05 在"图元"选项栏中选择多线中的另一个对象，然后在"颜色"下拉列表中选择该对象的颜色为"洋红"，然后进行确定，如图4-4所示。

> ❖ **注意:**
>
> 在"新建多线样式"对话框中，选中"封口"选项组中的"直线"选项的"起点"和"端点"复选框，绘制的多线两端将显示为封闭状态；在"新建多线样式"对话框中，取消选中"封口"区域"直线"选项的"起点"和"端点"复选框，绘制的多线两端将显示为打开状态。

图4-3 设置颜色为"红"

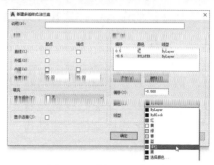

图4-4 "颜色"下拉列表

【主要选项说明】

○ "说明"文本框：对新建的多线样式的用途、创建者，以及创建时间等进行说明。

○ "封口"栏：可以设置起点与端点的连接方式。

○ "填充"栏：可以设置多线的填充颜色。

○ "显示连接"复选框：表示在多线转折处将两个直线元素的角点用直线连接起来。

○ "图元"栏：AutoCAD默认多线有两个元素。单击"添加"按钮可以添加多线元素，单击"删除"按钮可以删除不需要的多线元素，但至少要保留一个多线元素。

○ "偏移"文本框：在"图元"栏中选择任意一个多线元素，在"偏移"文本框中可以指定该元素偏离多线中心的距离。

○ "颜色"下拉列表：可以为该元素选择颜色，ByLayer表示与多线所在图层的颜色相同，ByBlock表示与多线所组成的图块颜色相同。

○ "线型"按钮：单击该按钮，在打开的"选择线型"对话框中可以为指定的元素选择一种线型。

2. 绘制多线

使用"多线"命令可以绘制由直线段组成的平行多线，但不能绘制弧形的平行线。绘制的平行线可以用Explode(分解)命令将其分解成单个独立的线段。

【命令调用方式】

○ 选择"绘图"｜"多线"命令。

○ 输入Mline命令(或输入简化命令ML)并确定。

执行Mline(ML)命令后，系统将提示"指定起点或[对正(J)/比例(S)/样式(ST)]:"，用户可以根据提示进行相应的操作。

【主要选项说明】

○ 对正(J)：用于控制多线相对于用户输入端点的偏移位置。

○ 比例(S)：用于控制多线比例。用不同的比例进行绘制，多线的宽度不同。注意，使用负比例可以将偏移顺序反转。

○ 样式(ST)：用于定义平行多线的线型。在"输入多线样式名或[?]"提示后输入已定义的线型名。输入？，则可列表显示当前图形中已有的平行多线样式。

在绘制多线的过程中，选择"对正(J)"选项后，系统将继续提示"输入对正类型[上(T)/无(Z)/下(B)]< >:"。

【对正类型说明】

○ 上(T)：多线顶端的线将随着光标点进行移动。

○ 无(Z)：多线的中心线将随着光标点进行移动。

○ 下(B)：多线底端的线将随着光标点进行移动。

【练习】绘制墙线。

01 打开"建筑轴线.dwg"素材图形，如图4-5所示。

02 执行Mline命令并确定，当系统提示"指定起点或[对正(J)/比例(S)/样式(ST)]:"时，输入S并确定，启用"比例(S)"选项，如图4-6所示。

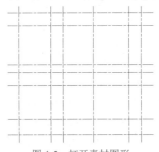

图4-5　打开素材图形

图4-6　输入 S 并确定

03 输入多线的比例值为240并按空格键，如图4-7所示。

04 输入J并确定，启用"对正(J)"选项，如图4-8所示。

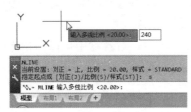

图4-7　输入多线的比例

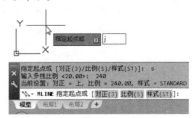

图4-8　输入 J 并确定

05 在弹出的菜单中选择"无(Z)"选项，如图4-9所示。

06 根据系统提示指定多线的起点，如图4-10所示。

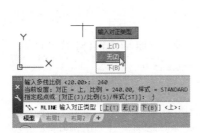

图4-9　选择"无(Z)"选项

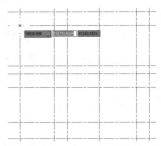

图4-10　指定多线起点

07 依次指定多线的下一点，绘制如图4-11所示的多线。

08 继续使用"多线"命令绘制其他的多线，如图4-12所示。

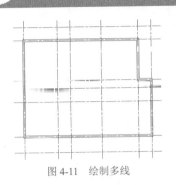

图 4-11 绘制多线

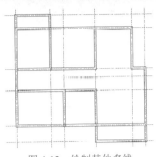

图 4-12 绘制其他多线

4.1.2 多段线

使用"多段线"命令，可以创建相互连接的序列线段，创建的多段线可以是直线段、弧线段或两者的组合线段。

【命令调用方式】

○ 选择"绘图" | "多段线"命令。

○ 单击"绘图"面板中的"多段线"按钮 ⅁。

○ 输入Pline命令(或输入简化命令PL)并确定。

执行Pline(PL)命令，指定多段线的起点，系统将提示"指定下一点或[圆弧(A)/半宽(H)/长度(L)/放弃(U)/宽度(W)]:"。

【主要选项说明】

○ 圆弧(A)：输入A，以绘制圆弧的方式绘制多段线。

○ 半宽(H)：用于指定多段线的半宽值，AutoCAD将提示用户输入多段线的起点半宽值与终点半宽值。

○ 长度(L)：指定下一段多段线的长度。

○ 放弃(U)：输入该命令将取消刚刚绘制的一段多段线。

○ 宽度(W)：输入该命令将设置多段线的宽度值。

【练习】绘制方向指示图标。

01 执行Pline(PL)命令，单击指定多段线的起点，根据系统提示"指定下一点或[圆弧(A)/半宽(H)/长度(L)/放弃(U)/宽度(W)]:"，向右指定多段线的下一个点。

02 当系统再次提示"指定下一点或[圆弧(A)/闭合(C)/半宽(H)/长度(L)/放弃(U)/宽度(W)]:"时，输入A并确定，选择"圆弧(A)"选项，如图4-13所示。

03 向上移动并单击指定圆弧的端点，如图4-14所示。

图 4-13 输入 A 并确定

图 4-14 指定圆弧端点

04 当系统提示"指定圆弧的端点或[角度(A)/圆心(CE)/闭合(CL)/方向(D)/半宽(H)/直线(L)/半径(R)/第二个点(S)/放弃(U)/宽度(W)]:"时，输入L并确定，选择"直线(L)"选项，如图4-15所示。

05 根据系统提示"指定下一点或[圆弧(A)/闭合(C)/半宽(H)/长度(L)/放弃(U)/宽度(W)]:"，输入W并按空格键，选择"宽度(W)"选项，如图4-16所示。

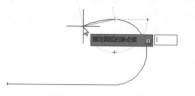

图4-15　输入L并确定

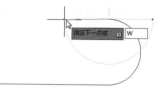

图4-16　输入W并确定

06 根据系统提示"指定起点宽度<0.0000>:"，输入起点宽度为5并确定，如图4-17所示。

07 根据系统提示"指定端点宽度<5.0000>:"，输入端点宽度为0并确定，如图4-18所示。

图4-17　输入起点宽度

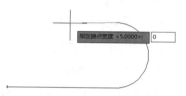

图4-18　输入端点宽度

08 根据系统提示指定多段线的下一个点，如图4-19所示。然后按空格键进行确定，即可绘制带箭头的指示图标，如图4-20所示。

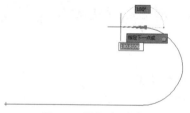

图4-19　指定下一个点

图4-20　绘制方向指示图标

❖ **注意:**

执行Pline(PL)命令，默认状态下绘制的线条为直线。输入参数A(圆弧)并确定，可以创建圆弧线条。如果要重新切换到直线的绘制中，则需要输入参数L(直线)并确定。在绘制多段线时，AutoCAD将按照上一段线段的方式绘制一段新的多段线。

在AutoCAD中，输入命令语句时，不用区分字母大小写。

4.1.3　样条曲线

使用"样条曲线"命令可以绘制各类光滑的曲线图元。这种曲线由起点、终点、控制点和偏差来控制。

【命令调用方式】

○　选择"绘图"｜"样条曲线"命令，再选择其中的子命令。

○ 单击"绘图"面板中的"样条曲线拟合"按钮 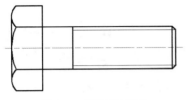 或"样条曲线控制点"按钮 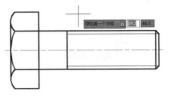。

○ 输入Spline命令(或输入简化命令SPL)并确定。

【练习】绘制零件剖切线。

01 打开"螺栓.dwg"素材图形，如图4-21所示。

02 执行Spline(SPL)命令，根据系统提示"指定第一个点或[方式(M)/节点(K)/对象(O)]:"，指定样条曲线的第一个点，如图4-22所示。

图4-21 打开素材图形

图4-22 指定第一个点

03 根据系统提示"输入下一个点或[起点切向(T)/公差(L)]:"，指定样条曲线的第二个点，如图4-23所示。

04 根据系统提示，继续指定样条曲线的其他点，然后按空格键结束命令，效果如图4-24所示。

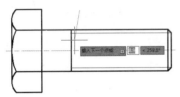

图4-23 指定第二个点

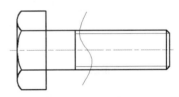

图4-24 绘制剖切线

【主要选项说明】

○ 对象(O)：可将普通多段线转换为样条曲线。样条曲线拟合多段线是指使用Pedit命令中的"样条曲线"选项，将普通多段线转换为样条曲线。

○ 起点切向(T)：可定义样条曲线的起点和结束点的切线方向。

○ 公差(L)：可定义曲线的偏差值。该值越大，离控制点越远；该值越小，离控制点越近。

4.2 绘制多边形和椭圆

在AutoCAD中，不仅可以绘制矩形和圆这类标准图形，还可以绘制多边形和椭圆图形。

4.2.1 多边形

使用"多边形"命令，可以绘制由3～1024条边所组成的内接于圆或外切于圆的多边形。

【命令调用方式】

○ 选择"绘图"|"多边形"命令。

- 单击"绘图"面板中的"矩形"下拉按钮 □·，然后选择"多边形"选项。
- 输入Polygon命令(或输入简化命令POL)并确定。

【练习】绘制五边形。

01 执行POL命令，输入多边形的侧面数(即边数)为5并确定，如图4-25所示。

02 单击指定多边形的中心点，然后在弹出的下拉菜单中选择绘制多边形的方式(如"外切于圆(C)")，如图4-26所示。

图4-25 输入侧面数

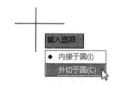

图4-26 选择绘制多边形的方式

03 根据系统提示"指定圆的半径:"，输入多边形外切圆的半径(如15)并确定(如图4-27所示)，完成五边形的绘制，如图4-28所示。

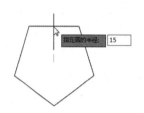

图4-27 指定外切圆的半径

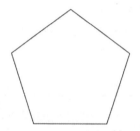

图4-28 五边形效果

❖ **注意:**

使用"多边形"命令绘制的外切于圆的五边形与内接于圆的五边形，尽管它们具有相同的边数和半径，但是其大小却不同。外切于圆的多边形和内接于圆的多边形与指定圆之间的关系如图4-29所示。

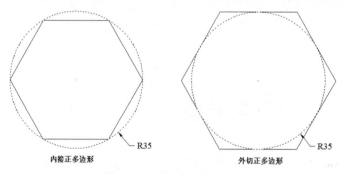

内接正多边形   外切正多边形

图4-29 多边形与圆的示意图

4.2.2 椭圆

椭圆是由定义其长度和宽度的两条轴决定的，当两条轴的长度不相等时，形成的对象为椭圆；当两条轴的长度相等时，则形成的对象为圆。

【命令调用方式】

○ 选择"绘图"│"椭圆"命令，然后选择其中的子命令。

○ 单击"绘图"面板中的"椭圆"按钮 ⬮。

○ 输入Ellipse命令(或输入简化命令EL)并确定。

执行Ellipse(EL)命令后，将提示"指定椭圆的轴端点或[圆弧(A)/中心点(C)]:"，用户可以根据提示进行相应的操作。

【主要选项说明】

○ 轴端点：以椭圆的轴端点绘制椭圆。

○ 圆弧(A)：用于创建椭圆弧。

○ 中心点(C)：以椭圆圆心和两轴端点绘制椭圆。

1.通过指定轴端点绘制椭圆

通过轴端点绘制椭圆的方式是先以两个固定点确定椭圆的一条轴长，再指定椭圆的另一条半轴长。

【练习】绘制指定轴端点的椭圆。

01 执行Ellipse(EL)命令，根据系统提示"指定椭圆的轴端点或[圆弧(A)/中心点(C)]:"，单击指定椭圆轴的第一个端点。

02 向右移动光标指定椭圆轴另一个端点的方向，然后输入椭圆轴的长度(如450)并确定，如图4-30所示。

03 向上移动光标指定椭圆另一条半轴的方向，输入半轴长度(如150)并确定，如图4-31所示，即可绘制指定轴长的椭圆。

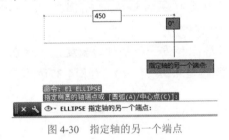

图 4-30 指定轴的另一个端点

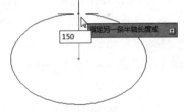

图 4-31 指定另一条半轴长度

2.通过指定中心点绘制椭圆

通过中心点绘制椭圆的方式是先通过指定椭圆的中心点确定椭圆的位置，然后指定椭圆轴和另一条半轴的长度。

【练习】绘制指定中心点的椭圆。

01 执行Ellipse(EL)命令，根据系统提示"指定椭圆的轴端点或[圆弧(A)/中心点(C)]:"，输入C并确定，选择"中心点(C)"选项，如图4-32所示。

02 在图形中单击指定椭圆的中心点，然后向右移动光标，并指定椭圆的半轴长(如400)，如图4-33所示。

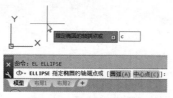

图 4-32　输入 C 并确定

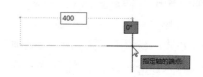

图 4-33　指定椭圆轴的端点

03 向上移动光标，并指定椭圆另一条半轴长度(如300)，如图4-34所示。进行确定后，得到的椭圆效果如图4-35所示。

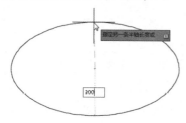

图 4-34　指定另一条半轴长度

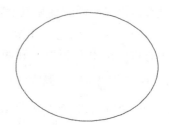

图 4-35　椭圆效果

4.2.3　椭圆弧

使用"椭圆"命令不仅可以绘制椭圆图形，还可以绘制椭圆弧图形。执行Ellipse(EL)命令，然后输入参数A并确定，选择"圆弧(A)"选项；或单击"绘图"面板中的"椭圆"下拉按钮⊙，在弹出的下拉列表中选择"椭圆弧"选项，即可绘制椭圆弧。

【练习】绘制指定弧度的椭圆弧。

01 执行Ellipse(EL)命令，根据系统提示"指定椭圆的轴端点或[圆弧(A)/中心点(C)]:"，输入A并确定，选择"圆弧(A)"选项，如图4-36所示。

02 依次指定椭圆的第一个轴端点、另一个轴端点和另一条半轴的长度，然后在系统提示"指定起点角度或[参数(P)]:"时，指定椭圆弧的起点角度(如0)，如图4-37所示。

图 4-36　输入 A 并确定

图 4-37　指定起点角度

03 输入椭圆弧的端点角度(如180)，如图4-38所示。按空格键进行确定，完成椭圆弧的绘制，如图4-39所示。

图 4-38　指定端点角度

图 4-39　绘制椭圆弧

4.3 绘制其他常用二维图形

在AutoCAD中，用户除了可以直接绘制前面介绍的各种图形外，还可以绘制圆环、修订云线和徒手画线条。

4.3.1 绘制圆环

使用"圆环"命令可以绘制一定宽度的空心圆环或实心圆环。绘制圆环时，需要设置圆环的内径和外径，然后通过单击绘制圆环。使用"圆环"命令绘制的圆环实际上是多段线，可以使用"编辑多段线(Pedit)"命令中的"宽度(W)"选项修改圆环的宽度。

【命令调用方式】

○ 选择"绘图"｜"圆环"命令。

○ 输入Donut命令(或输入简化命令DO)并确定。

【练习】绘制指定内径和外径的圆环。

01 执行Donut(DO)命令，根据系统提示"指定圆环的内径 <>:"，输入圆环的内径(如50)并确定。

02 根据系统提示"指定圆环的外径 <>:"，输入圆环的外径(如80)并确定。

03 根据系统提示"指定圆环的中心点或 <退出>:"，单击指定圆环的中心点(如图4-40所示)，即可绘制一个指定大小的圆环，如图4-41所示。

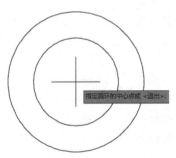

图 4-40　指定圆环的中心点　　　　　　　图 4-41　绘制圆环

❖ 注意：

在绘制圆环之前，执行FILL命令，通过在弹出的选项列表中选择"开(UN)"或"关(OFF)"选项，则使用Donut(DO)命令时可以绘制实心圆环或空心圆环。

4.3.2 绘制修订云线

使用"修订云线"命令可以自动沿被跟踪的形状绘制一系列圆弧。修订云线用于红线圈阅或检查图形时进行标记。

【命令调用方式】

- 选择"绘图"｜"修订云线"命令。
- 单击"绘图"面板中的"矩形修订云线"按钮 。
- 输入Revcloud命令并确定。

执行Revcloud命令，系统将提示"指定第一个点或[弧长(A)/对象(O)/矩形(R)/多边形(P)/徒手画(F)/样式(S)/修改(M)] <对象>:"。

【主要选项说明】

- 弧长(A)：用于设置修订云线中圆弧的最大长度和最小长度。
- 对象(O)：用于将闭合对象(圆、椭圆、闭合的多段线或样条曲线)转换为修订云线。
- 矩形(R)：使用矩形形状绘制云线。
- 多边形(P)：使用多边形形状绘制云线。
- 徒手画(F)：使用手绘方式绘制云线。
- 样式(S)：设置绘制云线的方式为普通样式或手绘样式。
- 修改(M)：用于对已有云线进行修改。

1. 直接绘制修订云线

执行Revcloud命令，根据系统提示输入A并确定，设置修订云线中的最小弧长和最大弧长，然后单击并拖动即可绘制出修订云线图形，如图4-42所示。

图4-42　封闭的修订云线

执行Revcloud命令，在绘制修订云线的过程中按空格键，可以终止执行Revcloud命令，并生成开放的修订云线，如图4-43所示。

2. 将对象转换为修订云线

执行Revcloud命令，在选择"对象(O)"命令选项后，可以将多段线、样条曲线、矩形和圆等对象转换为修订云线。

图4-43　开放的修订云线

【练习】将矩形转换为修订云线。

01 打开"垫圈.dwg"素材图形，如图4-44所示。

02 执行Revcloud命令，根据系统提示"指定第一个点或[弧长(A)/对象(O)/矩形(R)/多边形(P)/徒手画(F)/样式(S)/修改(M)]:"，输入A并确定，选择"弧长(A)"命令选项。

03 根据系统提示，依次设置最小弧长为5、最大弧长为10。

04 当系统再次提示"指定第一个点或[弧长(A)/对象(O)/矩形(R)/多边形(P)/徒手画(F)/样式(S)/修改(M)]:"时，输入O并确定，选择"对象(O)"命令选项。

05 根据系统提示"选择对象:"，选择图形中的矩形对象并确定，即可将选择的矩形转换为修订云线图形，效果如图4-45所示。

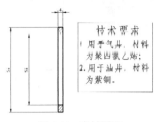

图 4-44　素材图形

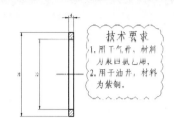

图 4-45　矩形转换为修订云线后的效果

4.3.3　徒手画线条

执行Sketch(徒手画)命令，可以通过模仿手绘效果创建一系列独立的线段或多段线。该绘图方式通常适用于木纹、剖面的自由轮廓和植物等不规则图案的绘制。图4-46所示的装饰画边框纹理和图4-47所示的树木主要是使用Sketch命令绘制的效果。

图 4-46　徒手画边框纹理

图 4-47　徒手画树木

4.4　参数化绘图

运用如图4-48所示的"参数"菜单中的约束命令可以指定二维对象或对象上的点之间的几何约束，绘制特定的图形。编辑受约束的图形时，将保留约束。

例如，在图4-49中为图形应用了约束命令。

图 4-48　"参数"菜单

图 4-49　约束图形

运用"参数"菜单中的约束命令绘制如图4-49所示的特定图形时，其原则如下。

○　每个端点都被约束为与每个相邻对象的端点保持重合，这些约束显示为夹点。

- 垂直线被约束为保持相互平行且长度相等。
- 右侧的垂直线被约束为与水平线保持垂直。
- 水平线被约束为保持水平。
- 圆和水平线的位置约束为保持固定距离，这些固定约束显示为锁定图标。

【练习】绘制与圆相切的直线。

01 绘制两个同心圆和一条水平线段作为操作对象，如图4-50所示。

02 选择"参数"｜"几何约束"｜"相切"命令，系统提示"选择第一个对象:"时，选择大圆，如图4-51所示。

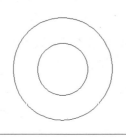

图 4-50　绘制图形

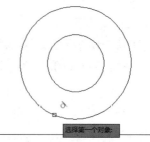

图 4-51　选择第一个对象

03 根据系统提示选择直线作为相切的第二个对象，如图4-52所示，即可将直线与圆相切，如图4-53所示。

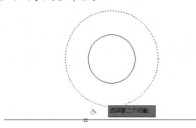

图 4-52　选择第二个对象

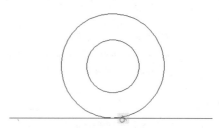

图 4-53　直线与圆相切

04 拖动直线右方的夹点，调整直线的形状，如图4-54所示。调整直线后，圆始终与直线保持相切，效果如图4-55所示。

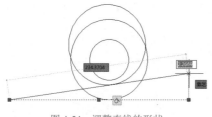

图 4-54　调整直线的形状

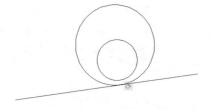

图 4-55　圆与直线保持相切

4.5　上机实训

本章上机实训将分别绘制洗手池和六角螺母图形，综合学习本章讲解的知识点，加深掌握多段线、椭圆、多边形和圆等命令的具体应用。

1.5.1 绘制洗手池

本实训要求绘制洗手池图形，主要掌握多
段线、椭圆和圆的绘制操作。绘制该图形时，可
以参照本例图形的尺寸进行操作，效果如图4-56
所示。

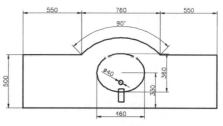

图 4-56　洗手池图形

【实例分析】

绘制本实例的洗手池图形时，首先使用"多
段线"命令绘制水池的轮廓，然后依次绘制椭
圆、圆和圆角矩形。

【操作步骤】

01 执行PL(多段线)命令，参照本例图形的最终尺寸，依次绘制多段线的各条直线
段，然后输入A并确定，选择"圆弧"选项，如图4-57所示。继续输入A并确定，选择
"角度"选项。设置圆弧的角度为90，再指定圆弧的端点，绘制的多段线如图4-58所示。

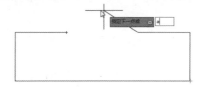

图 4-57　输入 A 并确定

图 4-58　绘制多段线

02 执行L(直线)命令，捕捉多段线下方的中点作为直线的第一点，然后向上绘制一条
长为330的垂直线段作为辅助线，如图4-59所示。

03 执行EL(椭圆)命令，捕捉辅助线上方的端点作为椭圆的中心点，然后绘制一个水
平轴长为460、另一条半轴长为180的椭圆，如图4-60所示。

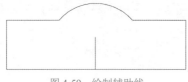

图 4-59　绘制辅助线

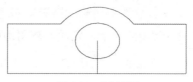

图 4-60　绘制椭圆

04 选中辅助线，然后按Delete键将其删除。

05 执行C(圆)命令，参照如图4-61所示的效果绘制一个半径为20的圆。

06 执行REC(矩形)命令，参照如图4-62所示的效果绘制一个圆角半径为5、长度为
45、宽度为120的圆角矩形，完成本例的制作。

图 4-61　绘制圆

图 4-62　绘制圆角矩形

4.5.2 绘制六角螺母

本实训要求绘制六角螺母图形，主要掌握多边形、圆和圆弧的绘制操作。绘制该图形时，可以参照本例图形的尺寸进行操作，效果如图4-63所示。

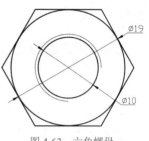

图4-63　六角螺母

【实例分析】

绘制本实例的六角螺母图形时，首先使用"圆"命令分别绘制半径为5和9.5的同心圆，然后使用"多边形"命令绘制外切于半径为9.5的圆的六边形，再使用"圆"命令绘制圆弧图形。

【操作步骤】

01 执行C(圆)命令，绘制一个半径为5的圆。

02 继续执行C(圆)命令，以前面绘制的圆的圆心为圆心，绘制一个半径为9.5的圆，如图4-64所示。

03 执行POL (多边形)命令，设置多边形的边数为6，然后在圆心处指定多边形的中心点，在弹出的下拉菜单中选择"外切于圆(C)"选项，绘制一个外切于半径为9.5的圆的六边形，如图4-65所示。

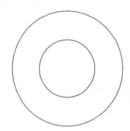

图 4-64　绘制同心圆

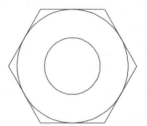

图 4-65　绘制六边形

04 执行A (圆弧)命令，输入C并确定，选择"圆心(C)"选项，在圆的圆心处指定圆弧的圆心，然后在如图4-66所示的位置指定圆弧的起点。再向下移动光标指定圆弧的端点，效果如图4-67所示，完成本例图形的绘制。

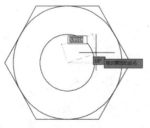

图 4-66　指定圆弧的起点

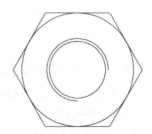

图 4-67　绘制圆弧

❖ 注意：

在绘图过程中，为了避免捕捉到不需要的特殊点，可以按住F3键，关闭"自动捕捉功能"，再进行图形的绘制；也可以在绘图之前，按F3键关闭"自动捕捉功能"。

4.6 思考与练习

1. 使用"直线"命令与使用"多段线"命令绘制的直线段有什么区别？

2. 使用"多边形"命令可以绘制三角形或矩形吗？

3. 怎样才能绘制出不自动闭合的修订云线？

4. 使用本章所学的绘图命令，通过"圆环"和"多段线"命令绘制如图4-68所示的路标图形。

5. 使用所学的绘图命令，通过"多段线"和"圆"命令绘制支架轮廓图，效果及尺寸如图4-69所示。

图 4-68 绘制路标图形

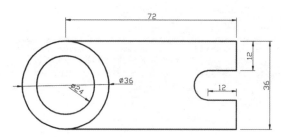

图 4-69 绘制支架轮廓图

第5章

辅助绘图功能

5.1　设置绘图环境

在AutoCAD中，用户可以进行图形界限、图形单位、图形窗口颜色、图形显示精度和保存选项等绘图环境的设置。

5.1.1　设置图形界限

图形界限是AutoCAD绘图空间一个假想的矩形绘图区域，相当于用户选择的图纸大小，图形界限确定了栅格和缩放的显示区域。在AutoCAD中，与图纸的大小相关的设置就是绘图界限，设置绘图界限的大小应与选定的图纸相同。

【命令调用方式】

- 输入Limits命令并确定。
- 选择"格式"|"图形界限"命令。

【练习】设置图形界限。

01 在命令行中输入Limits(图形界限)命令并确定，然后输入图形界面左下方的角点坐标(如0,0)，如图5-1所示，再按Enter键确定。

02 输入图形界面右上方的角点坐标(如420,297)，如图5-2所示，然后按Enter键确定。

图5-1　输入左下方的角点坐标

图5-2　输入右上方的角点坐标

03 再次执行Limits命令，然后输入ON并确定，打开图形界限，完成图形界限的设置，如图5-3所示。

04 执行任意绘图命令，如果在设置的图形界限外指定绘图的位置，系统会显示"超出图形界限"的提示，如图5-4所示。

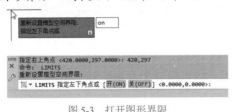

图5-3　打开图形界限

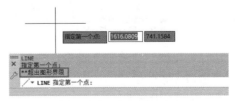

图5-4　提示超出图形界限

❖ **注意：**

在设置图形界限的过程中，输入ON则打开图形界限功能，AutoCAD将会拒绝输入位于图形界限外部的点；输入OFF则关闭图形界限功能，可以在界限之外进行绘图，这是系统的默认设置。

5.1.2　设置图形单位

AutoCAD使用的图形单位包括毫米、厘米、英尺和英寸等十几种单位，可供不同行业绘图的需要。在使用AutoCAD绘图前，首先应该进行绘图单位的设置。用户可以根据具体的工作需要设置单位类型和数据精度。

【命令调用方式】

○ 输入Units命令(或输入简化命令UN)并确定。

○ 选择"格式"|"单位"命令。

执行UN(单位)命令后，将打开"图形单位"对话框，如图5-5所示。在该对话框中可以为图形设置长度、精度和角度等的单位值。

【主要选项说明】

○ 长度：用于设置长度单位的类型和精度。在"类型"下拉列表中，可以选择当前测量单位的格式类型；在"精度"下拉列表中，可以选择当前长度单位的精度。

○ 角度：用于设置角度单位的类型和精度。在"类型"下拉列表中，可以选择当前角度单位的格式类型；在"精度"下拉列表中，可以选择当前角度单位的精度；"顺时针"复选框用于控制角度增量角的正负方向。

○ "方向"按钮：用于确定角度及方向。单击该按钮，将打开"方向控制"对话框，如图5-6所示。在该对话框中可以设置基准角度和角度方向。

图 5-5　"图形单位"对话框

图 5-6　"方向控制"对话框

5.1.3　设置图形窗口颜色

用户可以通过"选项"命令，在打开的"选项"对话框中设置绘图区、十字光标和命令行等窗口元素的颜色。

【命令调用方式】

○ 输入Options命令(或输入简化命令OP)并确定。

○ 选择"工具"|"选项"命令。

【练习】设置绘图区的颜色。

01 在命令行中输入OP(选项)命令并按空格键进行确定，打开"选项"对话框。

02 选择"显示"选项卡，然后单击"颜色"按钮，如图5-7所示。

03 在打开的"图形窗口颜色"对话框中依次选择"二维模型空间"和"统一背景"选项，然后单击"颜色"下拉按钮，选择一种颜色(如"白"选项)，如图5-8所示。

04 单击"应用并关闭"按钮，返回"选项"对话框，单击"确定"按钮，即可将绘图区的颜色设置为指定的颜色。

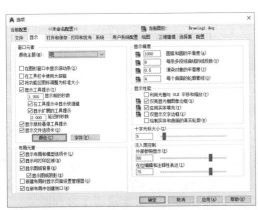

图5-7　"选项"对话框

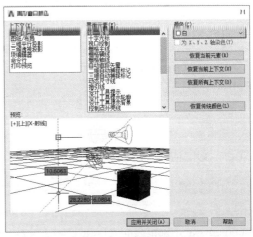

图5-8　修改绘图区的颜色

❖ **注意：**

在实际工作中，制图人员通常会将绘图区的颜色设置为黑色，这样有利于保护视力。在本书中，为了更好地显示图形效果，会将绘图区的颜色设置为白色。

5.1.4　设置图形显示精度

系统为了加快图形的显示速度，圆与圆弧都以多边形来显示。在"选项"对话框的"显示"选项卡中，通过调整"显示精度"区域中的相应值，可以调整图形的显示精度，如图5-9所示。

【主要选项说明】

- 圆弧和圆的平滑度：用于控制圆、圆弧和椭圆的平滑度。其值越高，生成的对象越平滑，重生成、平移和缩放对象所需的时间越长。用户可以在绘图时将该选项设置为较低的值(如100)，而在渲染时增加该选项的值，从而提高图形的显示性能。

- 每条多段线曲线的线段数：用于设置每条多段线曲线生成的线段数目。其值越高，对性能的影响越大。用户可以将此选项设置为较小的值(如4)来优化绘图性能。该值的取值范围为-32 767~32 767，默认设置为8。

- 渲染对象的平滑度：用于控制着色和渲染曲面实体的平滑度。将"渲染对象的平滑度"的输入值乘以"圆弧和圆的平滑度"的输入值来确定如何显示实体对象。要提高图形的显示性能，需要在绘图时将"渲染对象的平滑度"设置为1或更低。该数值越大，显示性能越差，渲染时间越长。该值的有效取值范围为0.01~10，默认设置为0.5。

○ 每个曲面的轮廓素线：用于设置对象的每个曲面的轮廓线数目。轮廓线数目越多，显示性能越差，渲染时间越长。其有效取值范围为0~2047，默认设置为4。

例如，当将圆弧和圆的平滑度设置为50时，图形中的圆将呈多边形显示，效果如图5-10所示；当将圆弧和圆的平滑度设置为2000时，图形中的圆将呈平滑的圆形显示，效果如图5-11所示。

图 5-9　显示精度

图 5-10　平滑度为 50

图 5-11　平滑度为 2000

5.1.5　设置保存选项

在绘制图形的过程中，开启自动保存文件的功能，可以防止在绘图时因意外因素造成的文件丢失。自动保存后的备份文件的扩展名为ac$。此文件的默认保存位置在系统盘\Documents and Settings\Default User\Local Settings\Temp目录下。当需要使用自动保存后的备份文件时，可以在备份文件的默认保存位置下找出该文件，将该文件的扩展名ac$修改为dwg，即可将其打开。

执行OP(选项)命令，打开"选项"对话框。在该对话框中选择"打开和保存"选项卡，在"保存间隔分钟数"文本框中可以设置自动保存的时间间隔，如图5-12所示。

另外，在"打开和保存"选项卡中单击"另存为"下拉按钮，在弹出的下拉列表中可以选择保存文件的默认版本，如图5-13所示。

图 5-12　设置自动保存的时间间隔

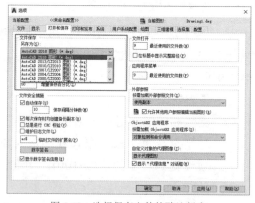

图 5-13　选择保存文件的默认版本

5.1.6　设置鼠标右键功能

设置适合用户使用的鼠标右键功能同样可以提高绘图效率。例如，用户可以根据自己的使用习惯，取消鼠标右键快捷菜单功能。

【练习】设置鼠标右键功能。

01 选择"工具"|"选项"命令，打开"选项"对话框，然后选择"用户系统配置"

选项卡。在该选项卡的"Windows标准操作"栏中取消选中"绘图区域中使用快捷菜单"复选框(如图5-14所示)，即可取消鼠标右键快捷菜单功能，即每次右击时默认以快捷菜单中的第一项作为执行命令。

02 选中"绘图区域中使用快捷菜单"复选框，然后单击下方的"自定义右键单击"按钮，打开如图5-15所示的"自定义右键单击"对话框，在其中可以按自己的使用习惯设置在不同情况下右击表示的含义，然后单击"应用并关闭"按钮。

图 5-14　取消选中复选框

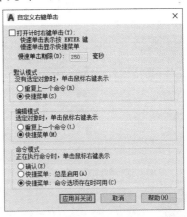

图 5-15　"自定义右键单击"对话框

5.1.7　设置系统变量

在AutoCAD中，系统变量用于控制某些功能、环境参数以及命令的工作方式。例如，使用系统变量可以打开或关闭捕捉、栅格、正交等模式，以及设置默认的填充图案或存储当前图形的相关信息等。

在AutoCAD中，有些系统变量有简单的开关设置。例如，DEFAULTLIGHTING系统变量用于显示或关闭代替其他光源的默认光源。在命令行中执行DEFAULTLIGHTING命令，系统将提示"输入DEFAULTLIGHTING的新值 <1>:"。在该提示下输入0时，可以关闭代替其他光源的默认光源；输入1时，将显示代替其他光源的默认光源。还有些系统变量则用来修改参数值或文字。例如，使用ISOLINES系统变量可以修改曲面的线性密度。

5.2　设置光标样式

在AutoCAD中，用户可以根据自己的使用习惯设置光标的样式。设置光标样式包括控制十字光标的大小、改变捕捉标记的大小与颜色、改变拾取框的状态和夹点的大小。

5.2.1　设置十字光标大小

十字光标是默认状态下的光标样式，在绘制图形时，用户可以根据操作习惯调整十字光标的大小。

【练习】设置十字光标的大小。

01 选择"工具"|"选项"命令，或执行OP(选项)命令，打开"选项"对话框，选择"显示"选项卡。

02 在"十字光标大小"选项组中拖动滑块▌，或在文本框中直接输入50，如图5-16所示。

03 单击"确定"按钮，即可调整光标的大小，效果如图5-17所示。

图 5-16　设置十字光标大小

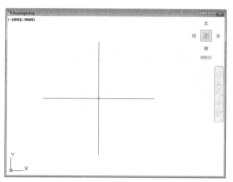

图 5-17　较大的十字光标

❖ **注意:**

十字光标大小的取值范围为1~100。其数值越大，十字光标越大；数值为100时，十字光标将会全屏幕显示。

5.2.2　设置自动捕捉标记大小

自动捕捉标记是启用自动捕捉功能后，在捕捉特殊点(如端点、圆心、中点等)时，光标所表现出的对应样式。用户可以根据需要修改自动捕捉标记的大小。

【练习】修改自动捕捉标记的大小。

01 选择"工具"|"选项"命令，或在命令行中执行OP(选项)命令，打开"选项"对话框，选择"绘图"选项卡。

02 在"自动捕捉标记大小"选项组中拖动滑块▌，如图5-18所示。

03 单击"确定"按钮，即可调整自动捕捉标记的大小，如图5-19所示为使用较大的圆心捕捉标记的效果。

图 5-18　拖动滑块

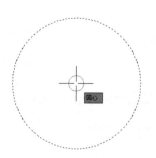

图 5-19　较大的圆心捕捉标记

5.2.3 设置拾取框大小

拾取框是指在执行编辑命令时，光标所变成的一个小正方形框。合理地设置拾取框的大小，有助于快速、高效地选取图形。若拾取框过大，在选择实体时很容易将与该实体邻近的其他实体选择在内；若拾取框过小，则不容易准确地选取到实体目标。

【练习】修改拾取框的大小。

01 选择"工具"|"选项"命令，或在命令行中执行OP(选项)命令，打开"选项"对话框，选择"选择集"选项卡。

02 在"拾取框大小"选项组中拖动滑块█，如图5-20所示。

03 单击"确定"按钮，即可调整拾取框的大小，如图5-21所示为较大拾取框的效果。

图 5-20 拖动滑块

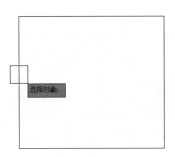

图 5-21 较大拾取框

5.2.4 设置夹点大小

夹点是选择图形后在图形的节点上显示的图标，如图5-22所示。为了准确地选择夹点对象，用户可以根据需要设置夹点的大小。在"选项"对话框中选择"选择集"选项卡，然后在"夹点尺寸"选项组中拖动滑块█，即可调整夹点的大小。

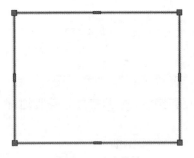

图 5-22 夹点效果

5.2.5 设置靶框大小

靶框是捕捉对象时出现在十字光标内部的方框，如图5-23所示。在"选项"对话框中选择"绘图"选项卡，在"靶框大小"选项组中拖动滑块█，可以调整靶框的大小。

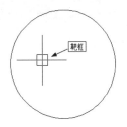

图 5-23 靶框效果

❖ 注意:

在"选项"对话框中选择"显示"选项卡，在其中单击"颜色"按钮，在打开的"图形窗口颜色"对话框中可以修改十字光标和自动捕捉标记的颜色。

5.3 正交模式

在绘制或编辑图形的过程中，使用正交模式功能可以将光标限制在水平或垂直轴向上，从而方便用户在水平或垂直方向上绘制和编辑图形，如图5-24所示。

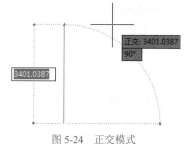

图 5-24　正交模式

【命令调用方式】

- 单击状态栏上的"正交限制光标"按钮 ⌐ ，如图5-25所示。
- 按F8键可激活正交功能。

开启正交模式功能后，状态栏上的"正交限制光标"按钮 ⌐ 处于蓝色高亮状态。

图 5-25　开启正交功能

❖ **注意：**

开启正交模式功能后，再次单击状态栏上的"正交限制光标"按钮 ⌐ ，或按F8键即可将正交模式功能关闭。

5.4 绘图设置

选择"工具"|"绘图设置"命令，打开"草图设置"对话框，在该对话框中可以进行捕捉和栅格、对象捕捉、捕捉追踪、动态输入等绘图设置。

5.4.1 捕捉和栅格

在AutoCAD中，捕捉用于设置光标移动的间距；栅格是一些标定位置的小点，可以提供直观的位置和距离参照。选择"工具"|"绘图设置"命令，或者右击状态栏中的"捕捉模式"按钮▓，在弹出的菜单中选择"捕捉设置"命令，如图5-26所示，即可在打开的"草图设置"对话框中进行捕捉和栅格设置，如图5-27所示。

图 5-26　选择"捕捉设置"命令

图 5-27　"草图设置"对话框

1. 启用或关闭捕捉和栅格

【命令调用方式】

- 单击状态栏中的"捕捉模式" 和"栅格显示"按钮 ▦。
- 按F9键可以打开或关闭捕捉模式，按F7键可以打开或关闭栅格显示。
- 在"草图设置"对话框中选中或取消选中"启用捕捉"和"启用栅格"复选框。

2. 设置捕捉参数

在"草图设置"对话框左侧区域中可以设置捕捉的相关参数。"捕捉间距"选项组用于控制捕捉位置不可见的矩形栅格，以限制光标仅在指定的X轴和Y轴间距内移动。

【主要选项说明】

- 捕捉X轴间距：指定X轴方向的捕捉间距，间距值必须为正实数。
- 捕捉Y轴间距：指定Y轴方向的捕捉间距，间距值必须为正实数。
- X轴间距和Y轴间距相等：为捕捉间距和栅格间距强制使用同一个X轴和Y轴间距值。捕捉间距可以与栅格间距不同。

"极轴间距"选项组用于控制PolarSnap(极轴捕捉)的增量距离。当选中"捕捉类型"选项组中的PolarSnap单击按钮时，可以进行捕捉增量距离的设置。如果该值为0，则PolarSnap距离采用"捕捉X轴间距"的值。"极轴间距"设置与极坐标追踪和对象捕捉追踪结合使用。如果两个追踪功能都未启用，则"极轴间距"设置无效。

"捕捉类型"选项组用于设置捕捉样式和捕捉类型。

【主要选项说明】

- 栅格捕捉：该选项用于设置栅格捕捉类型。如果指定点，光标将沿垂直或水平栅格点进行捕捉。
- 矩形捕捉：选择该选项，可以将捕捉样式设置为标准的"矩形"捕捉模式。当捕捉类型设置为"栅格"并且打开"捕捉"模式时，鼠标指针将为矩形栅格捕捉。
- 等轴测捕捉：选择该选项，可以将捕捉样式设置为"等轴测"捕捉模式，光标将始终捕捉到一个等轴测栅格。
- PolarSnap(极轴捕捉)：选择该选项，可以将捕捉类型设置为"极轴捕捉"。

❖ **注意：**

执行DSETTINGS(简化命令SE)也可以打开"草图设置"对话框。

3. 设置栅格参数

在"草图设置"对话框右侧区域中可以设置栅格的相关参数。"栅格样式"选项组用于设置显示点栅格的位置。例如，在"二维模型空间""块编辑器"或"图纸/布局"空间中显示点栅格。

"栅格间距"选项组用于控制栅格的显示，这样有助于形象化地显示距离。

【主要选项说明】

- 栅格X轴间距：该选项用于指定X轴方向上的栅格间距。

- 栅格Y轴间距：该选项用于指定Y轴方向上的栅格间距。
- 每条主线之间的栅格数：该选项用于指定主栅格线相对于次栅格线的频率。

"栅格行为"选项组用于控制当使用VSCURRENT命令设置为除二维线框之外的任何视觉样式时，所显示栅格线的外观。

【主要选项说明】

- 自适应栅格：选择该选项后，在缩小视图时，将限制栅格密度。
- 允许以小于栅格间距的间距再拆分：选择该选项后，在放大视图时，将生成更多间距更小的栅格线。主栅格线的频率将确定这些栅格线的频率。
- 显示超出界限的栅格：选择该选项后，将显示超出 LIMITS 命令指定区域的栅格。
- 遵循动态UCS(U)：选择该选项，将更改栅格平面以跟随动态UCS的XY平面。

> ❖ **注意:**
>
> 在AutoCAD中，不仅可以通过"草图设置"对话框设置捕捉和栅格参数，还可以使用SNAP命令设置捕捉开关和参数；使用GRID命令设置栅格开关和参数。

5.4.2 对象捕捉

对象捕捉设置是绘图设置中的重要功能。在绘图过程中，经常需要将对象指定到一些特殊点的位置，如端点、圆心、交点等。如果仅凭估测来指定，不可能准确地找到这些点，这时就需要应用到对象捕捉或对象捕捉追踪功能。启用对象捕捉设置后，在绘图过程中，当光标靠近这些被启用的捕捉特殊点时，将自动对其进行捕捉。

【命令调用方式】

- 右击状态栏中的"对象捕捉"按钮 ，在弹出的快捷菜单中可以选择对象捕捉的方式或"对象捕捉设置"命令，如图5-28所示。
- 选择"工具"|"绘图设置"菜单命令，在打开的"草图设置"对话框中选择"对象捕捉"选项卡，可以进行对象捕捉设置，如图5-29所示。

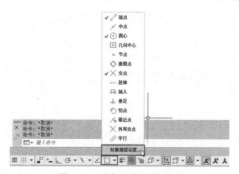

图 5-28　选择对象捕捉选项

图 5-29　对象捕捉设置

【主要选项说明】

- 启用对象捕捉：该复选框用于打开或关闭对象捕捉。当对象捕捉打开时，在"对象捕捉模式"下选定的对象捕捉处于活动状态。

- 启用对象捕捉追踪：该复选框用于打开或关闭对象捕捉追踪。
- 对象捕捉模式：该区域列出可以在执行对象捕捉时打开的对象捕捉模式。
- 全部选择：单击该按钮，即可打开所有对象捕捉模式。
- 全部清除：单击该按钮，即可关闭所有对象捕捉模式。
- 端点：捕捉到圆弧、椭圆弧、直线、多线、多段线、样条曲线、面域或射线最近的端点，或捕捉宽线、实体或三维面域的最近角点。
- 中点：捕捉到圆弧、椭圆、椭圆弧、直线、多线、多段线、面域、实体、样条曲线或参照线的中点。
- 圆心：捕捉到圆弧、圆、椭圆或椭圆弧的圆心。
- 几何中心：捕捉到多段线和样条曲线的几何中心点。
- 节点：捕捉到点对象、标注定义点或标注文字的起点。
- 象限点：捕捉到圆弧、圆、椭圆或椭圆弧的象限点。
- 交点：捕捉到圆弧、圆、椭圆、椭圆弧、直线、多线、多段线、射线、面域、样条曲线或参照线的交点。
- 延长线：当光标经过对象的端点时，显示临时延长线或圆弧，以便用户在延长线或圆弧上指定点。
- 插入点：捕捉到属性、块或文字的插入点。
- 垂足：捕捉到圆弧、圆、椭圆、椭圆弧、直线、多线、多段线、射线、面域、实体、样条曲线或参照线的垂足。当正在绘制的对象需要捕捉多个垂足时，将自动打开"递延垂足"捕捉模式。直线、圆弧、圆、多段线、射线、参照线、多线或三维实体的边可以作为绘制垂直线的基础对象，使用"递延垂足"捕捉模式可以在这些对象之间绘制垂直线。
- 切点：捕捉到圆弧、圆、椭圆、椭圆弧或样条曲线的切点。当正在绘制的对象需要捕捉多个切点时，将自动打开"递延切点"捕捉模式。使用"递延切点"捕捉模式可以绘制与圆弧、椭圆弧或圆相切的直线或构造线。
- 最近点：捕捉到圆弧、圆、椭圆、椭圆弧、直线、多线、点、多段线、射线、样条曲线或参照线的最近点。
- 外观交点：捕捉到不在同一平面但是可能看起来在当前视图中相交的两个对象的外观交点。
- 平行线：将直线、多段线、射线或构造线限制为与其他线性对象平行。

❖ 注意：

通过按F3键，或单击状态栏中的"对象捕捉"按钮 ，可以实现打开和关闭对象捕捉功能之间的切换。

【练习】通过对象捕捉绘制图形。

01 打开"坐便器"素材图形，如图5-30所示。

02 选择"工具"|"绘图设置"命令，在打开的"草图设置"对话框中选择"对象捕

捉"选项卡。然后在该选项卡中选中"启用对象捕捉"复选框,并在"对象捕捉模式"选项组中分别选中"端点"和"中点"复选框,如图5-31所示。

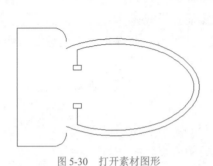

图 5-30　打开素材图形

图 5-31　进行对象捕捉设置

03 选择"绘图"|"直线"命令,在如图5-32所示的端点处指定直线的第一个点。然后向下捕捉下方圆弧的端点,指定直线的下一个点并按空格键进行确定,如图5-33所示。

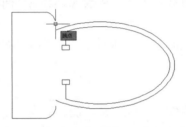

图 5-32　指定直线的第一个点

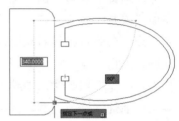

图 5-33　指定直线的下一个点

04 按空格键重复执行"直线"命令,在如图5-34所示的矩形中点处指定直线的第一个点。然后捕捉下方矩形的中点,绘制一条直线,完成本例的绘制,效果如图5-35所示。

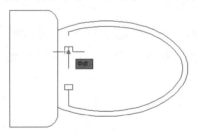

图 5-34　指定直线的第一个点

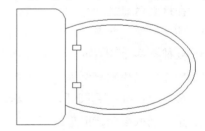

图 5-35　绘制直线

5.4.3　应用捕捉追踪

用户在绘图过程中除了需要掌握对象捕捉的设置外,还需要掌握捕捉追踪的相关知识和应用方法,从而提高绘图效率。

1. 使用极轴追踪

极轴追踪以极轴坐标为基础,先由指定的极轴角度临时对齐路径,然后按照指定的距离进行捕捉,如图5-36所示。

在使用极轴追踪时,需要按照一定的角度增量和极轴距离进行追踪。选择"工具"|"绘图设置"命令,在打开的"草图设置"对话框中选择"极轴追踪"选项卡,在

该选项卡中可以启用极轴追踪，如图5-37所示。

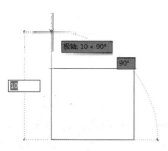

图 5-36 启用极轴追踪

图 5-37 "极轴追踪"选项卡

【主要选项说明】

○ 启用极轴追踪：该复选框用于选择打开或关闭极轴追踪。也可以通过按 F10 键来打开或关闭极轴追踪。

○ 极轴角设置：设置极轴追踪的对齐角度。

○ 增量角：设置用来显示极轴追踪对齐路径的极轴角增量。用户可以在文本框中输入任何角度，也可以从下拉列表中选择 90、45、30、22.5、18、15、10 或 5 等常用角度。

○ 附加角：对极轴追踪使用列表中的任意一种附加角度。需要注意的是，附加角度是绝对的，而非增量的。

○ 角度列表：如果选中"附加角"复选框，将列出可用的附加角度。要添加新的角度，单击"新建"按钮即可；要删除现有的角度，则单击"删除"按钮即可。

○ 新建：最多可以添加10个附加极轴追踪对齐角度。

○ 删除：删除选定的附加角度。

○ 对象捕捉追踪设置：设置对象捕捉追踪选项。

○ 仅正交追踪：当对象捕捉追踪打开时，仅显示已获得的对象捕捉点的正交(水平/垂直)对象捕捉追踪路径。

○ 用所有极轴角设置追踪：将极轴追踪设置应用于对象捕捉追踪。使用对象捕捉追踪时，光标将从获取的对象捕捉点起沿极轴对齐角度进行追踪。

○ 极轴角测量：设置测量极轴追踪对齐角度的基准。

○ 绝对：根据当前用户坐标系(UCS)确定极轴追踪角度。

○ 相对上一段：根据上一个绘制线段确定极轴追踪角度。

❖ 注意：

单击状态栏上的"极轴追踪"按钮 ⟳，或按F10键，也可以打开或关闭极轴追踪功能。另外，"正交"模式和极轴追踪功能不能同时打开，打开"正交"模式将关闭极轴追踪功能。

2. 使用对象捕捉追踪

选择"工具"|"绘图设置"命令，在打开的"草图设置"对话框中打开"对象捕捉"选项卡。在该选项卡中选中"启用对象捕捉追踪"复选框，启用对象捕捉追踪功能后，在命令中指定点时，光标可以沿基于其他对象捕捉点的对齐路径进行追踪。如图5-38所示为圆心捕捉追踪效果。

使用对象捕捉追踪的操作方法如下。

在使用对象捕捉追踪时，可以沿着基于对象捕捉点的对齐路径进行追踪。已获取的点将显示一个小加号(+)，一次最多可以获取7个追踪点。获取点之后，当在绘图路径上移动光标时，将显示相对于获取点的水平、垂直或极轴对齐路径。例如，可以基于对象的端点、中点或者交点，沿着某个路径选择一点。

例如，在如图5-39所示的示意图中，启用了"端点"对象捕捉。单击直线的起点1开始绘制直线，将光标移到另一条直线的端点2处获取该点，然后沿水平对齐路径移动光标，定位要绘制的直线的端点3。

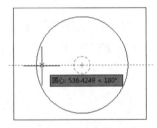

图 5-38　圆心捕捉追踪

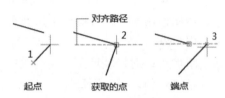

图 5-39　对象捕捉追踪示意图

3. 修改捕捉追踪设置

默认情况下，对象捕捉追踪设置为正交路径。对齐路径将显示在始于已获取的对象点的0°、90°、180°和270°方向上。极轴角设置可以进行修改。例如，在"草图设置"对话框中将极轴角的增量设为45，并选中"用所有极轴角设置追踪"单选按钮，如图5-40所示，即可修改对象捕捉追踪的角度限制，如图5-41所示。

图 5-40　设置极轴追踪角度

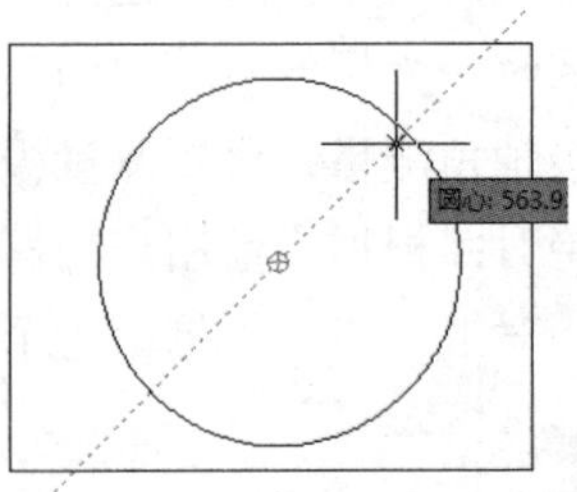

图 5-41　非正交角度捕捉追踪

4. 使用临时捕捉追踪

在绘图过程中，如果没有可以直接捕捉的参考点，用户可以通过设置临时追踪点进行对象捕捉追踪。

使用临时捕捉追踪的操作方法如下。

在绘制图形的过程中，当系统提示指定点时，输入TT，如图5-42所示，然后指定一个临时追踪点。该点上将出现一个小的加号+，如图5-43所示。移动光标时，将相对于该临时点显示自动追踪对齐路径。

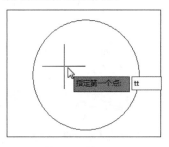

图 5-42　输入 TT

图 5-43　+为临时追踪点

获取临时对象捕捉点之后，可以使用直接距离沿对齐路径(始于已获取的对象捕捉点)在精确距离处指定点。移动光标以显示对齐路径，然后在命令提示下输入距离值，如图5-44所示。

在"选项"对话框的"绘图"选项卡中选中"自动"或"按Shift键获取"单选按钮，可以控制点的获取方式，如图5-45所示。点的获取方式默认设置为"自动"，当光标距离要获取的点非常近时，可选择"按Shift键获取"。

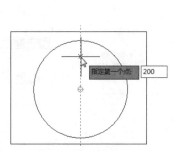

图 5-44　输入距离值

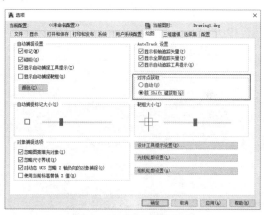

图 5-45　对齐点获取方式

5.4.4　应用动态输入

在AutoCAD中，用户可以使用动态输入功能在指针位置处显示标注输入和命令提示等信息，从而方便绘图操作。

1. 启用指针输入

在"草图设置"对话框中选择"动态输入"选项卡，然后选中"启用指针输入"复选框，可以启用指针输入功能，如图5-46所示。单击"指针输入"选项组中的"设置"按钮，可以在打开的"指针输入设置"对话框中设置指针的格式和可见性，如图5-47所示。

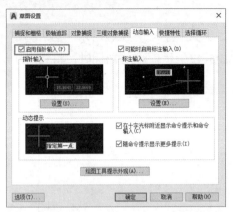

图 5-46 选中"启用指针输入"复选框

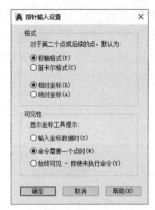

图 5-47 设置指针的格式和可见性

2. 启用标注输入

打开"草图设置"对话框,在"动态输入"选项卡中选中"可能时启用标注输入"复选框,可以启用标注输入功能。单击"标注输入"选项组中的"设置"按钮,可以在打开的"标注输入的设置"对话框中设置标注的可见性,如图5-48所示。

3. 使用动态提示

打开"草图设置"对话框,选择"动态输入"选项卡,选中"动态提示"选项组中的"在十字光标附近显示命令提示和命令输入"复选框,可以在光标附近显示命令提示,如图5-49所示。

图 5-48 设置标注的可见性

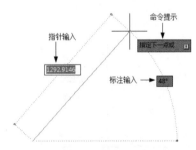

图 5-49 动态输入示意图

5.5 对象查询

使用AutoCAD提供的查询功能可以测量点的坐标、两个对象之间的距离、图形的面积与周长,以及线段间的角度等。

5.5.1 查询坐标

使用"查询"|"点坐标"命令,可以测量点的坐标。测量点的坐标后,将列出指定

点的X、Y和Z轴的坐标值，并将指定点的坐标存储为上一点坐标。用户可以通过在输入点的下一步提示输入@符号来引用上一点。

【命令调用方式】

○　选择"工具"｜"查询"｜"点坐标"命令。

○　展开"实用工具"面板，单击其中的"点坐标"按钮，如图5-50所示。

○　输入ID命令并确定。

【练习】查询矩形顶点的坐标。

01 使用Rectang(REC)命令绘制一个矩形。

02 执行ID命令，然后在矩形左上方的顶点位置处单击，如图5-51所示，即可测出指定矩形顶点的坐标，如图5-52所示。

图5-50　单击"点坐标"按钮

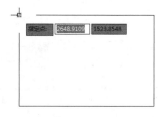

图5-51　指定测量点

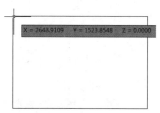

图5-52　显示坐标值

❖ 注意：

在完成点的坐标测量后，可以在命令行中查看点的坐标值。

5.5.2　查询距离

使用"距离"命令可以计算AutoCAD中真实的三维距离。如果忽略Z轴的坐标值，利用Dist命令计算的距离将采用第一点或第二点的当前距离。

【命令调用方式】

○　选择"工具"｜"查询"｜"距离"命令。

○　单击"实用工具"面板中的"测量"下拉按钮，在下拉列表中选择"距离"选项。

○　输入Dist命令并确定。

【练习】查询矩形的宽度。

01 使用Rectang(REC)命令绘制一个矩形。

02 执行Dist命令，在矩形的左上方端点处单击指定测量对象的起点，如图5-53所示。

03 在矩形的左下方端点处单击指定测量对象的终点，如图5-54所示。

04 测量完成后，系统将显示测量的结果，如图5-55所示。同时，测量结果也会在命令行中显示，如图5-56所示。

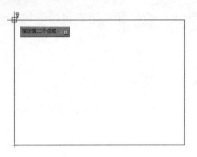

图 5-53　指定起点

图 5-54　指定终点

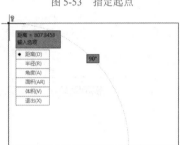

图 5-55　测量结果

图 5-56　命令行中的信息

5.5.3　查询半径

使用"半径"命令可以测量圆或圆弧对象的半径。

【命令调用方式】

○　选择"工具"｜"查询"｜"半径"命令。

○　单击"实用工具"面板中的"测量"下拉按钮,在下拉列表中选择"半径"选项◎。

○　输入Measuregeom命令并确定。

【练习】查询圆弧的半径。

01 使用Arc(A)命令绘制一段圆弧。

02 选择"工具"｜"查询"｜"半径"命令,再选择要查询的圆弧,如图5-57所示。

03 系统将显示所选圆弧的半径和直径,如图5-58所示。在弹出的列表中选择"退出(X)"选项即可结束查询半径的操作。

图 5-57　选择查询对象

图 5-58　测量结果

5.5.4　查询角度

使用"角度"命令可以测量指定夹角的角度,也可以测量圆弧对象的弧度。

【命令调用方式】

○ 选择"工具"|"查询"|"角度"命令。

○ 单击"实用工具"面板中的"测量"卜拉按钮，在卜拉列表中选择"角度"选项。

○ 输入Measuregeom命令并确定。

【练习】查询五边形的夹角角度。

01 选择"绘图"|"多边形"命令，绘制一个正五边形，如图5-59所示。

02 选择"工具"|"查询"|"角度"命令，选择五边形的一条边，如图5-60所示。

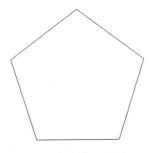

图 5-59 绘制正五边形

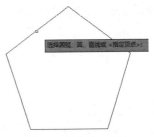

图 5-60 选择第一条边

03 根据提示指定测量的第二条边，如图5-61所示，即可显示测量结果，如图5-62所示。在弹出的菜单中选择"退出(X)"选项，结束查询操作。

图 5-61 选择第二条边

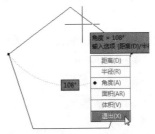

图 5-62 测量结果

【练习】查询圆弧的弧度。

01 使用Arc(A)命令绘制一段圆弧。

02 选择"工具"|"查询"|"角度"命令，选择绘制的圆弧作为查询对象，如图5-63所示。

03 系统将显示测量的弧度值，如图5-64所示。在弹出菜单中选择"退出(X)"选项，结束查询操作。

图 5-63 选择圆弧

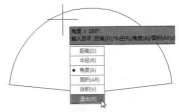

图 5-64 测量圆弧弧度

5.5.5 查询面积和周长

使用"面积"命令，可以测量对象或某区域的面积或周长。

【命令调用方式】

○ 选择"工具"｜"查询"｜"面积"命令。

○ 单击"实用工具"面板中的"测量"下拉按钮，在下拉列表中选择"面积"选项 。

○ 输入Area命令并确定。

【练习】查询区域面积和周长。

01 使用Rectang(REC)命令绘制一个矩形，如图5-65所示。

02 执行Area命令，在矩形的左上端点处指定测量的起点，如图5-66所示。

图 5-65 绘制矩形

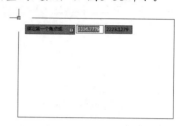

图 5-66 指定测量起点

03 依次在矩形右上方端点处和左下方端点处指定测量面积的其他点，如图5-67所示。

04 按空格键进行确定，完成测量操作，测量结果如图5-68所示。

图 5-67 指定其他点

图 5-68 测量结果

【练习】查询对象面积和周长。

01 使用Circle(C)命令绘制一个圆形，如图5-69所示。

02 执行Area命令，输入O并确定。启用"对象(O)"选项，如图5-70所示。

图 5-69 绘制圆形

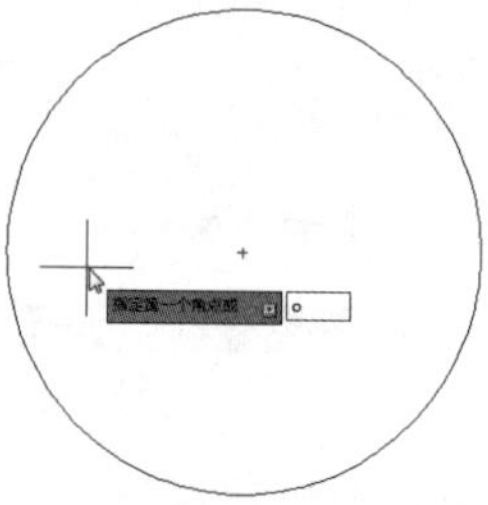

图 5-70 输入 O 并确定

03 选择圆形作为要测量的对象，如图5-71所示，即可显示测量结果，如图5-72所示。

图 5-71　选择测量对象

图 5-72　测量结果

5.5.6　查询体积

在AutoCAD中，不仅可以测量图形的面积和周长，还可以测量三维实体对象的体积。

【命令调用方式】

- 选择"工具"｜"查询"｜"体积"命令。
- 单击"实用工具"面板中的"测量"下拉按钮，在下拉列表中选择"体积"选项🔘。
- 输入Measuregeom命令并确定。

5.5.7　查询质量特性

使用"面域/质量特性"命令，可以快速查询面域模型的质量信息，其中包括面域的周长、面积、边界框、质心、惯性矩、惯性积和旋转半径等。

【命令调用方式】

- 选择"工具"｜"查询"｜"面域/质量特性"命令。
- 输入Massprop命令并确定。

5.6　AutoCAD视图控制

在AutoCAD中，通过对视图进行缩放和平移操作，有利于对图形进行绘制和编辑操作。除此之外，用户还可以根据需要对视图进行全屏显示、重画或重生成等操作。

5.6.1　缩放视图

使用"缩放"命令，可以对视图进行放大或缩小操作，以改变图形显示的大小，从而方便用户对图形进行观察。

【命令调用方式】

- 选择"视图"｜"缩放"命令，然后在子菜单中选择需要的命令。
- 输入Zoom命令(或输入简化命令Z)并确定。

执行缩放视图命令后，系统将提示"[全部(A)/中心(C)/动态(D)/范围(E)/上一个(P)/比例(S)/窗口(W)/对象(O)] <实时>:"的信息。在该提示后输入相应的字母并按空格键，即可进行相应的操作。

【主要选项说明】

○ 全部(A)：输入A后按空格键，将在视图中显示整个文件中的所有图形。

○ 中心(C)：输入C后按空格键，在图形中单击指定一个基点，然后输入一个缩放比例或高度值来显示一个新视图，基点将作为缩放的中心点。

○ 动态(D)：用一个可以调整大小的矩形框去框选要放大的图形。

○ 范围(E)：用于以最大的方式显示整个文件中的所有图形。

○ 上一个(P)：执行该命令后可以直接返回上一次缩放的状态。

○ 比例(S)：用于输入一定的比例来缩放视图。输入的数值大于1时将放大视图，小于1并大于0时将缩小视图。

○ 窗口(W)：用于通过在屏幕上拾取两个对角点来确定一个矩形窗口，并且该矩形框内的全部图形放大至整个绘图窗口。

○ 对象(O)：执行该命令后，选择要最大化显示的图形对象，即可将该图形放大至整个绘图窗口。

○ <实时>：为默认命令。直接按空格键执行该命令，然后拖动即可放大或缩小视图。

5.6.2 平移视图

平移视图是指对视图中图形的显示位置进行相应的移动，移动前后的视图只是改变图形在视图中的位置，而不会发生大小的变化。如图5-73和图5-74所示分别为平移视图前和平移视图后的效果。

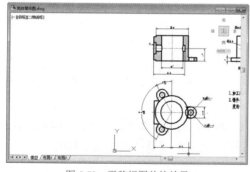

图 5-73 平移视图前的效果

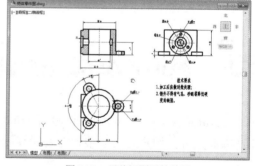

图 5-74 平移视图后的效果

【命令调用方式】

○ 输入Pan命令(或输入简化命令P)并确定。

○ 选择"视图"|"平移"命令，然后在子菜单中选择需要的命令。

❖ 注意：

滚动鼠标中键，可以对视图进行缩放操作；按住鼠标中键并拖动光标，可以对视图进行平移操作。

5.6.3 全屏视图

全屏显示视图可以最大化显示绘图区中的图形，窗口中将只显示标题栏、"模型"选项卡、"布局"选项卡、状态栏和命令行。

【命令调用方式】

○ 选择"视图"|"全屏显示"命令。

○ 单击状态栏中的"全屏显示"按钮 。

○ 按Ctrl+0组合键。

❖ 注意：

在全屏显示视图后，可以使用CLEANSCREENOFF命令恢复窗口界面的显示。另外，可以按Ctrl+0组合键在全屏显示和非全屏显示之间进行切换。

5.6.4 重画与重生成

图形中某一图层被打开、关闭或者栅格被关闭后，系统将自动对图形刷新并重新显示。但是栅格的密度会影响刷新的速度，从而影响图形的显示效果，这时可以通过重画视图或重生成视图解决图形的显示问题。

1. 重画视图

使用"重画"命令，可以重新显示当前视图中的图形，消除残留的标记点痕迹，使图形变得清晰。

【命令调用方式】

○ 输入REDRAWALL命令(或输入简化命令REDRAW)并确定。

○ 执行"视图"|"重画"命令。

2. 重生成视图

使用"重生成"命令，可以将当前活动视图中所有对象的有关几何数据和几何特性重新计算一次(即重生成)。此外，当使用OPEN命令打开图形时，系统自动重生成视图；ZOOM命令的"全部"和"范围"选项也可自动重生成视图。被冻结图层上的实体不参与计算。因此，为了缩短重生成时间，可将一些图层冻结。

【命令调用方式】

○ 输入REGEN命令(或输入简化命令RE)或输入REGENALL命令并确定。

○ 选择"视图"|"重生成"命令，或选择"视图"|"全部重生成"命令。

❖ 注意：

在视图重生成计算过程中，用户可以按Esc键中断操作。使用REGENALL命令可以对所有视图中的图形进行重新计算。与REDRAW命令相比，REGEN命令的刷新显示较慢，因为REDRAW命令不需要对图形进行重新计算。

5.7 上机实训

本章上机实训将分别绘制透视立方体、保险丝和筒灯图形，综合学习本章讲解的知识点，加深掌握捕捉和栅格、对象捕捉、对象捕捉追踪、临时捕捉追踪、正交模式等功能的具体应用。

5.7.1 绘制透视立方体

本实训要求绘制透视立方体图形，主要掌握"捕捉和栅格"中的等轴测捕捉功能。本实例的完成效果如图5-75所示。

【实例分析】

在本实例中，使用了等轴测捕捉功能，可以将光标始终定位在等轴测栅格的位置。

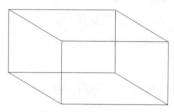

图 5-75　透视立方体

【操作步骤】

01 选择"工具"|"绘图设置"命令，在打开的"草图设置"对话框中选择"捕捉和栅格"选项卡。

02 在"捕捉类型"选项组中选中"等轴测捕捉"单选按钮，然后单击"确定"按钮，如图5-76所示。

03 选择"绘图"|"矩形"命令，在绘图区绘制一个矩形，如图5-77所示。

图 5-76　选中"等轴测捕捉"单选按钮

图 5-77　绘制矩形

04 开启正交模式。然后选择"绘图"|"直线"命令，在矩形左上角的顶点处指定直线的第一个点。再向左上方指定下一个点(如图5-78所示)，即可绘制一条如图5-79所示的斜线。

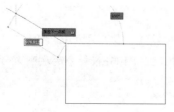

图 5-78　指定下一个点

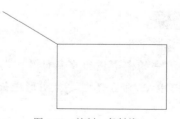

图 5-79　绘制一条斜线

05 继续执行"直线"命令，绘制如图5-80所示的其他斜线，然后绘制垂直和水平直线，如图5 81所示。

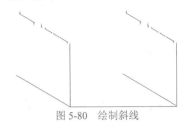

图 5-80 绘制斜线

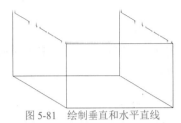

图 5-81 绘制垂直和水平直线

5.7.2 绘制熔丝

本实训要求绘制熔丝图形，主要掌握对象捕捉功能和临时捕捉追踪功能的应用。本实例的完成效果如图5-82所示。

图 5-82 保险丝

【实例分析】

在本实例中绘制两侧的水平线段时，可以使用"中点"对象捕捉功能进行绘制；绘制矩形内的两条垂直线段时，可以使用临时捕捉追踪功能进行绘制。

【操作步骤】

01 选择"工具"|"绘图设置"命令，打开"草图设置"对话框。在该对话框的"对象捕捉"选项卡中分别选中"启用对象捕捉""启用对象捕捉追踪""端点""中点"和"垂足"复选框。

02 选择"绘图"|"矩形"命令，在绘图区指定矩形的第一个角点，然后输入另一个角点的相对坐标为((@30,8)，如图5-83所示，绘制的矩形如图5-84所示。

图 5-83 指定另一个角点　　　　　　　　　图 5-84 绘制矩形

03 按F8键开启正交模式功能。

04 选择"绘图"|"直线"命令，将光标移至矩形左方的中点处指定直线的第一个点，如图5-85所示。再向左指定直线的下一个点并确定，绘制一条如图5-86所示的直线。

图 5-85 指定直线的第一个点　　　　　　　图 5-86 绘制左方水平直线

05 继续执行"直线"命令，将光标移至矩形右方的中点处指定直线的第一个点。然后向右指定直线的下一个点并确定，绘制一条如图5-87所示的直线。

06 执行"直线"命令，在系统提示"指定第一个点："时，输入临时捕捉追踪命令TT，如图5-88所示。

图 5-87　绘制右方水平直线

图 5-88　输入命令 TT

07 根据系统提示，在矩形左上方的端点处指定临时对象追踪点，如图5-89所示。然后根据系统提示，向右指定直线第一个点与临时点的距离为3，如图5-90所示。

图 5-89　指定临时对象追踪点

图 5-90　指定与临时对象追踪点的距离

08 在矩形下方的线段上捕捉垂足点，如图5-91所示，然后按空格键进行确定，结束"直线"命令。

09 按空格键重复执行"直线"命令，继续使用临时捕捉追踪功能绘制右方的垂直直线，完成本例的绘制，如图5-92所示。

图 5-91　捕捉垂足点

图 5-92　绘制右方垂直直线

5.7.3　绘制筒灯图形

本实训要求绘制筒灯图形，主要掌握对象捕捉追踪功能的应用。本实例的完成效果如图5-93所示。

【实例分析】

在本实例中，筒灯图形由圆和两个相互垂直的线段组成，可以使用对象捕捉追踪功能准确绘制该图形。

图 5-93　筒灯

【操作步骤】

01 选择"工具"|"绘图设置"命令，在打开的"草图设置"对话框中选择"对象捕捉"选项卡，然后分别选中"启用对象捕捉""启用对象捕捉追踪"和"圆心"复选框，如图5-94所示。

02 选择"绘图"|"圆"|"圆心、半径"命令，在绘图区单击指定圆的圆心，然后输入半径为40，绘制一个圆形，如图5-95所示。

03 按F8键开启正交模式功能。

04 选择"绘图"|"直线"命令，将光标移到圆的圆心处，然后向左移动光标到圆形外，进行圆心捕捉追踪。在如图5-96所示的位置单击指定直线的第一个点，再向右指定直线的下一个点并确定，绘制一条如图5-97所示的水平直线。

图 5-94 对象捕捉设置

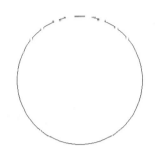

图 5-95 绘制圆形

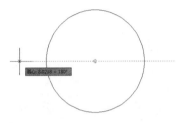

图 5-96 指定直线的第一个点

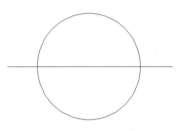

图 5-97 绘制水平直线

05 重复执行"直线"命令，将光标移到圆的圆心处，然后向上移动光标到圆形外，进行圆心捕捉追踪。在如图5-98所示的位置单击指定直线的第一个点，再向下单击指定直线的下一个点并确定，绘制一条如图5-99所示的垂直直线。

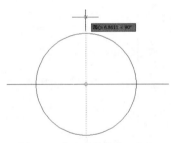

图 5-98 指定直线的第一个点

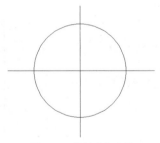

图 5-99 绘制垂直直线

5.8 思考与练习

1. 为什么在设置好图形界限后，仍然可以在图形界限外绘制图形？

2. 使用正交模式的作用是什么？

3. 启用或关闭捕捉和栅格的常用方法有哪几种？

4. 为什么在"草图设置"对话框选中"启用对象捕捉追踪"复选框后，仍不能进行对象捕捉追踪操作？

5. 在绘图过程中，如何开启动态输入功能？

6. 在绘制图形时，为什么绘制的是圆形，显示的却是多边形？

7. 除了使用Pan和Zoom命令外，还有其他的方法对视图进行平移和缩放吗？

8. 打开"钢筋混凝土配筋图.dwg"素材文件，使用视图缩放和平移命令对视图显示进行调整，效果如图5-100所示。

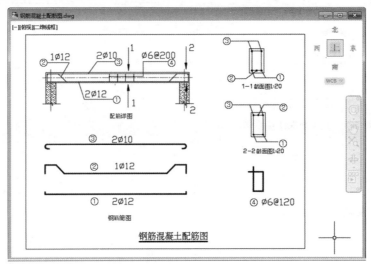

图 5-100　调整视图

9. 结合所学的知识，参照图5-101所示的底座效果和尺寸，绘制该图形。

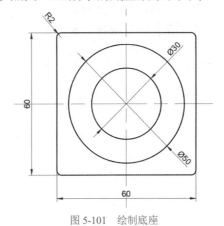

图 5-101　绘制底座

第6章

图形编辑基本命令

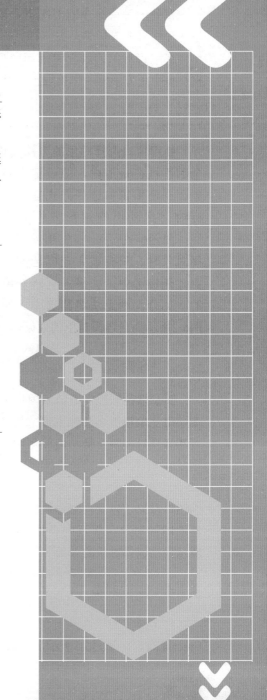

本章导读

AutoCAD提供了大量的图形编辑命令，通过对图形进行编辑，可以创建更多、更复杂的图形。在本章中，将介绍一些基本的图形编辑命令，主要包括修剪、延伸、圆角、倒角、拉长、拉伸、缩放、打断、合并、分解和删除图形命令等。

本章重点

- ○ 选择图形对象
- ○ 修剪和延伸图形
- ○ 圆角和倒角图形
- ○ 拉长图形
- ○ 拉伸和缩放图形
- ○ 打断和合并图形
- ○ 分解和删除图形

二维码教学视频

【练习】使用"快速"模式修剪图形

【练习】使用"标准"模式修剪图形

【练习】使用"标准"模式延伸图形

【练习】对图形进行倒角

【练习】绘制灯具图形

【练习】将圆弧拉长为原来的两倍

【练习】修改线段的总长度

【练习】通过移动光标拉长对象

【练习】修改窗户长度

【练习】缩放图形为原来的二分之一

【上机实训】绘制沙发

【上机实训】绘制螺栓

6.1 选择图形对象

AutoCAD提供的选择方式包括直接选择、窗口选择、窗交选择、栏选对象和快速选择等多种方式。不同的情况需要使用不同的选择方法，以便快速选择需要的对象。

6.1.1 直接选择

在处于等待命令的情况下，单击选择对象，即可将其选中。使用单击对象的选择方法，一次只能选择一个实体。

在编辑对象的过程中，当用户选择要编辑的对象时，十字光标将变成一个小正方形框，该小正方形框叫作拾取框。将拾取框移至要编辑的目标上并单击，即可选中目标。

6.1.2 窗口选择

使用窗口选择对象的方法是单击鼠标并自左向右拖动出一个矩形，将被选择的对象全部都框在矩形内，即可选中对象。在使用窗口选择方式选择目标时，拖动出的矩形方框为实线，如图6-1所示。在使用窗口选择对象时，只有被完全框选的对象才能被选中；如果只框选对象的一部分，则无法将其选中。如图6-2所示为已选择对象的效果。

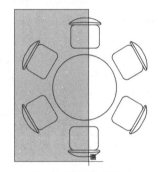

图 6-1 窗口选择对象   图 6-2 窗口选择对象的效果

6.1.3 窗交选择

窗交选择的操作方法与窗口选择的操作方法相反，即在绘图区内单击鼠标并自右向左拖动出一个矩形。在使用窗交选择方式选择目标时，拖动出的矩形方框呈虚线显示，如图6-3所示。通过窗交选择方式，可以将矩形框内的图形对象，以及与矩形边线相接触的图形对象全部选中。如图6-4所示为已选择对象的效果。

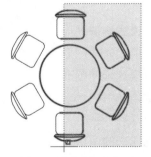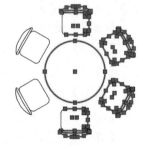

图 6-3 窗交选择对象   图 6-4 窗交选择对象的效果

6.1.4 栏选对象

栏选对象的操作是指在编辑图形的过程中，当系统提示"选择对象"时，输入F并按Enter键确定，如图6-5所示，然后单击即可绘制任意折线，效果如图6-6所示，与这些折线相交的对象都被选中。

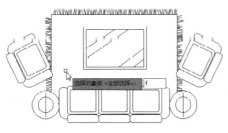

图6-5 系统提示"选择对象"

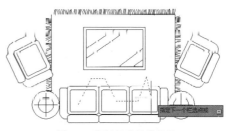

图6-6 绘制任意折线效果

6.1.5 快速选择

AutoCAD还提供了快速选择功能，运用该功能可以一次性选择绘图区中具有某一属性的所有图形对象。

【命令调用方式】

- 输入Qselect命令并确定。
- 选择"工具"|"快速选择"命令。
- 右击绘图区，在弹出的快捷菜单中选择"快速选择"命令，如图6-7所示。

执行"快速选择"命令后，将打开如图6-8所示的"快速选择"对话框，用户可以根据需要从中选择目标的属性，一次性选择绘图区具有该属性的所有实体。

图6-7 选择"快速选择"命令

图6-8 "快速选择"对话框

要使用快速选择功能选择图形，可以在"快速选择"对话框的"应用到"下拉列表中选择要应用到的图形；或单击该下拉列表框右侧的⊕按钮，返回绘图区中选择需要的图形，然后右击，返回"快速选择"对话框，在"特性"列表框内选择图形特性，在"值"下拉列表中选择指定的特性，然后单击"确定"按钮。

【主要选项说明】

- 应用到：确定是否在整个绘图区应用选择过滤器。
- 对象类型：确定用于过滤实体的类型(如直线、矩形、多段线等)。
- 特性：确定用于过滤实体的属性。此列表框中列出"对象类型"列表中实体的所有属性(如颜色、线型、线宽、图层、打印样式等)。

- 运算符：控制过滤器值的范围。根据选择的属性，其过滤值的范围分为"等于"和"不等于"两种类型。
- 值：确定过滤的属性值，可在该下拉列表中选择一项或输入新值，根据不同属性显示不同的内容。
- 如何应用：确定选择的是符合过滤条件的实体还是不符合过滤条件的实体。
  - 包括在新选择集中：选择绘图区中(关闭、锁定、冻结图层上的实体除外)所有符合过滤条件的实体。
  - 排除在新选择集之外：选择所有不符合过滤条件的实体(关闭、锁定和冻结图层上的实体除外)。

6.1.6 其他选择方式

除了前面介绍的选择方式外，还有多种目标选择方式。下面介绍几种常用的目标选择方式。

- Multiple：用于连续选择图形对象。该命令的操作方法是在编辑图形的过程中，输入简化命令M后按空格键，再连续单击所需要选择的实体。该方式在未按空格键前，选定目标不会变为虚线；按空格键后，选定目标将变为虚线，并提示选择和找到的目标数。
- Box：框选图形对象方式，等效于Window(窗口)或Crossing(交叉)方式。
- Auto：用于自动选择图形对象。这种方式是指在图形对象上直接单击选择。若在操作中没有选中图形，命令行中会提示指定另一个确定的角点。
- Last：用于选择前一个图形对象(单一选择目标)。
- Add：用于在执行Remove命令后，返回实体选择添加状态。
- All：可以直接选择绘图区中除冻结图层以外的所有目标。

6.2 修剪和延伸图形

在进行图形的编辑过程中，"修剪"和"延伸"命令是较为常用的命令。下面对这两个命令的具体应用进行讲解。

6.2.1 修剪图形

使用"修剪"命令可以通过指定的边界对图形对象进行修剪。使用该命令可以修剪的对象包括直线、圆、圆弧、射线、样条曲线、面域、尺寸、文本和非封闭的二维或三维多段线等对象；作为修剪的边界可以是除图块、网格、三维面和轨迹线以外的任何对象。

【命令调用方式】

- 选择"修改" | "修剪"命令。

- ○ 单击"修改"面板中的"修剪"按钮 。
- ○ 输入Trim命令(或输入简化命令TR)并确定。

执行TR (修剪)命令，系统将提示"当前设置：投影=UCS,边=无,模式=快速选择要修剪的对象，或按住 Shift 键选择要延伸的对象或 [剪切边(T)/窗交(C)/模式(O)/投影(P)/删除(R)]："，在该提示下，可以直接选择要修剪的对象对其进行修剪，也可以根据系统提示进行设置。

【主要选项说明】

- ○ 剪切边(T)：用于选择作为修剪对象的边界线。
- ○ 窗交(C)：启用窗交的选择方式来选择对象。
- ○ 模式(O)：用于设置修剪操作的模式，包括"快速"和"标准"两种模式。
- ○ 投影(P)：确定命令执行的投影空间。选择该选项后，命令行中提示输入投影选项"[无(N)/UCS(U)/视图(V)] <UCS>："。
- ○ 删除(R)：删除选择的对象。

❖ 提示：

在AutoCAD 2022中，默认情况下使用的修剪模式是"快速"修剪模式。在"快速"模式下，执行"修剪"命令时，可直接修剪选择的对象(默认以离对象最近且可作为修剪边的线条作为当前对象的修剪边)；而在"标准"模式下，执行"修剪"命令时，首先要选择的是修剪边，然后以选择的修剪边对对象进行修剪。

在"标准"模式下，执行TR (修剪)命令，然后选择修剪边界，系统将提示"选择要修剪的对象，或按住 Shift 键选择要延伸的对象，或[剪切边(T)/栏选(F)/窗交(C)/投影(P)/边(E)/删除(R)]："，此时可以选择要修剪的对象对其进行修剪，也可以再根据系统提示进行设置。

【主要选项说明】

- ○ 栏选(F)：启用栏选的选择方式来选择对象。
- ○ 窗交(C)：启用窗交的选择方式来选择对象。
- ○ 投影(P)：确定命令执行的投影空间。选择该选项后，命令行中提示输入投影选项"[无(N)/UCS(U)/视图(V)] <UCS>："。
- ○ 边(E)：该选项用来确定修剪边的方式。执行该选项后，命令行中提示"输入隐含边延伸模式[延伸(E)/不延伸(N)] <不延伸>："，然后选择适当的修剪方式。
- ○ 删除(R)：删除选择的对象。

【练习】使用"快速"模式修剪图形。

01 使用 "圆"命令绘制两个相交的圆。

02 执行TR (修剪)命令，根据系统提示选择左侧的圆作为修剪对象，如图6-9所示。然后按空格键进行确定，结束修剪操作，效果如图6-10所示。

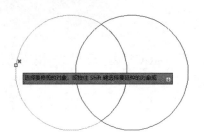

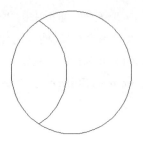

图 6-9　直接选择修剪对象　　　　　　　图 6-10　修剪后的效果

❖ 注意：

设置"修剪"命令或"延伸"命令的模式时，两个命令的操作模式会同步发生改变。

【练习】使用"标准"模式修剪图形。

01 使用"圆"命令绘制两个相交的圆。

02 执行TR (修剪)命令，根据系统提示输入O并确定，选择"模式(O)"选项，然后输入S并确定，选择"标准(S)"选项，再退出"修剪"命令，将修剪模式设置为"标准"模式。

03 重复执行TR (修剪)命令，根据系统提示选择左方的圆作为修剪边界(如图6-11所示)，然后按空格键进行确定。

04 根据系统提示，单击左侧圆内的右圆弧线段作为要修剪的对象，如图6-12所示。按空格键进行确定，结束修剪操作，效果如图6-13所示。

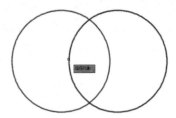

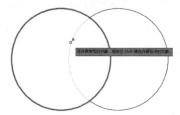

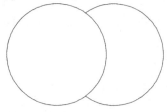

图 6-11　选择修剪边界　　　　图 6-12　选择修剪对象　　　　图 6-13　修剪后的效果

❖ 注意：

当AutoCAD提示选择剪切边时，如果不选择任何对象并按空格键进行确定，在修剪对象时将以最靠近的候选对象作为剪切边。

6.2.2　延伸图形

使用"延伸"命令可以把直线、圆弧和多段线等图元对象的端点延长到指定的边界。延伸的对象包括圆弧、椭圆弧、直线、非封闭的二维和三维多段线等。

【命令调用方式】

○　选择"修改"｜"延伸"命令。

○　单击"修改"面板中的"修剪"下拉按钮，在下拉列表中选择"延伸"选项。

○ 输入Extend命令(或输入简化命令EX)并确定。

执行延伸操作时，系统提示中各项含义与修剪操作中的选项相同。使用"延伸"命令进行延伸对象的过程中，可随时使用"放弃(U)"选项取消上一次的延伸操作。

【练习】使用"标准"模式延伸图形。

01 打开"浴缸.dwg"素材图形，如图6-14所示。

02 执行EX(延伸)命令，选择两条圆弧作为延伸边界，如图6-15所示。

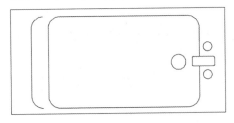

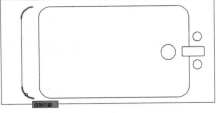

图 6-14 素材图形 　　　　　　　　　　　　　图 6-15 选择延伸边界

03 根据系统提示，选择如图6-16所示的线段作为延伸线段。

04 根据系统提示，继续选择圆角矩形的另一边线段作为延伸线段，然后按空格键结束"延伸"命令，效果如图6-17所示。

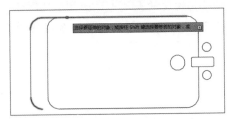

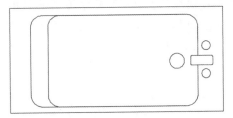

图 6-16 选择延伸对象 　　　　　　　　　　　图 6-17 延伸效果

❖ 注意:

执行"延伸"命令对图形进行延伸的过程中，按住Shift键，可以对图形进行修剪操作；执行"修剪"命令对图形进行修剪的过程中，按住Shift键，可以对图形进行延伸操作。

6.3 圆角和倒角图形

在AutoCAD制图中，使用"圆角"命令可以对图形进行圆角编辑，使用"倒角"命令可以对图形进行倒角编辑。

6.3.1 圆角图形

使用"圆角"命令，可以用一段指定半径的圆弧将两个对象连接在一起，还能将多段线的多个顶点进行一次性圆角操作。使用此命令应先设定圆弧半径，再进行圆角操作。

【命令调用方式】

- 选择"修改"｜"圆角"命令。
- 单击"修改"面板中的"圆角"按钮◢。
- 输入Fillet命令(或输入简化命令F)并确定。

执行Fillet命令，系统将提示"选择第一个对象或[放弃(U)/多段线(P)/半径(R)/修剪(T)/多个(M)]:"。

【主要选项说明】

- 选择第一个对象：在此提示下选择第一个对象，该对象是用于定义二维圆角的两个对象之一，或要加圆角的三维实体的边。
- 多段线(P)：可以对多段线图形的所有边角进行一次性圆角操作。使用"多边形"和"矩形"命令绘制的图形均属于多段线对象。
- 半径(R)：用于指定圆角的半径。
- 修剪(T)：控制AutoCAD是否修剪选定的边到圆角的端点。
- 多个(M)：可对多个对象进行重复修剪。

【练习】将图形作为多段线进行圆角处理。

01 使用"多边形"命令绘制一个外切于半径为200的圆的五边形，如图6-18所示。

02 执行F(圆角)命令，设置圆角半径为50，然后输入P并确定，选择"多段线(P)"选项，如图6-19所示。

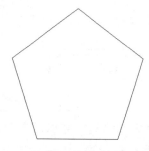

图 6-18　绘制五边形

图 6-19　输入 P 并确定

03 选择多边形作为圆角处理的多段线对象，如图6-20所示，即可对多边形的所有边角进行圆角处理，效果如图6-21所示。

图 6-20　选择将圆角处理的对象

图 6-21　圆角效果

6.3.2　倒角图形

使用"倒角"命令可以通过延伸或修剪的方法，用一条斜线连接两个非平行的对象。使用该命令执行倒角操作时，应先设定倒角距离，然后相应倒角线。

【命令调用方式】

○　选择"修改"｜"倒角"命令。

○　单击"修改"面板中的"圆角"下拉按钮，在下拉列表中选择"倒角"选项。

○　输入Chamfer命令(或输入简化命令CHA)并确定。

执行Chamfer命令，系统将提示"选择第一条直线或[放弃(U)/多段线(P)/距离(D)/角度(A)/修剪(T)/方式(E)/多个(M)]:"。

【主要选项说明】

○　选择第一条直线：指定倒角所需的两条边中的第一条边或要倒角的二维实体的边。

○　多段线(P)：对多段线每个顶点处的相交直线段做倒角处理，倒角将成为多段线新的组成部分。

○　距离(D)：设置选定边的倒角距离值。选择该选项后，系统继续提示，指定第一个倒角距离和第二个倒角距离。

○　角度(A)：该选项通过第一条线的倒角距离和第二条线的倒角角度设定倒角距离。选择该选项后，命令行中提示指定第一条直线的倒角长度和指定第一条直线的倒角角度。

○　修剪(T)：用于确定倒角时是否对相应的倒角边进行修剪。选择该选项后，命令行中提示输入并执行修剪模式选项"[修剪(T)/不修剪(N)] <修剪>:"。

○　方式(E)：设置用两个距离，还是用一个距离和一个角度的方式来进行倒角操作。

○　多个(M)：可重复对多个图形进行倒角处理。

【练习】对图形进行倒角处理。

01　执行REC(矩形)命令，绘制一个长度为10、宽度为5的矩形，如图6-22所示。

02　执行CHA(倒角)命令，输入D并确定，选择"距离(D)"选项。

03　根据系统提示，依次设置第一个倒角距离为1，设置第二个倒角距离为2。

04　根据系统提示，选择矩形左侧的线段作为倒角的第一个对象，如图6-23所示。

图 6-22　绘制矩形

图 6-23　选择第一个倒角对象

05　根据系统提示，选择矩形上方的线段作为倒角的第二个对象，如图6-24所示。倒角后的效果如图6-25所示。

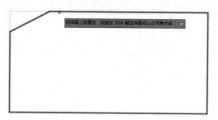

图 6-24　选择第二个倒角对象　　　　　　　图 6-25　倒角效果

❖ **注意:**

执行"倒角"或"圆角"命令,在对图形进行倒角或圆角的操作中,输入参数P并确定,选择"多段线(P)"选项,可以对多段线图形的所有边角进行一次性倒角或圆角操作。

6.4　拉长图形

使用"拉长"命令可以延长和缩短直线,或改变圆弧的圆心角。使用该命令执行拉长操作,允许以动态方式拖动对象终点,可以通过输入增量值、百分比值或输入对象的总长的方法来改变对象的长度。

【命令调用方式】

- ○ 选择"修改" | "拉长"命令。
- ○ 单击"修改"面板中的"拉长"按钮 。
- ○ 输入Lengthen命令(或输入简化命令LEN)并确定。

执行Lengthen(LEN)命令,系统将提示"选择要测量的对象或 [增量(DE)/百分比(P)/总计(T)/动态(DY)]:"。

【主要选项说明】

- ○ 增量(DE):将选定图形对象的长度增加一定的数值。
- ○ 百分比(P):通过指定对象总长度的百分数设置对象长度。百分数也按照圆弧包含角的指定百分比修改圆弧角度。选择该选项后,系统继续提示"输入长度百分数 <当前>:",此时需要输入正值。
- ○ 总计(T):通过指定从固定端点测量的总长度的绝对值来设置选定对象的长度。"总计(T)"选项也按照指定的总角度设置选定圆弧的包含角。系统继续提示"指定总长度或 [角度(A)]:",指定距离、输入正值、输入A或按Enter 键。
- ○ 动态(DY):打开动态拖动模式。通过拖动选定对象的端点之一来改变其长度,其他端点保持不变。系统继续提示"选择要修改的对象或[放弃(U)]:",选择一个对象或输入放弃命令U。

6.4.1　将对象拉长指定增量

执行LEN(拉长)命令,根据系统提示输入DE并确定,选择"增量(DE)"选项,可以将图形以指定增量进行拉长。

【练习】绘制灯具图形。

01 使用"圆"命令绘制一个半径为55的圆。

02 执行"直线"命令，以圆的圆心为起点，绘制两条长度为80，相互垂直的直线，如图6-26所示。

03 执行LEN(拉长)命令，根据系统提示输入DE并确定，选择"增量(DE)"选项，然后根据系统提示输入增量值为80并确定。

04 在水平线段的右侧部分单击，如图6-27所示，将其向右拉长80。

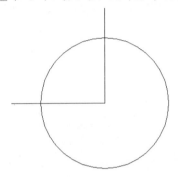

图6-26　绘制圆和直线

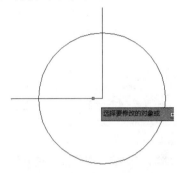

图6-27　拉长水平线段

05 在垂直线段的下方部分单击，如图6-28所示，将其向下拉长80。然后按空格键进行确定，效果如图6-29所示。

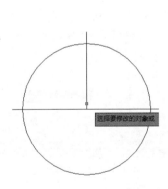

图6-28　拉长垂直线段

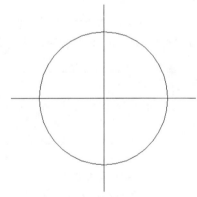

图6-29　绘制灯具

6.4.2　将对象拉长指定百分数

执行Lengthen(LEN)命令，根据系统提示输入P并确定，选择"百分比(P)"选项，可以将图形以指定百分数进行拉长。

【练习】将圆弧拉长为原来的两倍。

01 使用"圆弧"命令绘制一段角度为90°的圆弧，如图6-30所示。

02 执行Lengthen(LEN)命令，然后输入P并确定，选择"百分比(P)"选项，如图6-31所示。

图 6-30　绘制圆弧

图 6-31　输入 P 并确定

03 设置长度百分数为200，如图6-32所示。然后选择绘制的圆弧并确定，拉长圆弧后的效果如图6-33所示。

图 6-32　设置长度百分数

图 6-33　拉长圆弧后的效果

6.4.3　将对象拉长指定总长度

执行Lengthen(LEN)命令，根据系统提示输入T并确定，选择"总计(T)"选项，可以将图形以指定总长度进行拉长。

【练习】修改线段的总长度。

01 使用"直线"命令分别绘制两条长度为200的线段，如图6-34所示。

02 执行Lengthen(LEN)命令，输入T并确定，选择"总计(T)"选项，如图6-35所示。

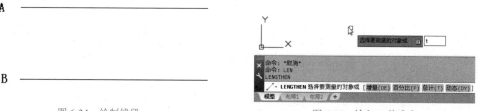

图 6-34　绘制线段

图 6-35　输入 T 并确定

03 系统提示"指定总长度或 [角度(A)]:"时，设置总长度为100。然后选择要修改的线段A，如图6-36所示。按空格键进行确定，拉长后的效果如图6-37所示。

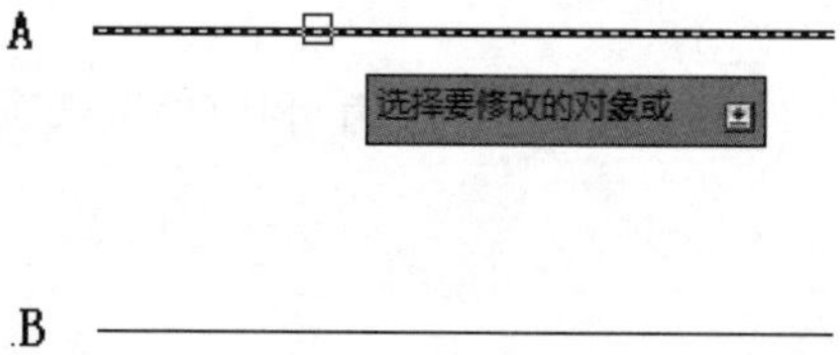

A

B

图 6-36　选择线段

A

B

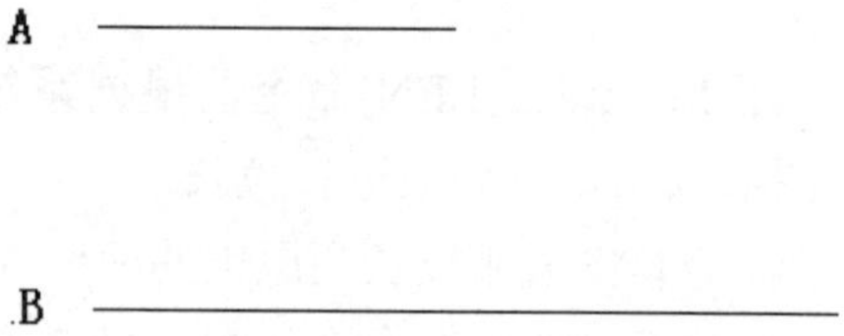

图 6-37　拉长线段后的效果

6.4.4 将对象动态拉长

执行Lengthen(LEN)命令，根据系统提示输入DY并确定，选择"动态(DY)"选项，可以将图形以动态方式进行拉长。

【练习】通过移动光标拉长对象。

01 使用"圆弧"命令绘制一段角度为90°的圆弧，如图6-38所示。

02 执行Lengthen(LEN)命令，然后输入DY并确定，选择"动态(DY)"选项，如图6-39所示。

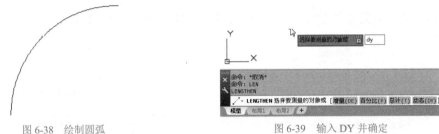

图 6-38 绘制圆弧　　　　　　　　　　　　图 6-39 输入 DY 并确定

03 选择绘制的圆弧图形，系统提示"指定新端点:"时，移动光标指定圆弧的新端点，如图6-40所示。单击进行确定，拉长后的效果如图6-41所示。

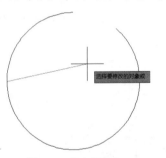　　　　　　　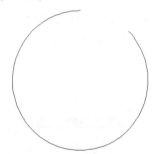

图 6-40 指定新端点　　　　　　　　　　图 6-41 拉长圆弧后的效果

6.5 拉伸和缩放图形

在编辑图形的操作中，使用"拉伸"和"缩放"命令可以对图形进行拉伸或缩放操作。下面对这两个命令的具体应用进行讲解。

6.5.1 拉伸图形

使用"拉伸"命令，可以按指定的方向和角度拉长或缩短对象；也可以调整对象大小，使其在一个方向上按比例增大或缩小；还可以通过移动端点、顶点或控制点来拉伸某些对象。使用"拉伸"命令可以拉伸线段、圆弧、多段线和轨迹线等对象，但不能拉伸圆、文本、块和点。

【命令调用方式】

○ 选择"修改"|"拉伸"命令。

○ 单击"修改"面板中的"拉伸"按钮。

○ 输入Stretch命令(或输入简化命令S)并确定。

【练习】修改窗户长度。

01 打开"平面图.dwg"图形文件。

02 执行Stretch(S)命令,使用窗交选择的方式选择餐厅窗户的左侧部分图形并确定,如图6-42所示。

03 在绘图区的任意位置单击指定拉伸的基点,如图6-43所示。

图 6-42　选择图形

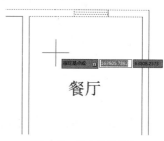

图 6-43　指定拉伸基点

04 根据系统提示向左移动光标,然后输入拉伸第二个点的距离为600,如图6-44所示。按空格键进行确定,拉伸效果如图6-45所示。

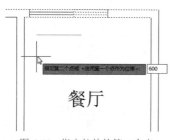

图 6-44　指定拉伸的第二个点

图 6-45　拉伸效果

05 重复执行Stretch(S)命令,使用同样的方法,将窗户右侧部分向右拉伸600,完成本例的制作。

❖ **注意:**

执行"拉伸"命令改变对象的形状时,只能以窗交方式选择实体,与窗口相交的实体将被执行拉伸操作,窗口内的实体将随之移动。

6.5.2　缩放图形

使用"缩放"命令,可以将对象按指定的比例因子改变实体的尺寸大小,从而改变对象的尺寸,但不改变其形状。在缩放图形时,可以把整个对象或者对象的一部分沿X轴、Y轴、Z轴方向以相同的比例放大或缩小,由于3个方向上的缩放比例相同,因此保证了对象的形状不会发生变化。

【命令调用方式】

○ 选择"修改" | "缩放"命令。

○ 单击"修改"面板中的"缩放"按钮。

○ 输入Scale命令(或输入简化命令SC)并确定。

【练习】缩放图形为原来的二分之一。

01 打开"组合沙发.dwg"素材文件。

02 执行Scale(SC)命令，选择图形文件中的茶几图形并确定，如图6-46所示。

03 根据系统提示"指定基点:"，在茶几图形的中心位置处单击来指定缩放基点，如图6-47所示。

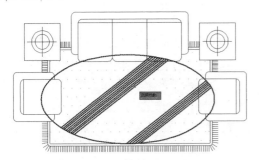
图 6-46 选择茶几图形并确定

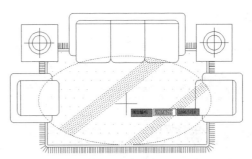
图 6-47 指定基点

04 输入缩放对象的比例为0.5，如图6-48所示。按空格键进行确定，缩放后的效果如图6-49所示。

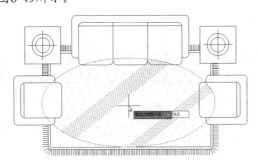
图 6-48 输入缩放比例

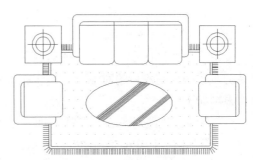
图 6-49 缩放图形后的效果

❖ **注意:**

"缩放(Scale)"命令与"缩放(Zoom)"命令的区别在于，"缩放(Scale)"可以改变实体的尺寸大小，而"缩放(Zoom)"是对视图进行整体缩放，不会改变实体的尺寸值。

6.6 打断和合并图形

在AutoCAD中，可以将线性图形打断，也可以将相似的图形连接在一起。下面介绍打断和合并图形的具体操作。

6.6.1　打断图形

使用"打断"命令可以将对象从某一点处断开，从而将其分成两个独立的对象。该命令常用于剪断图形，但不删除对象。可以打断的对象包括直线、圆、圆弧、多段线、样条曲线、构造线等。

【命令调用方式】

- 选择"修改" | "打断"命令。
- 单击"修改"面板中的"打断"按钮。
- 输入Break命令(或输入简化命令BR)并确定。

❖ **注意:**

在打断图形的过程中，系统提示"指定第二个打断点或[第一点(F)]:"时，直接输入@并确定，则第一个断开点与第二个断开点为同一点。如果输入F并确定，则可以重新指定第一个断开点。

6.6.2　合并图形

使用"合并"命令可以将相似的对象合并以形成一个完整的对象。

【命令调用方式】

- 选择"修改" | "合并"命令。
- 单击"修改"面板中的"合并"按钮。
- 输入Join命令并确定。

使用"合并"命令可以合并的对象包括直线、多段线、圆弧、椭圆弧、样条曲线，要合并的对象必须是相似的对象，且位于相同的平面上。每种类型的对象均有附加限制，其附加限制如下。

- 直线：直线对象必须共线，即直线对象位于同一无限长的直线上，它们之间可以有间隙，如图6-50和图6-51所示。

图 6-50　合并前的两条直线　　　　　　　　　　　　图 6-51　合并后的直线效果

- 多段线：对象之间不能有间隙，并且必须位于与 UCS 的XY 平面平行的同一平面上。
- 圆弧：圆弧对象必须位于同一假想的圆上，它们之间可以有间隙，使用"合并"命令可将多条断开的圆弧转换成一条圆弧或圆，如图6-52和图6-53所示。

图 6-52　合并前的两条圆弧　　　　　　　　　　　　图 6-53　合并圆弧后的效果

- 椭圆弧：椭圆弧必须位于同一椭圆上，它们之间可以有间隙。使用"合并"命令可将多条断开的椭圆弧转换成一条椭圆弧或椭圆。

- 样条曲线：样条曲线和螺旋对象必须相接(端点对端点)，合并样条曲线的结果是单条样条曲线。

【练习】连接楼梯间线段。

01 打开"建筑平面.dwg"素材图形。

02 执行Join命令，选择楼梯间左上方的线段作为源对象，如图6-54所示。

03 系统提示"选择要合并的对象:"时，选择楼梯间右上方的线段作为要合并的另一个对象，如图6-55所示。

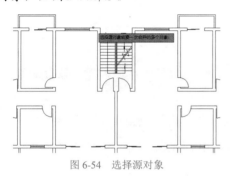

图6-54 选择源对象

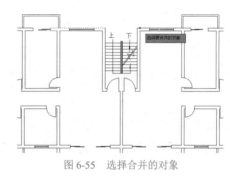

图6-55 选择合并的对象

04 按空格键结束"合并"命令，即可将选择的两条线段合并为一条线段，效果如图6-56所示。

05 重复执行Join命令，使用同样的方法将楼梯间另外两条墙线合并为一条线段，如图6-57所示。

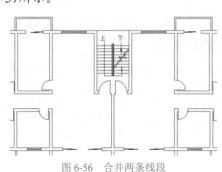

图6-56 合并两条线段

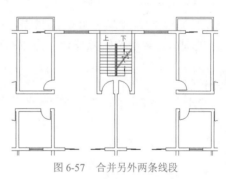

图6-57 合并另外两条线段

6.7 分解和删除图形

在编辑图形的操作中，"分解"和"删除"命令也是非常重要的命令。下面对这两个命令进行详细讲解。

6.7.1 分解图形

使用"分解"命令可以将多个组合实体分解为单独的图元对象。可以分解的对象包括矩形、多边形、多段线、图块、图案填充和标注等。

【命令调用方式】

- 选择"修改"|"分解"命令。
- 单击"修改"面板中的"分解"按钮 。
- 输入Explode命令(或输入简化命令X)并确定。

执行Explode(X)命令，系统提示"选择对象:"时，选择要分解的对象，然后按空格键进行确定，即可将其分解。

使用Explode(X)命令分解带属性的图块后，属性值将消失，并被还原为属性定义的选项。具有一定宽度的多段线被分解后，系统将放弃多段线的任何宽度和切线信息，分解后的多段线的宽度、线型和颜色将变为当前图层的属性。

❖ 注意:

使用Minsert命令插入的图块或外部参照对象，不能使用Explode(X)命令进行分解。

6.7.2 删除图形

使用"删除"命令可以将选定的图形对象从绘图区删除。执行"删除"命令的常用方法有以下3种。

【命令调用方式】

- 选择"修改"|"删除"命令。
- 单击"修改"面板中的"删除"按钮 。
- 输入Erase命令(或输入简化命令E)并确定。

执行Erase(E)命令后，选择要删除的对象，按空格键进行确定，即可将其删除；如果在操作过程中，要取消删除操作，可以按Esc键退出删除操作。

❖ 注意:

在选择图形对象后，按Delete键也可以将其删除。

6.8 上机实训

本章上机实训将分别绘制沙发和螺栓图形，综合学习本章讲解的知识点，加深掌握修剪、圆角、倒角、拉长、拉伸等编辑命令的具体应用。

6.8.1 绘制沙发

本例要求绘制沙发图形，主要掌握矩形、修剪、复制等命令的应用。绘制该图形时，可以参照本例图形的尺寸进行操作，效果如图6-58所示。

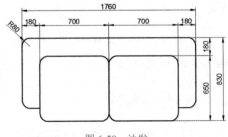

图 6-58 沙发

【实例分析】

在本实例中，先绘制沙发的矩形轮廓，然后使用"修剪"命令对图形进行修剪。在修剪图形时，应该先选择小矩形作为修剪边界，再对小矩形内的线段进行修剪。

【操作步骤】

01 使用"矩形"命令绘制一个圆角半径为80、长度为1760、宽度为700的圆角矩形，如图6-59所示。

02 重复执行"矩形"命令，输入From并确定，在圆角矩形左上方的圆心处指定绘图的基点，设置偏移基点的坐标为(@100,-100)。然后设置矩形的另一个角点坐标为(@700，-650)，绘制一个如图6-60所示的小圆角矩形。

图 6-59 绘制圆角矩形

图 6-60 绘制小矩形

03 执行Trim(TR)命令，选择小矩形为修剪边界，在小矩形内单击大矩形下方的线段作为修剪对象，如图6-61所示。按空格键结束修剪操作，效果如图6-62所示。

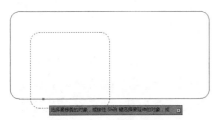

图 6-61 选择修剪对象

图 6-62 修剪后的效果

04 执行Copy(CO)命令，通过捕捉图形的交点，向右复制一次小矩形，如图6-63所示。

05 执行Trim(TR)命令，对小矩形内的线段进行修剪，完成本例的制作，如图6-64所示。

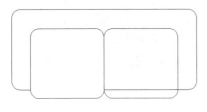

图 6-63 复制小矩形

图 6-64 修剪线段

6.8.2 绘制螺栓

本实训要求绘制螺栓图形，主要掌握矩形、分解、倒角、拉长和拉伸等命令的应用。绘制该图形时，可以参照本例图形的尺寸进行操作，效果如图6-65所示。

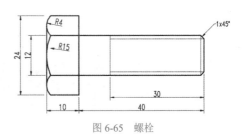

图 6-65 螺栓

【实例分析】

在本实例中，先使用"矩形"命令绘制螺栓的螺丝图形，并使用"倒角"命令对矩形进行倒角处理。然后使用"拉长"和"拉伸"命令将矩形向左拉长，绘制螺栓的螺帽图形。

【操作步骤】

01 使用"矩形"命令绘制一个长度为30、宽度为12的矩形，如图6-66所示。

02 执行Explode(X)命令，选择矩形并确定，将其分解，如图6-67所示。

图 6-66 绘制矩形

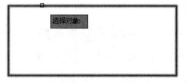
图 6-67 选择并分解矩形

03 执行Chamfer(CHA)命令，输入D并确定，选择"距离"选项，设置第一个倒角距离和第二个倒角距离均为1，然后对矩形右上方的边角进行倒角处理，效果如图6-68所示。

04 重复执行Chamfer(CHA)命令，对矩形右下方的边角进行倒角处理，效果如图6-69所示。

图 6-68 倒角矩形右上方的边角

图 6-69 倒角矩形右下方的边角

05 执行Lengthen(LEN)命令，输入DE并确定，选择"增量"选项，设置长度增量值为10并确定，在上方线段的左侧单击，将其向左拉长，效果如图6-70所示。然后在下方线段的左侧单击，将其向左拉长，效果如图6-71所示。

图 6-70 拉长上方线段

图 6-71 拉长下方线段

06 执行Line(L)命令，通过捕捉两条水平线左侧的端点，绘制一条垂直线段，如图6-72所示。

07 执行Lengthen(LEN)命令，将绘制的线段向上下两侧各拉长6个单位，效果如图6-73所示。

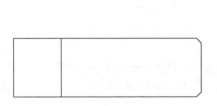
图 6-72 绘制线段

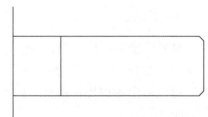
图 6-73 拉长线段

08 执行Line(L)命令，通过捕捉左侧垂直线段的上端点，向左绘制一条长度为9的线段，如图6-74所示。

09 重复执行Line(L)命令，通过捕捉右侧垂直线段的下端点，向左绘制一条长度为9的线段，如图6-75所示。

图 6-74 绘制上方线段　　　　　　　　　　图 6-75 绘制下方线段

10 执行Stretch(S)命令，参照图6-76所示的效果，使用窗交方式在图形中间的两条水平线段左方进行选择，然后向左拉伸10个单位，如图6-77所示。

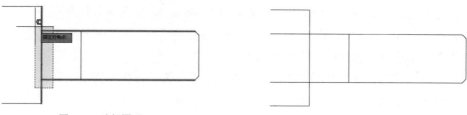

图 6-76 选择图形　　　　　　　　　　图 6-77 拉伸线段

11 执行Arc(A)命令，在左上方的端点处指定圆弧的起点，选择"端点"选项，在下方线段左端点处指定圆弧的端点。然后选择"半径"选项，设置圆弧半径为4，在图形左上方绘制一条圆弧，如图6-78所示。

12 继续执行Arc(A)命令，使用相同的方法，在图形左下方分别绘制一条半径为15和半径为4的圆弧，如图6-79所示。

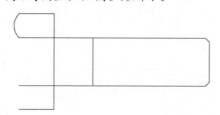
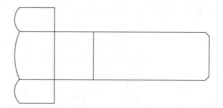

图 6-78 绘制上方圆弧　　　　　　　　　图 6-79 绘制其他圆弧

13 执行Line(L)命令，通过捕捉上下两个圆弧的中点，绘制一条垂直线段，如图6-80所示。

14 执行Line(L)命令，通过捕捉倒角图形左侧的端点，绘制一条垂直线段，如图6-81所示。

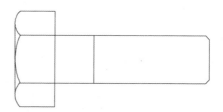

图 6-80 绘制左侧垂直线段

15 执行Line(L)命令，通过捕捉倒角图形右侧的端点和垂直线的垂足，绘制两条水平线段，完成本例的制作，如图6-82所示。

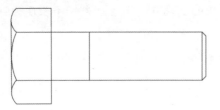

图 6-81　绘制右侧垂直线段

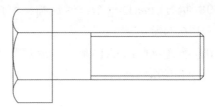

图 6-82　绘制两条水平线段

6.9　思考与练习

　　1. 执行"修剪"命令对图形进行修剪的过程中，当AutoCAD提示选择剪切边时，如果不选择任何对象并按空格键进行确定，会产生什么效果？

　　2. 执行"延伸"命令或"修剪"命令时，按住Shift键有什么作用？

　　3. 执行"倒角"或"圆角"命令，在对图形进行倒角或圆角的操作中，如何将多段线图形的所有边角进行一次性倒角或圆角操作？

　　4. 对两条相交的直线进行圆角操作后，为什么图形没有发生任何变化？

　　5. 为什么使用"合并"命令对两条直线进行合并操作时，无法将两条直线合并为同一条直线？

　　6. "缩放(Scale)"命令与"缩放(Zoom)"命令有什么区别？

　　7. 执行"打断"命令打断图形的过程中，如何重新指定第一断开点与第二断开点？

　　8. 应用所学的绘图和编辑知识，参照如图6-83所示的水盆尺寸和效果，使用直线、矩形、圆角、拉伸、修剪等命令绘制该图形。

　　9. 应用所学的绘图和编辑知识，参照如图6-84所示的底座尺寸和效果，使用圆、直线、圆角、修剪和拉长等命令绘制该图形。

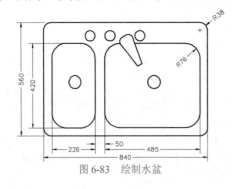

图 6-83　绘制水盆

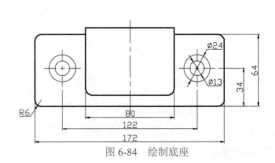

图 6-84　绘制底座

第7章

图形编辑高级命令

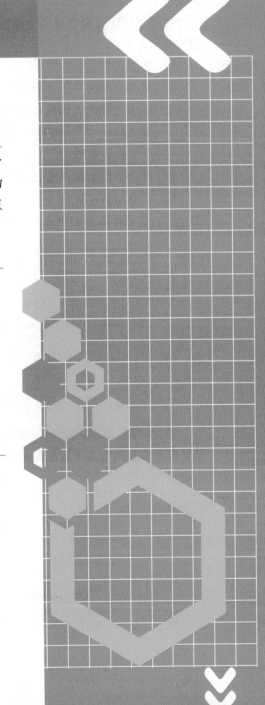

本章导读

在AutoCAD中，除了上一章介绍过的常用编辑命令外，还有一些高级编辑命令。本章将继续学习一些较为高级的编辑命令，包括阵列、复制、镜像、偏移、夹点编辑和特殊对象的编辑命令等。

本章重点

- ○ 移动和旋转图形
- ○ 复制图形
- ○ 镜像图形
- ○ 偏移图形
- ○ 阵列图形
- ○ 编辑特殊对象
- ○ 使用夹点编辑图形

二维码教学视频

【练习】旋转沙发

【练习】旋转并复制椅子

【练习】绘制楼梯的梯步

【练习】按指定距离偏移对象

【练习】按指定点偏移对象

【练习】拟合编辑多段线

【上机实训】绘制球轴承零件图

【上机实训】绘制垫片零件图

7.1 移动和旋转图形

在AutoCAD中，经常需要对图形进行移动和旋转，使用"移动"命令和"旋转"命令可以对图形进行移动和旋转操作。

7.1.1 移动图形

使用"移动"命令可以使图形按照指定的方向和距离进行移动，移动后并不改变对象的方向和大小。

【命令调用方式】

○ 选择"修改"|"移动"命令。

○ 单击"修改"面板中的"移动"按钮✥。

○ 输入Move命令(或输入简化命令M)并确定。

【练习】移动螺母。

01 打开"控制器详图.dwg"素材文件，如图7-1所示。

02 执行Move(M)命令，选择图形中的螺母图形，根据系统提示"指定基点或[位移(D)]:"，在螺母右侧的中点处单击指定移动基点，如图7-2所示。

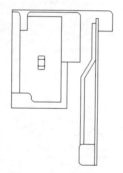

图 7-1　打开素材图形

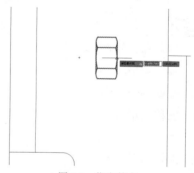

图 7-2　指定基点

03 参照如图7-3所示的效果，向右下方移动光标，捕捉控制器右下方线段的中点，即可将螺母移至图形右下方指定的中点处，效果如图7-4所示。

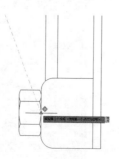

图 7-3　指定第二点

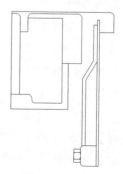

图 7-4　移动螺母

7.1.2　旋转图形

在编辑图形的操作中，使用"旋转"命令不仅可以旋转图形，还可以旋转并复制图形。

【命令调用方式】

○　选择"修改"｜"旋转"命令。

○　单击"修改"面板中的"旋转"按钮 C。

○　输入Rotate命令(或输入简化命令RO)并确定。

1. 直接旋转图形

使用"旋转"命令可以按照指定的方向和角度直接对图形进行旋转。旋转图形是以某一点为旋转基点，将选定的图形对象旋转一定的角度。

【练习】旋转沙发。

01 打开"沙发.dwg"素材文件，如图7-5所示。

02 执行Rotate(RO)命令，选择图形文件中的沙发图形并确定，根据系统提示"指定基点:"，在沙发的中心位置单击指定旋转基点，如图7-6所示。

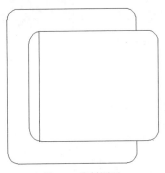

图 7-5　素材图形

图 7-6　指定旋转基点

03 输入旋转对象的角度为90°，如图7-7所示，然后按空格键进行确定，完成旋转操作，效果如图7-8所示。

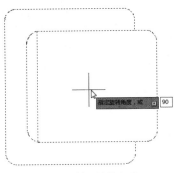

图 7-7　输入旋转角度

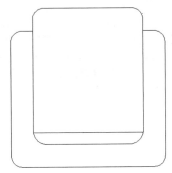

图 7-8　旋转沙发

❖ 注意：

　　在默认情况下，使用AutoCAD绘制和旋转图形均按逆时针方向进行。当输入的角度值为负数时，将按顺时针方向进行绘制和旋转图形操作。

2. 旋转并复制图形

在旋转图形的过程中，当指定旋转的基点时，系统将提示"指定旋转角度，或 [复制(C)/参照(R)]:"，此时输入C并确定。选择"复制(C)"命令选项，可以对选择的对象进行旋转并复制操作。

【练习】旋转并复制椅子。

01 打开"桌椅.dwg"素材文件，如图7-9所示。

02 执行Rotate(RO)命令，选择图形文件中的椅子图形并确定，然后根据系统提示"指定基点:"，在桌子的中心位置单击指定旋转基点，如图7-10所示。

03 根据系统提示"指定旋转角度，或[复制(C)/参照(R)]:"，输入C并确定，选择"复制(C)"选项，如图7-11所示。

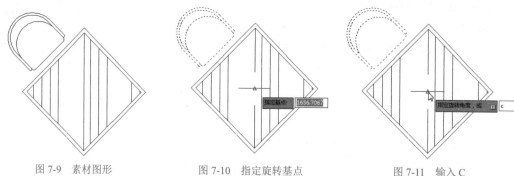

图7-9　素材图形　　　　　图7-10　指定旋转基点　　　　　图7-11　输入C

04 根据系统提示输入旋转对象的角度为90°，如图7-12所示，然后按空格键进行确定。得到的旋转并复制的椅子效果如图7-13所示。

05 重复执行Rotate(RO)命令，选择图形中的两个椅子图形并确定，在桌子的中心位置单击指定旋转基点，然后输入C并确定，选择"复制(C)"选项，根据系统提示输入旋转对象的角度为180°并确定，再次旋转并复制椅子，效果如图7-14所示。

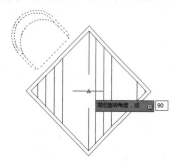 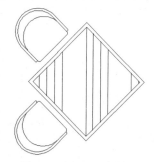 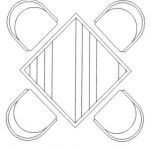

图7-12　输入旋转的角度　　　图7-13　旋转并复制椅子　　　图7-14　再次旋转并复制椅子

7.2　复制图形

使用"复制"命令可以为对象在指定的位置创建一个或多个副本。该操作是以选定对象的某一基点将其复制到绘图区内的其他地方。

【命令调用方式】

◐ 选择"修改"丨"复制"命令。

◑ 单击"修改"面板中的"复制"按钮▣。

◐ 输入Copy命令(或输入简化命令CO)并确定。

7.2.1 直接复制对象

在复制图形的过程中，如果不需要准确指定复制对象的距离，可以直接对图形进行复制；或者通过捕捉特殊点，将对象复制到指定的位置。

【练习】复制螺母图形。

01 打开前面对螺母进行移动后的"控制器详图.dwg"素材文件。

02 执行Copy(CO)命令，选择螺母图形并确定，然后在螺母右侧线段的中点处指定复制的基点，如图7-15所示。

03 向上移动光标捕捉如图7-16所示线段的中点作为复制的第二个点，然后按空格键结束复制操作，复制效果如图7-17所示。

04 重复执行Copy(CO)命令，将下方螺母向右复制一次，效果如图7-18所示。

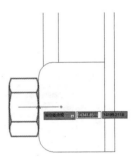

图 7-15 指定复制的基点

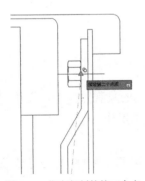

图 7-16 指定复制的第二个点

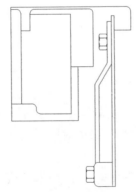

图 7-17 复制螺母

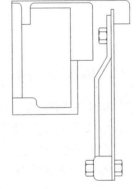

图 7-18 再次复制螺母

❖ **注意：**

在默认状态下，执行"复制"命令可以对图形进行连续复制。如果复制模式被修改为"单个"模式后，执行"复制"命令则只能对图形进行一次复制。这时需要在选择复制对象后，输入M参数并确定。启用"多个(M)"命令选项，即可对图形进行连续复制。

7.2.2 按指定距离复制对象

如果在复制对象时，没有特殊点作为参照，又需要准确指定目标对象和源对象之间的距离，这时可以在复制对象的过程中输入具体的数值确定两者之间的距离。

【练习】按指定距离复制螺母。

01 打开前面对螺母进行复制后的"控制器详图.dwg"素材文件。

02 执行Copy(CO)命令，选择图形右下方的螺母并确定，然后在任意位置指定复制的基点，如图7-19所示。

03 开启"正交模式"功能，然后向上移动光标，并输入第二个点的距离为460，如图7-20所示。

04 继续向上移动光标，然后输入下一个点的距离为640，如图7-21所示。

05 按空格键进行确定，结束复制操作，效果如图7-22所示。

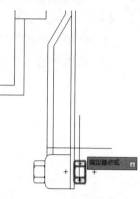

图 7-19　指定复制的基点

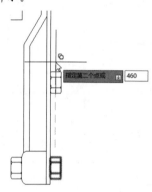

图 7-20　指定复制的距离

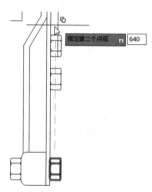

图 7-21　指定复制的距离

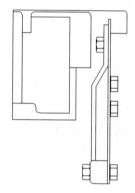

图 7-22　复制效果

7.2.3　阵列复制对象

在AutoCAD中，除了可以使用"复制"命令对图形进行常规的复制操作外，还可以在复制图形的过程中通过使用"阵列(A)"选项对图形进行阵列复制操作。

【练习】绘制楼梯的梯步。

01 使用"直线"命令绘制一条长度为260的水平线段和一条长度为150的垂直线段作为第一个梯步图形，如图7-23所示。

02 执行Copy(CO)命令，选择绘制的图形。然后在该图形的左下方端点处指定复制的基点，如图7-24所示。

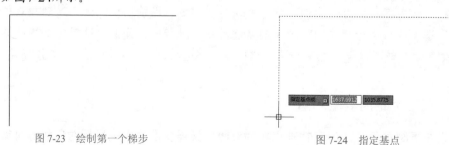

图 7-23　绘制第一个梯步　　　　　　　　　　图 7-24　指定基点

03 当系统提示"指定第二个点或[阵列(A)] < >:"时，输入a并确定，启用"阵列(A)"功能，如图7-25所示。

04 根据系统提示"输入要进行阵列的项目数:"，输入阵列的项目数量(如5)并确定，如图7-26所示。

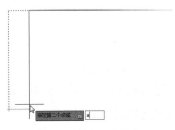

图 7-25　输入 a 并确定

图 7-26　输入阵列的项目数量并确定

05 根据系统提示"指定第二个点或[布满(F)]:"，在图形右上方端点处指定复制的第二个点(如图7-27所示)，即可完成阵列复制操作，效果如图7-28所示。

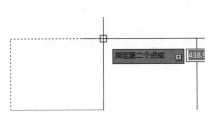

图 7-27　指定第二个点

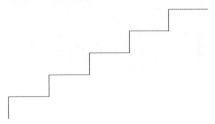

图 7-28　阵列复制梯步

7.3　镜像图形

使用"镜像"命令可以将选定的图形对象以某一对称轴镜像到该对称轴的另一侧，还可以使用镜像复制功能将图形以某一对称轴进行镜像复制。

【命令调用方式】

- 选择"修改" | "镜像"命令。
- 单击"修改"面板中的"镜像"按钮。
- 输入Mirror命令(或输入简化命令MI)并确定。

7.3.1　镜像源对象

执行Mirror(MI)命令，选择要镜像的对象，指定镜像的轴线后，在系统提示"要删除源对象吗？[是(Y)/否(N)]:"时，输入Y并按空格键进行确定，即可对源对象进行镜像处理。

【练习】镜像水龙头。

01 打开"水池.dwg"素材图形，如图7-29所示。

02 执行Mirror(MI)命令，选择图形中的水龙头并确定，如图7-30所示。

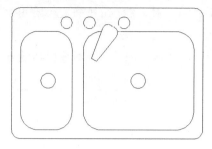

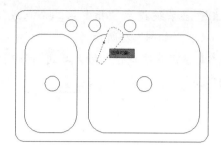

图 7-29　素材图形　　　　　　　　　　　　　　　图 7-30　选择镜像对象

03 根据系统提示在水龙头的中点位置指定镜像的轴线的第一个点，如图7-31所示。

04 开启"正交模式"功能，根据提示沿着垂直方向指定镜像的轴线的第二个点，如图7-32所示。

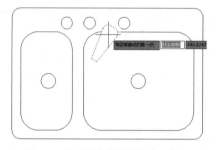

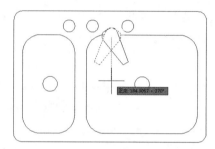

图 7-31　指定镜像的轴线的第一个点　　　　　　　图 7-32　指定镜像的轴线的第二个点

05 根据系统提示"要删除源对象吗？[是(Y)/否(N)]:"，输入y并确定，如图7-33所示，即可对水龙头进行镜像处理，效果如图7-34所示。

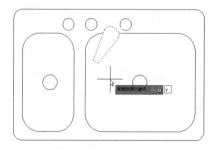

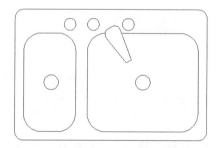

图 7-33　输入 y 并确定　　　　　　　　　　　　　图 7-34　镜像水龙头

7.3.2　镜像复制源对象

执行Mirror(MI)命令，选择要镜像的对象，指定镜像的轴线后，在系统提示"要删除源对象吗？[是(Y)/否(N)]:"时，输入N并按空格键进行确定，可以保留源对象，即对源对象进行了镜像复制操作，如图7-35和图7-36所示。

❖ **注意:**

在绘制对称的建筑或机械图形时，通常可以在绘制好图形局部后，使用"镜像"命令对其进行镜像复制，从而快速完成图形的绘制。

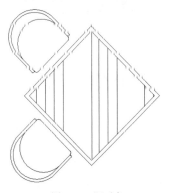

图 7-35 源对象

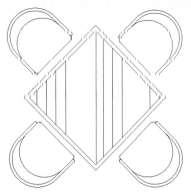

图 7-36 镜像复制椅子

7.4 偏移图形

使用"偏移"命令可以将选定的图形对象以一定的距离增量值单方向复制一次。偏移图形的操作主要包括通过指定距离、通过指定点和通过指定图层3种方式。

【命令调用方式】

○ 选择"修改" | "偏移"命令。

○ 单击"修改"面板中的"偏移"按钮 ⬛。

○ 输入Offset命令(或输入简化命令O)并确定。

7.4.1 按指定距离偏移对象

在偏移对象的过程中,可以通过指定偏移对象的距离,从而准确、快速地将对象偏移到需要的位置。

【练习】按指定距离偏移对象。

01 打开"洗菜盆.dwg"素材图形,如图7-37所示。

02 使用"直线"命令在图形左侧绘制一条水平线段,如图7-38所示。

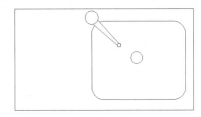

图 7-37 素材图形

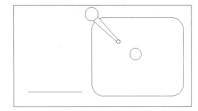

图 7-38 绘制水平线段

03 执行Offset(O)命令,输入偏移距离为45并确定,如图7-39所示。

04 选择绘制的水平线段作为偏移的对象,然后在线段上方单击指定偏移线段的方向(如图7-40所示),即可将选择的线段向上偏移45个单位,效果如图7-41所示。

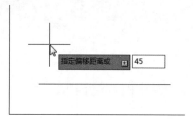

图 7-39　设置偏移距离

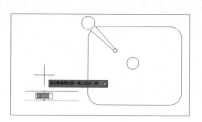

图 7-40　指定偏移的方向

05 重复执行"偏移"命令，保持前面设置的参数不变，将偏移得到的线段继续向上进行多次偏移，完成本例图形的绘制，效果如图7-42所示。

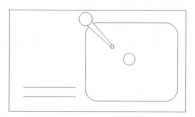

图 7-41　偏移水平线段

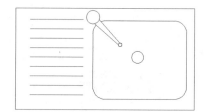

图 7-42　多次偏移水平线段

❖ 注意：

在AutoCAD制图中，如果要对某图形进行多次偏移操作，可以对上一次偏移得到的对象进行下一次偏移，这样操作更方便。

7.4.2　按指定点偏移对象

使用"通过"方式偏移图形，可以将图形以通过某个点的方式进行偏移。该方式需要指定偏移对象所要通过的点。

【练习】按指定点偏移对象。

01 使用"直线"和"圆"命令分别绘制一条水平线段和一个圆，如图7-43所示。

02 执行O(偏移)命令，当系统提示"指定偏移距离或[通过(T)/删除(E)/图层(L)]"时，输入T并按空格键，选择"通过(T)"选项，如图7-44所示。

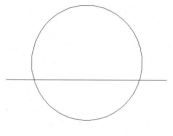

图 7-43　绘制图形

图 7-44　输入 T 并确定

03 选择水平线段作为偏移对象，根据系统提示"指定通过点或[退出(E)/多个(M)/放弃(U)]:"，在圆的圆心处指定偏移对象通过的点，如图7-45所示，即可在圆心位置偏移线段，效果如图7-46所示。

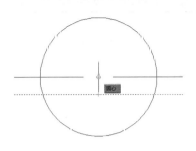

图 7-45　指定通过点

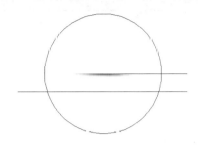

图 7-46　偏移线段

7.4.3　按指定图层偏移对象

使用"图层"方式偏移图形，可以将图形以指定的距离或通过指定的点进行偏移，并且偏移后的图形将存放于指定的图层中。

执行"偏移(O)"命令，当系统提示"指定偏移距离或[通过(T)/删除(E)/图层(L)]："时，输入L并按空格键，即可选择"图层(L)"选项。系统将继续提示"输入偏移对象的图层选项[当前(C)/源(S)]："信息。

【主要选项说明】

○　当前(C)：用于将偏移对象创建在当前图层上。

○　源(S)：用于将偏移对象创建在源对象所在的图层上。

7.5　阵列图形

使用"阵列"命令可以对选定的图形对象进行阵列操作。对图形进行阵列操作的方式包括矩形方式、路径方式和环形(即极轴)方式。

【命令调用方式】

○　选择"修改"｜"阵列"命令，然后选择其中的子命令。

○　单击"修改"面板中的"矩形阵列"下拉按钮🔡，然后选择子选项。

○　输入Array命令(或输入简化命令AR)并确定。

7.5.1　矩形阵列

矩形阵列图形是指将阵列的图形按矩形进行排列。用户可以根据需要设置阵列的行数和列数。

【练习】矩形阵列对象。

01 打开"机械零件01.dwg"素材图形，如图7-47所示。

02 执行AR(阵列)命令，选择左上方图形作为阵列对象，如图7-48所示。

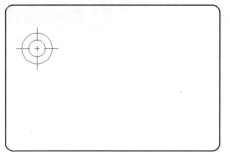

图 7-47　素材图形

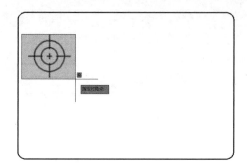

图 7-48　选择阵列对象

03 在弹出的菜单中选择"矩形(R)"选项,如图7-49所示。

04 在系统提示下输入参数COU并确定,选择"计数(COU)"选项,如图7-50所示。

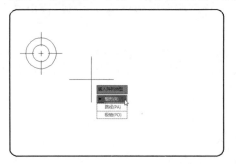

图 7-49　选择"矩形 (R)"选项

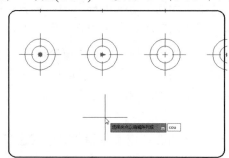

图 7-50　输入 COU 并确定

❖ 提示:

　　矩形阵列对象时,默认参数的行数为3、列数为4,对象间的距离为原对象尺寸的1.5倍。如果阵列结果正好符合默认参数,可以在该操作步骤直接按空格键进行确定,完成矩形阵列操作。

05 根据系统提示输入阵列的列数为3并确定,如图7-51所示。

06 输入阵列的行数为2并确定,如图7-52所示。

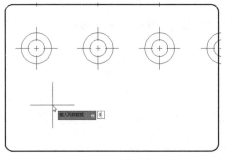

图 7-51　设置列数

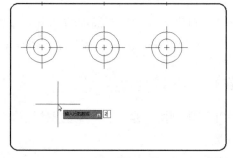

图 7-52　设置行数

07 在系统提示下输入参数S并确定,选择"间距(S)"选项,如图7-53所示。

08 根据系统提示输入列间距为55并确定,如图7-54所示。

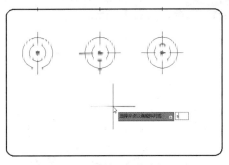

图 7-53　输入 S 并确定

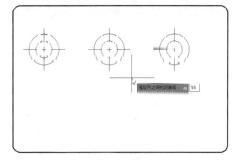

图 7-54　设置列间距

09 根据系统提示输入行间距为 -50并确定，如图7-55所示。然后按Enter键进行确定，完成矩形阵列操作，效果如图7-56所示。

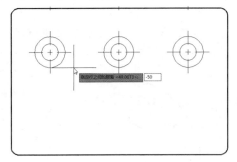

图 7-55　设置行间距

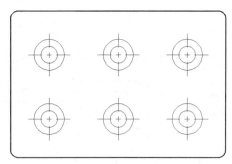

图 7-56　矩形阵列效果

7.5.2　环形阵列

环形阵列(即极轴阵列)图形是指将阵列的图形按环形进行排列，用户可以根据需要设置阵列的总数和填充的角度。

【练习】环形阵列对象。

01 打开"机械零件02.dwg"素材图形，如图7-57所示。

02 执行AR(阵列)命令，选择小圆作为阵列的对象并进行确定，在弹出的菜单中选择"极轴(PO)"选项，如图7-58所示。

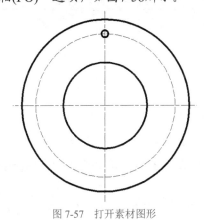

图 7-57　打开素材图形

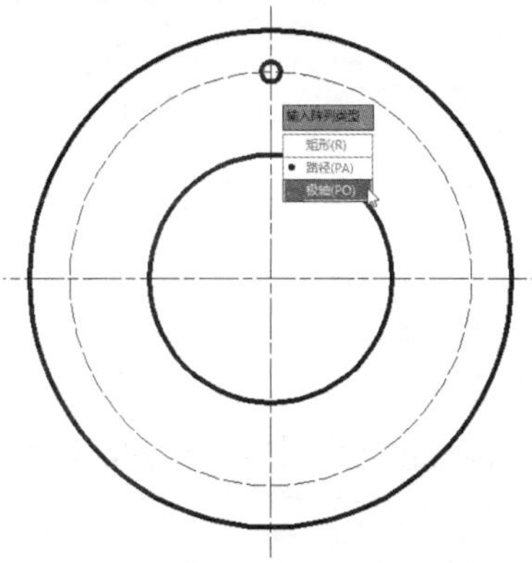

图 7-58　选择"极轴 (PO)"选项

03 根据系统提示在中心线的交点处指定阵列的中心点，如图7-59所示。

04 根据系统提示输入I并确定，选择"项目(I)"选项，如图7-60所示。

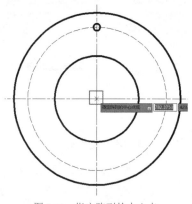
图 7-59　指定阵列的中心点

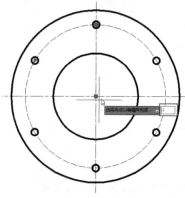
图 7-60　输入 I 并确定

05 根据系统提示输入阵列的总数为12并确定，如图7-61所示。然后按空格键进行确定，完成环形阵列的操作，效果如图7-62所示。

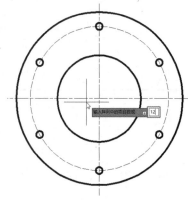
图 7-61　设置阵列的数目

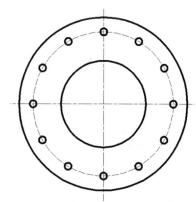
图 7-62　环形阵列效果

❖ 注意：

　　环形阵列对象时，默认参数的阵列总数为6。如果阵列结果正好符合默认参数，可以在指定阵列中心点后直接按空格键进行确定，完成环形阵列操作。

7.5.3　路径阵列

　　路径阵列图形是指将阵列的图形按指定的路径进行排列。用户可以根据需要设置阵列的总数和间距。

　　【练习】路径阵列对象。

　　01 绘制一个半径为10的圆和一段圆弧作为阵列的操作对象，如图7-63所示。

　　02 执行AR(阵列)命令，选择圆作为阵列对象。在弹出的菜单中选择"路径(PA)"选项，如图7-64所示。

　　03 选择圆弧作为阵列的路径(如图7-65所示)，然后根据系统提示输入参数I并确定，选择"项目(I)"选项，如图7-66所示。

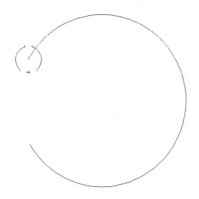

图 7-63 绘制阵列对象

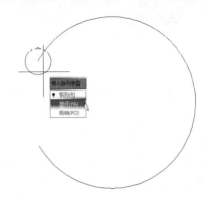

图 7-64 选择"路径 (PA)"选项

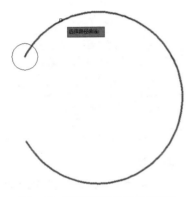

图 7-65 选择圆弧作为阵列的路径

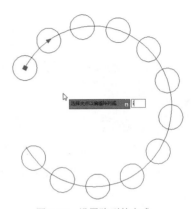

图 7-66 设置阵列的方式

04 在系统提示下输入项目之间的距离并确定,如图7-67所示。至此完成路径阵列的操作,效果如图7-68所示。

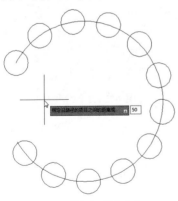

图 7-67 输入间距并确定

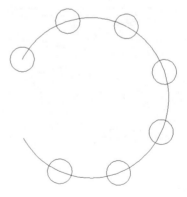

图 7-68 路径阵列效果

7.6 编辑特殊对象

除了可以使用各种编辑命令对图形进行修改外,也可以采用特殊的方式对特定的图形进行编辑,如编辑多线、多段线、样条曲线和阵列对象等。

7.6.1 编辑多线

用户可以通过"多线样式"命令设置多线的样式，也可以使用Mledit命令修改多线的形状。选择"修改"｜"对象"｜"多线"命令，或者输入Mledit命令并确定，可以打开"多线编辑工具"对话框。在该对话框中提供了12种多线的编辑工具。

【练习】T形打开多线。

01 使用ML(多线)命令绘制如图7-69所示的两条多线。

02 执行Mledit(编辑多线)命令，打开"多线编辑工具"对话框，选择"T形打开"选项，如图7-70所示。

图 7-69　绘制多线　　　　　　　　　　　图 7-70　选择"T形打开"选项

03 在绘图区中选择水平多线作为第一条多线，如图7-71所示。

04 选择垂直多线作为第二条多线，即可将其在接头处打开，效果如图7-72所示。

图 7-71　选择第一条多线　　　　　　　　　图 7-72　T形打开多线

7.6.2 编辑多段线

选择"修改"｜"对象"｜"多段线"命令，或执行Pedit命令，可以对绘制的多段线进行编辑修改。

执行Pedit命令，选择要修改的多段线，系统将提示"输入选项[闭合(C)/合并(J)/宽度(W)/编辑顶点(E)/拟合(F)/样条曲线(S)/非曲线化(D)/线型生成(L)/反转(R)/放弃(U)]:"。

【主要选项说明】

○ 闭合(C)：用于创建封闭的多段线。

○ 合并(J)：将直线段、圆弧或其他多段线连接到指定的多段线。

○ 宽度(W)：用于设置多段线的宽度。

○ 编辑顶点(E)：用于编辑多段线的顶点。

○ 拟合(F)：可以将多段线转换为通过顶点的拟合曲线。

○ 样条曲线(S)：可以使用样条曲线拟合多段线。

○ 非曲线化(D)：删除在拟合曲线或样条曲线时插入的多余顶点，并拉直多段线的所有线段；保留指定给多段线顶点的切向信息，用于随后的曲线拟合。

○ 线型生成(L)：可以将通过多段线顶点的线设置成连续线型。

○ 反转(R)：用于反转多段线的方向，使起点和终点互换。

○ 放弃(U)：用于放弃上一次操作。

【练习】拟合编辑多段线。

[01] 使用"多段线"命令绘制一条多段线作为编辑对象。

[02] 执行Pedit命令，选择绘制的多段线，在弹出的菜单列表中选择"拟合(F)"选项，如图7-73所示。

[03] 按空格键进行确定，拟合编辑多段线后的效果如图7-74所示。

图 7-73 选择"拟合 (F)"选项

图 7-74 拟合多段线后的效果

7.6.3 编辑样条曲线

选择"修改"｜"对象"｜"样条曲线"命令，或者执行Splinedit命令，可以对样条曲线进行编辑，包括定义样条曲线的拟合点、移动拟合点以及闭合开放的样条曲线等。

执行Splinedit命令，选择要编辑的样条曲线后，系统将提示"输入选项[闭合(C)/合并(J)/拟合数据(F)/编辑顶点(E)/转换为多段线(P)/反转(R)/放弃(U)/退出(X)]:"。

【主要选项说明】

○ 闭合(C)：如果选择打开的样条曲线，则闭合该样条曲线，使其在端点处切向连续(平滑)。如果选择闭合的样条曲线，则打开该样条曲线。

○ 拟合数据(F)：用于编辑定义样条曲线的拟合点数据。

○ 编辑顶点(E)：用于移动样条曲线的控制顶点并且清理拟合点。

○ 反转(R)：用于反转样条曲线的方向，使起点和终点互换。

○ 放弃(U)：用于放弃上一次操作。

○ 退出(X)：退出编辑操作。

【练习】编辑样条曲线的顶点。

[01] 使用"样条曲线"命令绘制一条样条曲线作为编辑对象。

02 执行Splinedit命令，选择绘制的曲线，在弹出的菜单中选择"编辑顶点(E)"选项，如图7-75所示。

03 继续在弹出的菜单中选择"移动(M)"选项，如图7-76所示。

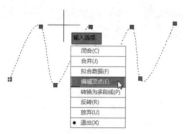

图 7-75 选择"编辑顶点 (E)"选项

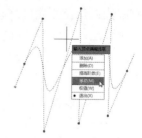

图 7-76 选择"移动 (M)"选项

04 拖动鼠标来移动样条曲线的顶点，如图7-77所示。

05 当系统提示"指定新位置或[下一个(N)/上一个(P)/选择点(S)/退出(X)]:"时，输入X并确定，选择"退出(X)"选项，结束样条曲线的编辑，效果如图7-78所示。

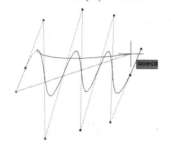

图 7-77 移动顶点

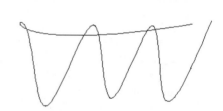

图 7-78 编辑效果

7.6.4 编辑阵列对象

在AutoCAD中，阵列的对象为一个整体对象，可以使用"分解"命令将其分解后进行修改，也可以选择"修改"｜"对象"｜"阵列"命令，或者执行ArrayEDIT命令并确定，对关联阵列对象及其源对象进行编辑。

【练习】编辑矩形阵列图形。

01 打开前面编辑好的矩形阵列图形。选择"修改"｜"对象"｜"阵列"命令，选择矩形阵列图形作为要编辑的对象，如图7-79所示。

02 在弹出的菜单中选择"列(C)"选项，如图7-80所示。

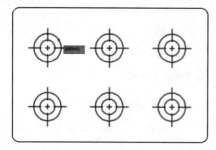

图 7-79 选择矩形阵列图形

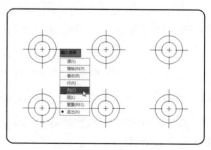

图 7-80 选择"列 (C)"选项

03 根据系统提示重新输入矩形阵列的列数并确定，如图7-81所示。

04 根据系统提示重新输入矩形阵列的列间距并确定，如图7-82所示。

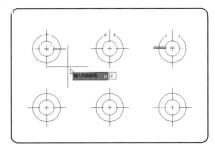

图 7-81 重新输入阵列的列数

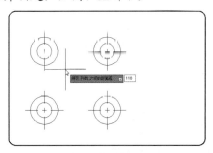

图 7-82 重新输入阵列的列间距

05 在弹出的菜单中选择"退出(X)"选项，如图7-83所示，即可完成阵列图形的编辑，效果如图7-84所示。

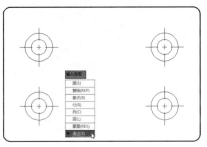

图 7-83 选择"退出 (X)"选项

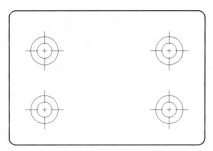

图 7-84 阵列编辑效果

7.7 使用夹点编辑图形

在编辑图形的操作中，用户可以通过拖动夹点的方式来改变图形的形状和大小。

7.7.1 认识夹点

夹点是选择图形对象后，在图形的关键位置处显示的蓝色实心小方框。它是一种集成的编辑模式和一种方便快捷的编辑操作途径。

在AutoCAD中，系统默认的夹点有以下3种显示形式。

○ 未选中夹点：在等待命令的情况下直接选择图形时，图形的每个顶点会以蓝色实心小方框显示，如图7-85所示。

○ 选中夹点：选择图形对象后，在其中单击夹点，即选中夹点。被选中的夹点呈红色显示并显示相关信息，如图7-86所示。

○ 悬停夹点：选择图形对象后，移动十字光标到夹点上，将显示相关信息，如图7-87所示。

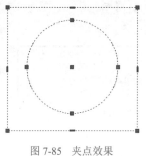

图 7-85　夹点效果

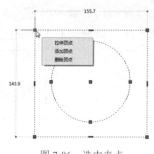

图 7-86　选中夹点

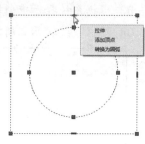

图 7-87　悬停夹点

7.7.2　修改夹点外观

在AutoCAD中，用户可以根据自己的习惯对夹点的外观进行设置。选择"工具"｜"选项"命令，打开"选项"对话框，如图7-88所示。打开该对话框中的"选择集"选项卡，在其中可以对夹点的大小、颜色等相关属性进行设置。

【主要选项说明】

图 7-88　"选项"对话框

- ❍　"显示夹点"复选框：选中该复选框可显示所选对象的夹点，取消选中该复选框则隐藏所选对象的夹点。
- ❍　"在块中显示夹点"复选框：选中该复选框表示在块上也显示夹点。
- ❍　"显示夹点提示"复选框：选中该复选框后，当选择某个夹点时，在光标处会显示夹点的提示信息。
- ❍　"选择对象时限制显示的夹点数"文本框：当选择的对象多于所设置的数目时，自动隐藏夹点，系统默认值为100。

7.7.3　使用夹点拉伸对象

使用夹点拉伸对象是指在不执行任何命令的情况下选择对象，显示其夹点。然后选中某个夹点，将夹点作为拉伸的基点自动进入拉伸编辑方式。其命令行提示如下。

** 拉伸 **

指定拉伸点或 [基点(B)/复制(C)/放弃(U)/退出(X)]：

【主要选项说明】

- ❍　指定拉伸点：该项为默认选项，提示用户输入拉伸的目标点。
- ❍　基点(B)：按B键选择该选项，指定拉伸对象的基点，系统会要求再指定基点的拉伸距离。
- ❍　复制(C)：按C键选择该选项，连续进行拉伸复制操作而不退出夹点编辑功能。
- ❍　放弃(U)：按U键选择该选项，取消上一步的夹点拉伸操作。

○ 退出(X)：按X键选择该选项，退出夹点编辑功能。

如图7-89所示为对左侧直线的端点进行夹点拉伸，拉伸的距离为100，得到的拉伸效果如右侧直线所示。

图 7-89 使用夹点拉伸直线

7.7.4 使用夹点移动对象

使用夹点移动对象仅仅是位置上的平移，对象的方向和大小不会发生改变。使用夹点移动对象的方法主要有以下两种。

○ 选择某个夹点后，右击，在弹出的快捷菜单中选择"移动"命令。
○ 选择某个夹点后，在命令行中输入Move(MO)命令。

7.7.5 使用夹点旋转对象

使用夹点旋转对象是将所选对象绕被选中的夹点旋转指定的角度。使用夹点旋转对象的方法主要有以下两种。

○ 选择某个夹点后，右击，在弹出的快捷菜单中选择"旋转"命令。
○ 选择某个夹点后，在命令行中输入Rotate(RO)命令。

7.7.6 使用夹点缩放对象

使用夹点缩放对象是在X轴、Y轴方向以等比例缩放图形对象的尺寸。使用夹点缩放对象的方法主要有以下两种。

○ 选择某个夹点，右击，在弹出的快捷菜单中选择"缩放"命令。
○ 选择某个夹点后，在命令行中输入Scale(SC)命令。

7.8 上机实训

本章上机实训将分别绘制球轴承零件图和垫片零件图，综合学习本章讲解的知识点，加深掌握偏移、复制、阵列、修剪等编辑命令的具体应用。

7.8.1 绘制球轴承零件图

本实训要求绘制球轴承零件图，主要掌握修剪、偏移、环形阵列等编辑命令的应用。绘制该图形时，可以参照本例图形的效果和尺寸进行操作，效果如图7-90所示。

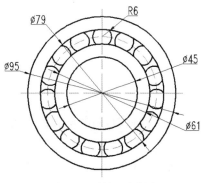

图 7-90 球轴承零件图

【实例分析】

在本实例中，首先使用"构造线"和"偏移"命令绘制辅助线，然后参照辅助线绘制各个圆，再使用"修剪"和"环形阵列"命令对滚珠图形进行修剪和阵列。

【操作步骤】

01 执行LA(图层)命令，打开"图层特性管理器"选项板，创建并设置"轮廓线""隐藏线"和"中心线"图层，再将"中心线"图层设置为当前图层，如图7-91所示。

02 执行XL(构造线)命令，绘制一条水平构造线。

03 执行O(偏移)命令，将构造线向上偏移6次，偏移距离依次为35、22.5、8、4.5、4.5、8，效果如图7-92所示。

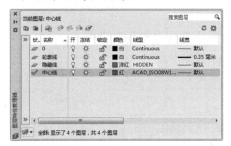

图 7-91 创建并设置图层

图 7-92 偏移构造线

❖ **注意：**

在使用"偏移"命令进行多次偏移图形的操作中，为了操作方便，通常是在前一次偏移的结果上继续进行下一次偏移。因此，偏移的距离通常是指两个偏移对象之间的距离，而不是与第一次偏移对象的距离。

04 执行XL(构造线)命令，绘制一条垂直构造线，效果如图7-93所示。

05 将"轮廓线"图层设置为当前图层。

06 执行C(圆)命令，参照如图7-94所示的效果，以O点为圆心，以线段OL为半径绘制一个圆。

图 7-93 绘制垂直构造线

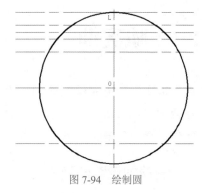

图 7-94 绘制圆

07 执行C(圆)命令，仍以O点为圆心，捕捉辅助线的交点，依次绘制如图7-95所示的其他各个圆。

08 执行C(圆)命令，以圆和垂直构造线的交点为圆心，绘制半径为6mm的圆，效果如图7-96所示。

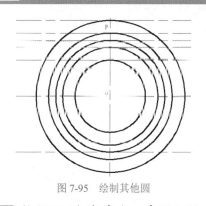

图 7-95 绘制其他圆

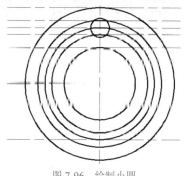

图 7-96 绘制小圆

09 执行TR(修剪)命令，参照如图7-97所示的效果，以圆1和圆2为修剪边界，对刚绘制的小圆进行修剪。

10 选择"修改"｜"阵列"｜"环形阵列"命令。选择修剪后的两段圆弧，以圆心为阵列中心点，设置项目数为15，对选择的圆弧进行环形阵列，效果如图7-98所示。

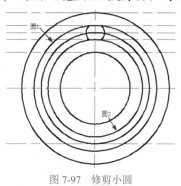

图 7-97 修剪小圆

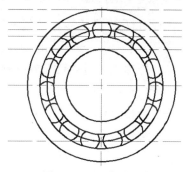

图 7-98 环形阵列圆弧

11 执行E(删除)命令，删除掉不需要的构造线。再执行TR(修剪)命令，对构造线进行修剪，效果如图7-99所示。

12 选择半径为35的圆，然后将其放入"隐藏线"图层，效果如图7-100所示。

13 执行LEN(拉长)命令，将两条中心线的两端各向外拉长5个单位，完成本例图形的绘制。

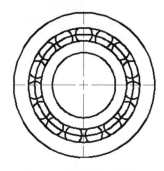

图 7-99 删除和修剪辅助线

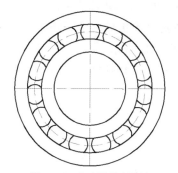

图 7-100 修改圆所在图层

7.8.2 绘制垫片零件图

本实训要求绘制垫片零件图，主要掌握夹点编辑、偏移、修剪、环形阵列等编辑命令的应用。绘制该图形时，可以参照本例图形的效果和尺寸进行操作，效果如图7-101所示。

【实例分析】

在本实例中，首先使用"构造线"命令绘制中心线，然后绘制圆，再使用夹点编辑操作创建其他同心圆；在创建5个环形圆时，可以使用环形阵列操作进行创建；最后使用"修剪"命令对图形进行修剪。

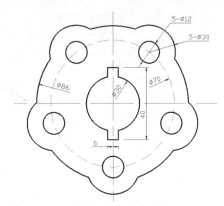

图 7-101　垫片零件图

【操作步骤】

01　执行LA(图层)命令，打开"图层特性管理器"选项板，创建并设置"轮廓线""隐藏线""中心线"图层，再将"中心线"图层设置为当前图层，如图7-102所示。

02　执行XL(构造线)命令，绘制一条水平和一条垂直构造线作为中心线，如图7-103所示。

03　将"轮廓线"图层设置为当前图层。

04　执行C(圆)命令，以中心线的交点为圆心，绘制一个半径为15的圆，如图7-104所示。

05　选中绘制的圆，将显示该圆的5个夹点，效果如图7-105所示。

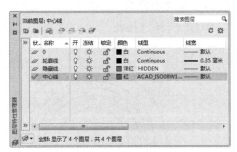

图 7-102　创建并设置图层

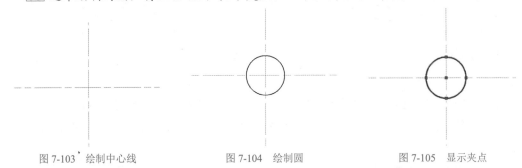

图 7-103　绘制中心线　　　　图 7-104　绘制圆　　　　图 7-105　显示夹点

06　拖动圆上的任意一个夹点，然后根据系统提示输入C并确定，选择"复制(C)"选项，如图7-106所示。

07　输入复制所得到的圆的半径为35并确定，如图7-107所示。

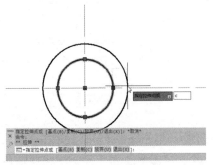

图 7-106　输入 C 并确定

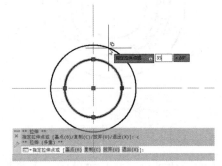

图 7-107　输入得到的圆的半径

08 继续输入下一个复制所得到的圆的半径为43并确定,如图7-108所示。

09 再次按空格键进行确定,结束夹点编辑操作,夹点复制得到的效果如图7-109所示。

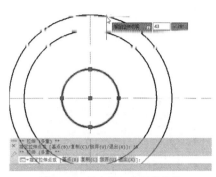

图 7-108 输入下一个圆的半径

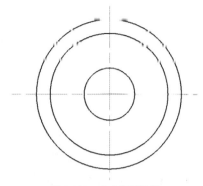

图 7-109 夹点复制效果

10 选择第二大的圆,将其放入"隐藏线"图层中,效果如图7-110所示。

11 执行O(偏移)命令,将水平中心线分别向上和向下偏移20个单位,将垂直中心线分别向左和向右偏移3个单位,然后将偏移得到的线段放入"轮廓线"图层中,效果如图7-111所示。

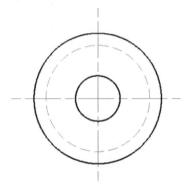

图 7-110 修改圆所在图层

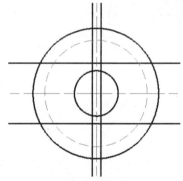

图 7-111 偏移中心线

12 执行TR(修剪)命令,参照如图7-112所示的效果,对小圆和偏移得到的线段进行修剪。

13 执行C(圆)命令,以"隐藏线"图层中的圆和垂直中心线的下方交点为圆心,分别绘制半径为6和15的同心圆,效果如图7-113所示。

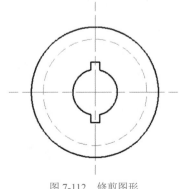

图 7-112 修剪图形

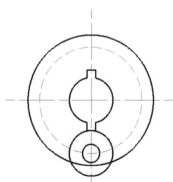

图 7-113 绘制同心圆

⑭ 选择"修改"｜"阵列"｜"环形阵列"命令。选择刚绘制的两个圆，以中心线的交点为阵列中心点，设置项目数为5，对选择的圆进行环形阵列，效果如图7-114所示。

⑮ 执行X(分解)命令，将环形阵列对象进行分解。

⑯ 执行TR(修剪)命令，以分解后的圆和大圆为修剪边界，对分解图形进行修剪，效果如图7-115所示，完成本例的制作。

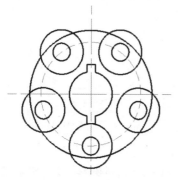
图 7-114　环形阵列同心圆

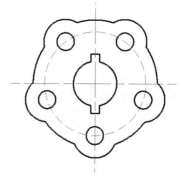
图 7-115　修剪图形

❖ 注意:

使用TR(修剪)命令不能直接对阵列对象进行修剪，需要将阵列对象分解后，才能使用TR(修剪)命令对该图形进行修剪。

7.9　思考与练习

1. 对图形进行环形阵列时，默认的阵列数量是多少？

2. 在执行"旋转"命令时，如何对原图形进行旋转并复制？

3. 对图形进行镜像复制，可以使其镜像复制后的图形与原图形对象呈90°角吗？

4. 使用夹点功能可以快速移动图形吗？

5. 参照如图7-116所示的蝶形螺母尺寸和效果，应用所学的绘图和编辑知识绘制该图形。

6. 参照如图7-117所示的端盖尺寸和效果，应用所学的绘图和编辑知识绘制该图形。

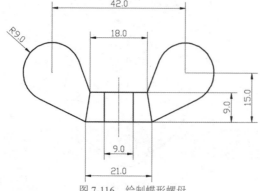
图 7-116　绘制蝶形螺母

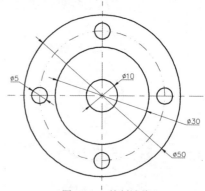
图 7-117　绘制端盖

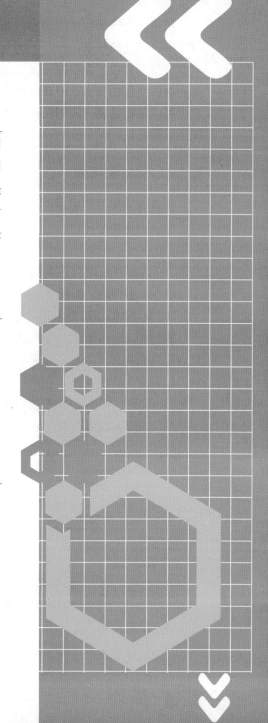

第8章

块 对 象

本章导读

在使用AutoCAD制图过程中，经常会用到一些相同的对象，如果每次都重新绘制它们，将花费大量的时间和精力。因此，用户可以使用定义块和插入块的方法提高绘图效率，另外，将复杂的图形定义为块对象，便于对其进行整体选择。本章主要介绍在AutoCAD中进行块定义、插入块和编辑块的具体方法和应用，以及设计中心的使用方法。

本章重点

- 创建块
- 插入块
- 块属性定义与编辑
- 编辑块对象
- 动态块
- 设计中心

二维码教学视频

- 【练习】等分插入块
- 【练习】等距插入块
- 【练习】创建标高属性块
- 【练习】编辑块的属性
- 【练习】修改块的名称
- 【练习】清理图形中未使用的块
- 【练习】搜索图形
- 【练习】插入预设图块
- 【上机实训】绘制底座俯视图
- 【上机实训】创建表面粗糙度

8.1 创建块

将图形定义为块对象，可以方便地对其进行选择，也可以将其插入其他需要的地方。在AutoCAD中，图形可以创建为内部块(即块定义)，也可以创建为外部块(即写块)。

8.1.1 认识块

块是一组图形实体的总称，是多个不同颜色、线型和线宽特性对象的组合。块是一个独立的、完整的对象。

用户可以根据需要按一定比例和角度将图块插入图形文档中任意指定的位置。尽管插入的块在当前图层上，但在该块中的对象保存了有关原图层、颜色和线型特性的信息。用户也可以根据需要，控制块中的对象是否保留其原特性还是继承当前的图层、颜色、线型或线宽等特性。

8.1.2 创建内部块

创建内部块是将对象组合在一起，储存在当前图形文件内部，可以对其进行移动、复制、缩放或旋转等操作。

【命令调用方式】

- 选择"绘图"｜"块"｜"创建"命令。
- 单击"块"面板中的"创建"按钮 🗐。
- 输入Block命令(或输入简化命令B)并确定。

执行Block(B)命令，将打开"块定义"对话框，如图8-1所示。在该对话框中可进行定义内部块的操作。

【主要选项说明】

- 名称：在该文本框中可输入将要定义的图块名。单击该文本框右侧的下拉按钮 ✓，系统将显示图形中已定义的图块名，如图8-2所示。

图 8-1 "块定义"对话框

图 8-2 已定义的图块名

- 拾取点 🗐：在绘图中拾取一点作为图块插入基点。
- 选择对象 🗐：选取组成块的实体。

- ◯ 转换为块：创建块以后，将选定对象转换成图形中的块引用。
- ◯ 删除：生成块后将删除源实体。
- ◯ 快速选择：单击该按钮将打开"快速选择"对话框，可以定义选择集。
- ◯ 按统一比例缩放：选中该复选框，在对块进行缩放时将按统一的比例进行缩放。
- ◯ 允许分解：选中该复选框，可以对创建的块进行分解；如果取消选中该复选框，将不能对创建的块进行分解。

【练习】创建块对象。

01 打开"圆螺母.dwg"素材图形，如图8-3所示。

02 执行Block(B)命令，打开"块定义"对话框。在该对话框的"名称"文本框中输入块的名称"圆螺母"，然后单击"选择对象"按钮，如图8-4所示。

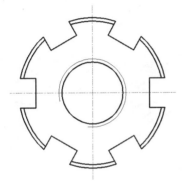

图8-3 打开素材图形

图8-4 "块定义"对话框

03 进入绘图区选择圆螺母图形，按空格键进行确定后返回"块定义"对话框，在其中单击"拾取点"按钮，进入绘图区指定块的插入基点，如图8-5所示。

04 按空格键返回"块定义"对话框，然后单击"确定"按钮，完成块的创建。将光标移到块对象上，将显示块的信息，如图8-6所示。

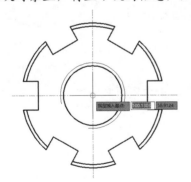

图8-5 指定块的插入基点

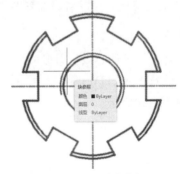

图8-6 显示块的信息

❖ 注意：

通常情况下，都是选择块的中心点或左下角点为块的基点。块在插入过程中，可以围绕基点旋转；旋转角度为0的块，将根据创建时使用的UCS定向。如果输入的是一个三维基点，则按照指定标高插入块。如果忽略Z坐标数值，系统将使用当前标高。

8.1.3 创建外部块

使用Wblock(W)命令定义的图块被称作外部块。执行"写块"命令Wblock(W)，将打开"写块"对话框，可以创建一个独立存在的图形文件，如图8-7所示。

【主要选项说明】

○ 块：指定要存为文件的现有图块。

○ 保留：将选定对象保存为文件后，在当前图形中仍将它保留。

○ 转换为块：将选定对象保存为文件后，从当前图形中将它转换为块。

○ 从图形中删除：将选定对象保存为文件后，从当前图形中将它删除。

○ 选择对象  ：选择一个或多个保存至该文件的对象。

图 8-7 "写块"对话框

○ 文件名和路径：在列表框中可以指定保存块或对象的文件名。单击右侧的浏览按钮，在打开的"浏览图形文件"对话框中可以选择文件路径，如图8-8所示。

○ 插入单位：指定新文件插入块时所使用的单位。

图 8-8 "浏览图形文件"对话框

❖ **注意：**

所有的dwg图形文件都可以视为外部块插入其他的图形文件中。不同的是，使用Wblock命令定义的外部块文件的插入基点是用户设置好的，而使用NEW命令创建的图形文件，在插入其他图形时将以坐标原点(0,0,0)作为其插入点。

【练习】创建外部块。

01 打开"螺母.dwg"图形文件，如图8-9所示。

02 执行Wblock(W)命令，打开"写块"对话框。单击该对话框中的"选择对象"按钮  ，如图8-10所示。

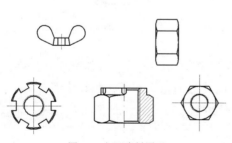

图 8-9 打开素材图形

图 8-10 单击"选择对象"按钮

03 在绘图区选择要组成外部块的蝶形螺母图形，如图8-11所示，然后按空格键返回"写块"对话框。

04 单击"写块"对话框中"文件名和路径"列表框右侧的"浏览"按钮，打开"浏览图形文件"对话框。在该对话框中设置块的保存路径和块名称，如图8-12所示。

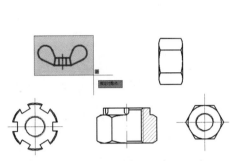

图 8-11　选择图形　　　　　　　　　　　　图 8-12　设置块名和路径

05 单击"保存"按钮，返回"写块"对话框。在其中单击"拾取点"按钮，进入绘图区指定外部块的基点位置，如图8-13所示。

06 返回"写块"对话框，设置块的插入单位，然后单击"确定"按钮(如图8-14所示)，完成定义外部块的操作。

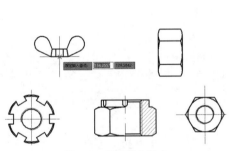

图 8-13　指定插入基点　　　　　　　　　　图 8-14　单击"确定"按钮

8.2　插入块

用户可以根据需要，按一定比例和角度将图块插入任意一个指定位置。插入图块的操作包括插入单个块、阵列插入块、等分插入块和等距插入块。

8.2.1　插入单个块

在绘制图形的过程中，用户可以使用"插入"命令将图块插入指定位置。当插入的是内部块，则可以直接输入块名；当插入的是外部块，则需要指定块文件的路径。如果图块在插入时选中了"分解"复选框，插入的图块会自动分解成单个的实体，其特性如图层、颜色和线型等，也将恢复为生成块之前实体具有的特性。

外部块文件插入当前图形后，其内包含的所有块定义(外部嵌套块)也同时带入当前图形，并生成同名的内部块，以后在该图形中可以随时调用。当外部块文件中包含的块定义与当前图形中已有的块定义同名，则当前图形中的块定义将自动覆盖外部块包含的块定义。

【命令调用方式】

- 选择"插入"｜"块选项板"命令。
- 单击"块"面板中的"插入"下拉按钮，再选择"最近使用的块"或"收藏块"选项，如图8-15所示。
- 输入Insert命令(或输入简化命令I)并确定。

执行Insert (I)命令，将打开"块"选项板，在该选项板中可以选择并设置插入的对象，如图8-16所示。

图 8-15　"插入"下拉按钮

❖ 注意：

　　当库中没有添加图块时，单击"块"面板中的"插入"下拉按钮，再选择"库中的块"选项时，将打开"为块库选择文件夹或文件"对话框。

"块"选项板包括"库""收藏夹""最近使用"和"当前图形"4个选项卡，分别用于插入库中的图块、收藏夹中的图块、最近使用的图块和当前图形中存在的图块。"库""收藏夹""最近使用"和"当前图形"选项卡中的选项基本相同。

图 8-16　"块"选项板

【主要选项说明】

- 名称：在该文本框中可以输入要插入的块名，或在其下拉列表中选择要插入的块对象的名称。
- 浏览 ：用于浏览文件。单击该按钮，将打开"选择要插入的文件"对话框。用户可在该对话框中选择要插入的外部块文件，如图8-17所示。
- 比例：选中该复选框，可以在插入块时显示指定比例的提示，否则将直接以设置的比例进行插入。在"比例"下拉列表中可以选择"比例"和"统一比例"两种方式，"统一比例"用于统一X、Y、Z这3个轴向上的缩放比例，如图8-18所示。
- 旋转：选中该复选框，可以在插入块时显示指定旋转角度的提示。用户也可以在后面的"角度"文本框输入旋转角度值。
- 重复放置：选中该复选框，可以在插入块时显示重复插入块的提示，该选项在需要连续插入多个相同块时有用。

◯ 分解：该复选框用于确定是否将图块在插入时分解成原有组成实体。

图 8-17 "选择要插入的文件"对话框

图 8-18 选择比例方式

首次在"块"选项板中选择"库"选项卡时，单击"打开块库"按钮(如图8-19所示)，在打开的"为块库选择文件夹或文件"对话框中选择图形文件(如图8-20所示)，可以将该图形添加到当前库中，如图8-21所示。

图 8-19 单击"打开块库"按钮

图 8-20 "为块库选择文件夹或文件"对话框

图 8-21 将图形图块添加到库中

【练习】插入图块。

01 打开"电机支架.dwg"图形文件，如图8-22所示。

02 执行I(插入)命令，打开"块"选项板，然后单击"浏览"按钮 ⬚，如图8-23所示。

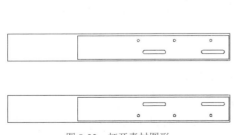

图 8-22 打开素材图形

图 8-23 单击"浏览"按钮

03 在打开的"选择要插入的文件"对话框中选择并打开"底板.dwg"图形，如图8-24所示。

04 进入绘图区指定块的插入点位置(如图8-25所示)，插入底板后的效果如图8-26所示。

图 8-24　打开图形文件

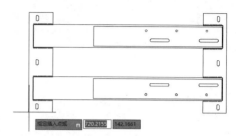

图 8-25　指定插入点

05 返回"块"选项板中，可以看到加载到选项板中的"底板"图块，如图8-27所示。

图 8-27　加载的图块

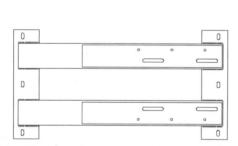

图 8-26　插入图块后的效果

❖ **注意:**

将图块作为一个实体插入当前图形的过程中，AutoCAD将图块作为一个整体的对象来进行操作。其中的实体，如线、面和三维实体等均具有相同的图层、线型等。

8.2.2　阵列插入块

执行Minsert命令可以将图块以矩形阵列的复制方式插入当前图形中，并将插入的矩形阵列视为一个实体。执行Minsert命令后，用户可以根据系统提示输入要插入的块名、插入点、比例、旋转、行数和列数等参数。

【主要选项说明】

- 指定插入点：指定以阵列方式插入图块的插入点。
- 基点(B)：该选项用于设置指定插入块的基点。
- 比例(S)：该选项用于设置X、Y和Z轴方向的图块缩放比例因子。
- 指定X/Y/Z轴比例因子：需要输入X、Y、Z轴方向的图块缩放比例因子。
- 指定旋转角度：指定插入图块的旋转角度，控制每个图块的插入方向，同时也控制所有矩形阵列的旋转方向。

○ 输入行数(...)<>：指定矩形阵列行数。

○ 输入列数(III)<>：指定矩形阵列列数。

❖ 注意：

在进行阵列插入块的过程中，如果输入的行数大于一行，系统将提示"输入行间距或指定单位单元(...):"，在该提示下可以输入矩形阵列的行距；如果输入的列数大于一列，系统将提示"指定列间距(III):"，在该提示下可以输入矩形阵列的列距。用户也可指定一个矩形区域来确定矩形阵列的行距和列距，矩形X轴方向为矩形阵列行距长度，Y轴方向为矩形阵列列距长度。

【练习】阵列插入块。

01 打开"机械草图01.dwg"素材图形，如图8-28所示。

02 执行Block(B)命令，打开"块定义"对话框。在"名称"文本框中输入块的名称"方孔"，然后单击"选择对象"按钮，如图8-29所示。

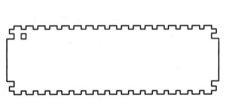

图 8-28 打开素材图形

图 8-29 输入块名并单击"选择对象"按钮

03 在图形左上方选择矩形对象(如图8-30所示)，然后按空格键进行确定，在返回的"块定义"对话框中单击"拾取点"按钮，如图8-31所示。

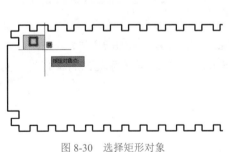

图 8-30 选择矩形对象

图 8-31 单击"拾取点"按钮

04 在矩形左上角端点处指定块的插入基点(如图8-32所示)，然后按空格键返回"块定义"对话框，单击"确定"按钮，完成块的创建。

05 执行Minsert命令，当系统提示"输入块名:"时，输入前面创建的图块的名称"方孔"并按Enter键进行确定，如图8-33所示。

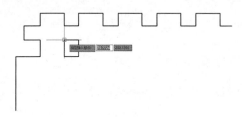

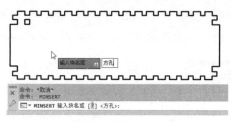

图 8-32　指定块的插入基点　　　　　　　　　　　图 8-33　输入块名

06 当系统提示"指定插入点或[基点(B)/比例(S)/X/Y/Z/旋转(R)]:"时，在矩形左上角端点处指定插入图块的基点位置，如图8-34所示。

07 当系统提示"输入 X 比例因子，指定对角点，或[角点(C)/XYZ(XYZ)] <>:"时，设置X比例因子为1，如图8-35所示。

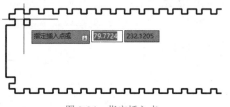

图 8-34　指定插入点　　　　　　　　　　　　　图 8-35　输入 X 比例因子

08 当系统提示"输入 Y 比例因子或<使用 X 比例因子>:"时，直接进行确定。当系统提示"指定旋转角度<>:"时，设置插入图块的旋转角度为0，如图8-36所示。

09 当系统提示"输入行数(---) <>:"时，设置行数为2，如图8-37所示。

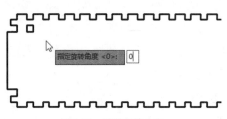

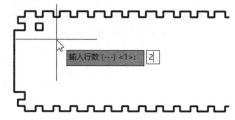

图 8-36　设置旋转角度　　　　　　　　　　　　图 8-37　设置行数

10 当系统提示"输入列数(||||) <>:"时，设置列数为16，如图8-38所示。

11 当系统提示"输入行间距或指定单位单元(---):"时，设置方孔的行间距为-23，如图8-39所示。

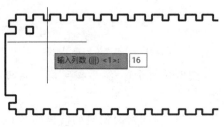

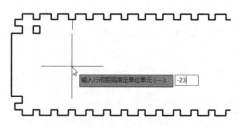

图 8-38　设置列数　　　　　　　　　　　　　　图 8-39　设置行间距

12 根据系统提示设置方孔的列间距为6，如图8-40所示。然后按Enter键进行确定，完成阵列插入块的操作，效果如图8-41所示。

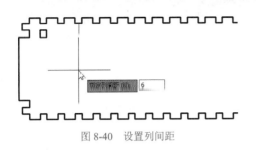

图 8-40 设置列间距

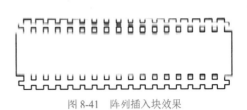

图 8-41 阵列插入块效果

8.2.3 等分插入块

执行"定数等分"命令可以通过沿对象的长度或周长放置点对象或块,在选定对象上标记相等长度的指定数目。可以定数等分的对象包括圆弧、圆、椭圆、椭圆弧、多段线和样条曲线。

【命令调用方式】

○ 选择"绘图"｜"点"｜"定数等分"命令。

○ 输入Divide命令(或输入简化命令DIV)并确定。

执行Divide(DIV)命令,在进行等分插入块的操作中,系统提示及其含义如下。

命令:Divide   //启动Divide命令

选择要定数等分的对象: //选择要等分的对象

输入线段数目或[块(B)]:   //输入等分线段,或输入B指定将图块插入等分点

是否对齐块和对象?[是(Y)/否(N)]<Y>://选择是否将插入图块旋转到与被等分实体平行

❖ **注意:**

在"是否对齐块和对象? [是(Y)/否(N)]<Y>:"提示后输入Y,插入图块以插入点为轴旋转至与被等分对象平行。若在提示后输入N,则插入块以原始角度插入。

【练习】等分插入块。

01 打开"吊灯.dwg"素材图形,如图8-42所示。

02 执行Divide(DIV)命令,选择如图8-43所示的圆形对象。

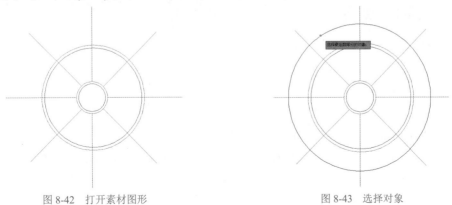

图 8-42 打开素材图形

图 8-43 选择对象

03 当系统提示"输入线段数目或[块(B)]:"时,输入B并确定,如图8-44所示。

04 当系统提示"输入要插入的块名："时，输入要插入块的名称"同心圆"(该图形中已经创建好了该图块)，如图8-45所示。

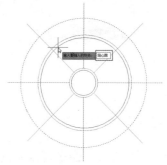

图 8-44　输入 B 并确定　　　　　　　　　图 8-45　输入块名

05 当系统提示"是否对齐块和对象？[是(Y)/否(N)] <Y>:"时，保持默认选项。

06 当系统提示"输入线段数目："时，输入线段数目为8，如图8-46所示。

07 删除辅助圆，得到等分插入块对象后的效果如图8-47所示。

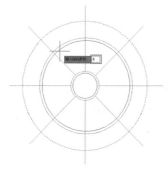

图 8-46　设置线段数目　　　　　　　　　图 8-47　插入块效果

❖ **注意：**

使用Divide命令将图形等分，只是在等分点处插入点、图块等标记。被等分的图形依然是一个实体。修改被等分的实体不会影响插入的图块。

8.2.4　等距插入块

执行"定距等分"命令可在图形上等距地插入点或图块。可以定距等分的对象包括圆弧、圆、椭圆、椭圆弧、多段线和样条曲线。

【命令调用方式】

○　选择"绘图"｜"点"｜"定距等分"命令。

○　输入Measure命令(或输入简化命令ME)并确定。

执行Measure(ME)命令，在等距插入块的过程中，系统的提示及其含义如下。

命令: Measure　　　　　　　　　//启动Measure命令

选择要定距等分的对象:　　　　//选择要等分的对象

指定线段长度或 [块(B)]:　　　　//输入B以选择"块"选项

输入要插入的块名： //指定插入块的名称

是否对齐块和对象？[是(Y)/否(N)]<Y>: //若输入Y，块将围绕插入点旋转，水平线与测量的对象对
齐并相切；如果输入N，则块总是以零度旋转角插入。

指定线段长度： //指定线段长度，AutoCAD将按照指定的间距插入块。块具
有可变的属性时，插入的块中不包含这些属性

【练习】等距插入块。

01 使用"圆"命令绘制一个半径为40的圆，然后使用"直线"命令通过圆心绘制两条长度为120且相互垂直的直线，如图8-48所示。

02 执行Block(B)命令，打开"块定义"对话框。在该对话框中设置块名称为"灯具"。然后选择绘制的图形，将其创建为块对象，如图8-49所示。

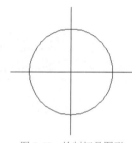

图 8-48 绘制灯具图形

图 8-49 创建块对象

03 使用"直线"命令绘制一条长度为1800的直线作为拉线灯的支架。

04 执行Measure(ME)命令，根据系统提示选择绘制的直线作为要定距等分的对象，如图8-50所示。

05 当系统提示"指定线段长度或 [块(B)]:"时，输入B并确定，如图8-51所示。

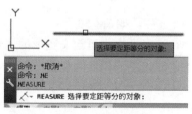

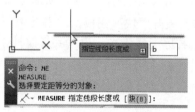

图 8-50 选择对象

图 8-51 输入 B 并确定

06 当系统提示"输入要插入的块名:"时，输入需要插入块的名称"灯具"并确定，如图8-52所示。

07 当系统提示"是否对齐块和对象？[是(Y)/否(N)] <Y>:"时，保持默认选项，然后进行确定，如图8-53所示。

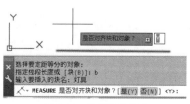

图 8-52 输入块名

图 8-53 保持默认选项

08 当系统提示"指定线段长度:"时，输入要插入块的间距为500，如图8-54所示。然后进行确定，等距插入块图形后的效果如图8-55所示。

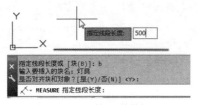

图 8-54　设置插入块的间距　　　　　　　　　　　图 8-55　等距插入块

8.3 块属性定义与编辑

在AutoCAD中，属性是从属于块的文本信息，是块的组成部分。属性必须信赖于块而存在。当用户对块进行编辑时，包含在块中的属性也将被编辑。为了增强图块的通用性，可以为图块增加一些文本信息，这些文本信息被称为属性。

8.3.1　定义图形属性

在创建块属性之前，需要创建描述属性特征的定义，包括标记、插入块时的提示值的信息、文字格式、位置和可选模式。

【命令调用方式】

- 选择"绘图"|"块"|"定义属性"命令。
- 输入Attdef命令(或输入简化命令ATT)并确定。
- 展开"块"面板，单击其中的"定义属性"按钮，如图8-56所示。

执行以上操作后，将打开"属性定义"对话框，在该对话框中可定义图形的属性，如图8-57所示。然后单击"确定"按钮，进入绘图区指定创建图形属性的位置，即可定义图形属性。

图 8-56　单击"定义属性"按钮　　　　　　　　　图 8-57　"属性定义"对话框

【主要选项说明】

- 不可见：选中该复选框后，属性将不在屏幕上显示。
- 标记：可以输入所定义属性的标记。

- 提示：在该文本框中输入插入属性块时要提示的内容。
- 默认：可以输入块属性的默认值。
- 对正：可在该下拉列表中设置块文本的对齐方式。
- 文字样式：可在该下拉列表中选择块文本的字体。
- 文字高度：单击该按钮后在绘图区指定文本的高度，也可在右侧的数值框中输入高度值。
- 旋转：单击该按钮后在绘图区指定文本的旋转角度，也可在右侧的数值框中输入旋转角度值。

> ❖ **注意：**
>
> 　　当一个图形符号具有多个属性时，可重复执行属性定义命令。当命令行提示"指定起点:"时，按下空格键进行确定，即可将增加的属性标记显示在已存在的标签下方。

8.3.2 创建属性块

属性是包含文本信息的特殊实体，不能独立存在及使用，在块插入时才会出现。创建具有属性的块，必须先定义图形的属性，然后使用Block或Wblock命令将属性定义成块后，才能将其以指定的属性值插入图形中。

【练习】创建标高属性块。

01 使用"直线"命令绘制一条长度为1800的线段，然后绘制两条斜线作为标高符号，如图8-58所示。

02 执行Attdef(ATT)命令，打开"属性定义"对话框。在该对话框中设置"标记"为0.000、"提示"为"标高"、"文字高度"为200，如图8-59所示。

图 8-58　创建标高符号　　　　　　　　　　图 8-59　设置属性参数

03 单击"属性定义"对话框中的"确定"按钮，进入绘图区指定创建图形属性的位置，如图8-60所示，效果如图8-61所示。

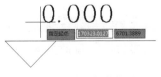

图 8-60　指定属性的位置

图 8-61　定义图形属性

04 执行Block(B)命令，在打开的"块定义"对话框中设置块的名称为"标高"，然后单击"选择对象"按钮，如图8-62所示。

05 选择绘制的标高和属性对象并确定，如图8-63所示。

图 8-62 单击"选择对象"按钮

图 8-63 选择标高和属性对象

06 返回"块定义"对话框，单击"拾取点"按钮。然后指定标高图块的插入基点位置，如图8-64所示。

07 返回"块定义"对话框进行确定，然后在打开的"编辑属性"对话框中单击"确定"按钮进行确定，如图8-65所示，即可完成属性块对象的创建。

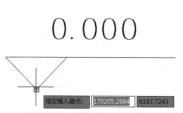

图 8-64 指定块的插入基点

图 8-65 单击"确定"按钮

8.3.3 显示块属性

在创建好属性块后，可以执行"属性显示"命令，控制属性的显示状态。

【命令调用方式】

❑ 选择"视图"｜"显示"｜"属性显示"命令，然后选择其中的子命令。

❑ 输入Attdisp命令并确定。

执行Attdisp命令，系统将提示"输入属性的可见性设置[普通(N)/开(ON)/关(OFF)]:"。其中，"普通(N)"选项用于恢复属性定义时设置的可见性；"开(ON)"/"关(OFF)"选项用于控制块属性暂时可见或不可见。

8.3.4 编辑块属性值

在AutoCAD中，每个图块都有各自的属性，如颜色、线型、线宽和图层特性。执行"编辑属性"命令可以编辑块中的属性定义，可以通过增强属性编辑器修改属性值。

【命令调用方式】

- 选择"修改"｜"对象"｜"属性"｜"单个"命令。
- 输入Eattedit命令并确定。

【练习】编辑块的属性。

01 打开前面创建的标高属性块图形。

02 执行Eattedit命令，选择创建的属性块，打开"增强属性编辑器"对话框。在该对话框的"属性"列表框中选择要修改的属性项，可以在"值"文本框中输入新的属性值，也可以保留原属性值，如图8-66所示。

03 单击"文字选项"选项卡，在该选项卡的"文字样式"下拉列表中，可以重新设置文字样式，如图8-67所示。

04 单击"特性"选项卡，在该选项卡中可以重新设置对象的特性，如图8-68所示。然后单击"确定"按钮完成块属性的编辑。

图8-66　修改属性值

图8-67　修改文字参数

图8-68　修改属性特性

8.4　编辑块对象

创建好块对象后，用户可以根据需要对块进行修改，包括分解块、编辑块定义和重命名块等操作。

8.4.1　分解块

块作为一个整体进行操作，用户可以对其进行移动、旋转和复制等操作，但不能直接对其进行缩放、修剪及延伸等操作。如果要对图块中的元素进行编辑，可以先将块分解，然后对其中的每一条线进行编辑。

选择"修改"｜"分解"命令，在命令提示后选择要进行分解的块对象，按空格键即可将图块分解为多个图形对象。

8.4.2　编辑块定义

除了将图块分解并对其进行编辑操作外，还可以直接更改图块的内容，如更改图块的大小、拉伸图块以及修改图块中的线条等。

【命令调用方式】

❍ 选择"工具"|"块编辑器"命令。

❍ 输入Bedit命令(或输入简化命令BE)并确定。

执行"块编辑器"命令，将打开"编辑块定义"对话框。在选择要编辑的块后，单击"确定"按钮，即可打开图块编辑区，在该区域中可对图形进行修改。

【练习】编辑图块。

01 打开"机械剖面01.dwg"素材文件，如图8-69所示。

02 执行Bedit(BE)命令，打开"编辑块定义"对话框。在该对话框的"要创建或编辑的块"列表中选择要编辑的图块，然后单击"确定"按钮，如图8-70所示。

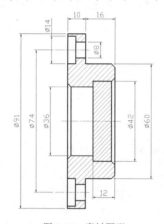

图 8-69　素材图形

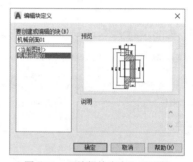

图 8-70　"编辑块定义"对话框

03 在打开的块编辑区中选择图形右侧的填充图案，如图8-71所示。

04 按Delete键将选择的填充图案删除，效果如图8-72所示。

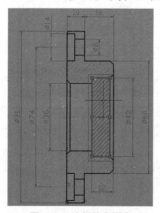

图 8-71　选择填充图案

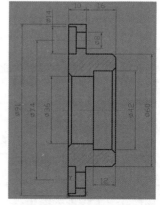

图 8-72　删除选择的图案

05 单击块编辑区的"关闭块编辑器"按钮，在打开的"块-未保存更改"对话框中选择"将更改保存到机械剖面01 (S)"选项(如图8-73所示)，即可完成对图块的编辑，图块的编辑效果如图8-74所示。

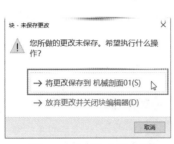

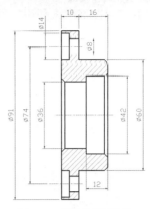

图 8-73　选择需要的选项　　　　　　　　图 8-74　图块的编辑效果

8.4.3　重命名块

使用"重命名"命令，可以根据需要对图块的名称进行修改，更改名称不会影响图块的元素组成。

【命令调用方式】

❍　选择"格式"｜"重命名"命令。

❍　输入Rename命令并确定。

【练习】修改块的名称。

01 打开"机械剖面01.dwg"素材文件。

02 选择"格式"｜"重命名"命令，打开"重命名"对话框。

03 在"重命名"对话框的"命名对象"列表框中选择"块"选项，在"项数"列表框中选择要更改的块名称。在"旧名称"选项中将显示选中块的名称，然后在"重命名为"按钮后的文本框中输入新的块名称，如图8-75所示。

04 单击"确定"按钮，即可修改指定块的名称。系统在命令行显示已重命名的提示，如图8-76所示。

图 8-75　重命名图块

图 8-76　系统提示

8.4.4　清理未使用的块

在绘制图形的过程中，如果当前图形文件中定义了某些图块，但是没有插入当前图形中，则可以将这些块清除。

【练习】清理图形中未使用的块。

> **01** 打开"机械剖面01.dwg"素材文件。

> **02** 选择"文件" | "图形实用工具" | "清理"命令，打开"清理"对话框。

> **03** 单击"可清除项目"按钮，取消选中"所有项目"复选框，选中"块"复选框，就可以选中所有可以清理的块对象，如图8-77所示。

> **04** 单击"清除选中的项目"按钮，将打开"清理-确认清理"对话框，选择"清除所有选中项"选项，即可清除图形中未使用的块，如图8-78所示。

> **05** 单击"清理"对话框中的"关闭"按钮，结束清理操作。

图8-77 "清理"对话框

图8-78 "清理 - 确认清理"对话框

8.5 动态块

在绘图过程中，用户可以通过自定义夹点或自定义特性操作动态块参照中的几何图形，而无须搜索要插入的其他块或重新定义现有块。

8.5.1 认识动态块

在绘图过程中，有很多经常使用且相类似的块，而且会以各种不同的比例和角度插入这些块。例如，以不同角度插入的各种尺寸的门，这些门有时需要从左边打开，有时需要从右边打开。动态块是一种具有智能化和高灵活度的块，是可以用各种方式插入的块。

动态块可以让用户指定每个块的类型和各种变化量，可以使用"块编辑器"创建动态块，要使块变为动态块，必须包含至少一个参数，如图8-79所示。而每个参数通常又有关联的动作，如图8-80所示。

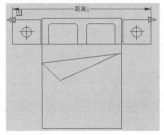

图8-79 使用"线性"参数

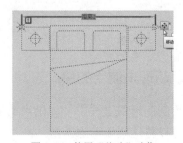

图8-80 使用"移动"动作

8.5.2 添加动态参数

动态块参数可以定义动态块的特殊属性，包括其位置，距离和角度等，还可以将数值强制设置在参数功能范围之内。

【命令调用方式】

○ 选择"工具" | "块编辑器"命令。

○ 输入Bcdit命令并确定。

【练习】为浴缸图块添加动态参数。

01 打开"浴缸.dwg"图形文件。

02 执行Bedit命令，打开"编辑块定义"对话框，选择列表中的块或选择"浴缸"选项并确定，如图8-81所示。

03 在打开的块编写选项板中选择"参数"选项卡，然后单击"翻转"按钮，如图8-82所示。

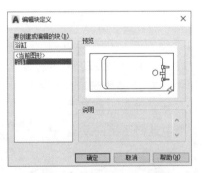

图 8-81 "编辑块定义"对话框

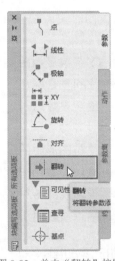

图 8-82 单击"翻转"按钮

04 系统提示"指定投影线的基点或[名称(N)/标签(L)/说明(D)/选项板(P)]:"时，拾取如图8-83所示的中点。

05 当系统提示"指定投影线的端点:"时，拾取浴缸下方的中点，如图8-84所示。

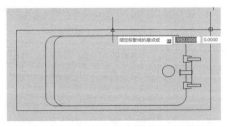

图 8-83 指定基点

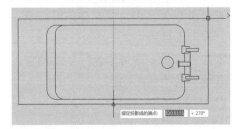

图 8-84 指定投影线端点

06 当系统提示"指定标签位置:"时，向下拖到合适位置并单击，指定标签的位置，如图8-85所示。

07 为图形添加参数后的效果如图8-86所示。关闭块编写选项板，并对块参数进行保存。

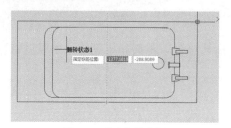

图 8-85 指定标签位置

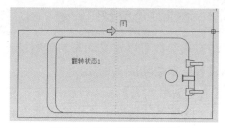

图 8-86 添加参数后的效果

【主要选项说明】

○ 点：点参数为图形中的块定义X和Y位置。在块编辑器中，点参数的外观与坐标标注类似。

○ 线性：线性参数显示两个目标点之间的距离。插入线性参数时，夹点移动被约束为只能沿预设角度进行。在块编辑器中，线性参数类似于线性标注。

○ 极轴：极轴参数显示两个目标点之间的距离和角度值。可以使用夹点和"特性"选项板同时更改块参照的距离和角度。在块编辑器中，极轴参数类似于对齐标注。

○ XY：XY参数显示距参数基点的X距离和Y距离。在块编辑器中，XY参数显示为水平标注和垂直标注。

○ 旋转：旋转参数用于定义角度。在块编辑器中，旋转参数显示为一个圆。

○ 对齐：对齐参数定义 X、Y 位置和角度。对齐参数允许块参照自动围绕一个点旋转，以便与图形中的另一对象对齐。对齐参数会影响块参照的旋转特性。

○ 翻转：翻转参数用于翻转对象。在块编辑器中，翻转参数显示为投影线。可以围绕这条投影线翻转对象。该参数显示的值用于表示块参照是否已翻转。

○ 基点：基点参数用于定义动态块参照相对于块中几何图形的基点。

8.5.3 添加动态动作

在块编写选项板的"动作"选项卡中列出了可以与各个参数关联的动作。动作定义了在图形中操作动态块参照时，该块参照中的几何图形将如何移动或更改。通常情况下，向动态块定义中添加动作后，必须将该动作与参数、参数上的关键点以及几何图形相关联。关键点是参数上的点，编辑参数时该点将会驱动与参数相关联的动作。与动作相关联的几何图形称为选择集。

添加参数后，即可添加关联的动作。在块编写选项板的"动作"选项卡中，列出了可以与各个参数关联的动作。

【练习】为浴缸图块添加动态动作。

01 打开前面已添加"翻转"动态参数的"浴缸.dwg"图形文件。

02 执行Bedit命令，在弹出的"编辑块定义"对话框中选择"浴缸"选项并确定。

03 在打开的块编写选项板中选择"动作"选项卡，然后单击"翻转"按钮，如图8-87所示。

04 当系统提示"选择参数:"时，选择添加的翻转参数，如图8-88所示。

图 8-87　单击"翻转"按钮

图 8-88　选择翻转参数

05 系统提示"选择对象:"时，用窗口选择的方式选择整个图形并确定。操作完成后保存添加的块动作并关闭块编写选项板。

06 选择图形，将显示添加动作的效果，如图8-89所示。

07 单击翻转点图标➡，可以将图块翻转，如图8-90所示。

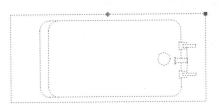

图 8-89　创建动作

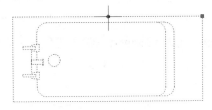

图 8-90　翻转图块

8.5.4　添加参数集

在块编写选项板的"参数集"选项卡中，列出了可以与各个动作相关联的参数集。使用参数集将配对使用的参数与动作添加到动态块定义中。向块中添加参数集与添加参数所使用的方法相同。参数集中包含的动作将自动添加到块定义中，并与添加的参数相关联。接着，必须将选择集(几何图形)与各个动作相关联。

首次向动态块定义添加参数集时，每个动作旁边都会显示一个黄色警示图标。这表示用户需要将选择集与各个动作相关联。用户可以双击黄色警示图标(或使用 Bactionset命令)，然后按照命令提示将动作与选择集关联。

8.6　设计中心

AutoCAD的制图人员通常会通过设计中心进行图形的浏览、搜索、插入等操作，下面将介绍AutoCAD设计中心的作用和应用。

8.6.1　设计中心的作用

通过设计中心可以方便地浏览计算机或网络上任何图形文件中的内容。其中包括图块、标注样式、图层、布局、线型、文字样式和外部参照。另外，可以使用设计中心从任意图形中选择图块，或从AutoCAD图元文件中选择填充图案，然后将其置于工具选项板上以便使用。

AutoCAD设计中心主要包括以下3个方面的作用。

○ 浏览图形内容，包括经常使用的文件图形和网络上的符号。

○ 在本地硬盘和网络驱动器上搜索和加载图形文件，可将图形从设计中心拖到绘图区域并打开图形。

○ 查看文件中的图形和图块定义，并可将其直接插入或复制粘贴到目前的文件中。

8.6.2 认识设计中心选项板

要在AutoCAD中应用设计中心进行图形的浏览、搜索、插入等操作，首先需要打开设计中心选项板。

【命令调用方式】

○ 选择"工具"｜"选项板"｜"设计中心"命令。

○ 输入Adcenter(或输入简化命令ADC)命令并确定。

○ 按Ctrl+2组合键。

执行"设计中心"命令即可打开设计中心选项板，如图8-91所示。在树状视图窗口中显示了图形的层次结构，右边的控制板用于查看图形文件的内容。展开文件夹标签，选择指定文件的块选项，在右边控制板中便显示该文件中的图块文件。在设计中心界面的上方有一系列工具栏按钮，选取任一图标，即可显示相关的内容。

【主要选项说明】

○ 加载：用于打开"加载"对话框，向控制板中加载内容，如图8-92所示。

○ 上一页：单击该按钮，进入上一次浏览的页面。

○ 下一页：在选择浏览上一页操作后，可以单击该按钮返回后来浏览的页面。

○ 上一级目录：回到上级目录。

○ 搜索：搜索文件内容。

○ 树状图切换：扩展或折叠子层次。

○ 显示：控制图标显示形式，单击右侧的下拉按钮可调出4种方式：大图标、小图标、列表和详细内容。

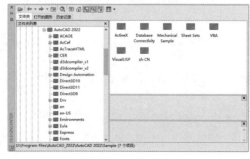

图 8-91　设计中心选项板

图 8-92　"加载"对话框

8.6.3 搜索文件

使用AutoCAD设计中心的搜索功能，可以搜索文件、图形、块和图层定义等。从AutoCAD设计中心的工具栏中单击"搜索"按钮 ，打开"搜索"对话框，在该对话框的搜索栏中可以选择要查找的内容类型，包括标注样式、布局、块、填充图案、图层和图形等。

【练习】搜索图形。

01 执行Adcenter(ADC)命令，打开设计中心选项板。单击该选项板工具栏中的"搜索"按钮，打开"搜索"对话框，然后单击"浏览"按钮，如图8-93所示。

02 在打开的"浏览文件夹"对话框中选择搜索的位置，然后单击"确定"按钮，如图8-94所示。

图 8-93　单击"浏览"按钮

图 8-94　选择搜索的位置

03 返回"搜索"对话框，输入搜索的图形名称。单击"立即搜索"按钮，即可开始搜索指定的文件，其结果显示在对话框的下方列表中，如图8-95所示。

04 双击搜索到的文件，可以将其加载到设计中心选项板中，如图8-96所示。

图 8-95　搜索文件

图 8-96　加载文件

❖ 注意：

单击"立即搜索"按钮即可开始进行搜索，其结果显示在对话框的下方列表中。如果在完成全部搜索前就已经找到所要的内容，可单击"停止"按钮停止搜索；单击"新搜索"按钮，可清除当前的搜索内容，重新进行搜索。

8.6.4 在图形中添加对象

使用AutoCAD设计中心不仅可以搜索需要的文件,还可以向图形中添加内容。在设计中心选项板中将块对象拖到打开的图形中,即可将该内容加载到图形中。如果在设计中心选项板中双击块对象,可以打开"插入"对话框,然后将指定的块对象插入图形中。

【练习】插入预设图块。

01 执行Adcenter(ADC)命令,打开设计中心选项板。

02 参照图8-97所示的路径,在设计中心选项板的"文件夹列表"中选择要插入的图块文件所在的位置,并单击"块"选项,在右侧图块列表中展现包含的图块。

03 在右侧的图块列表中双击"二极管"图标,在打开的"插入"对话框中单击"确定"按钮,如图8-98所示。

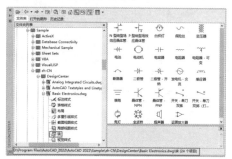

图 8-97 双击打开块对象的图标

图 8-98 单击"确定"按钮

04 进入绘图区指定图块的插入点(如图8-99所示),即可将指定的图块插入绘图区,如图8-100所示。

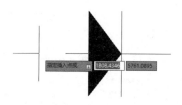

图 8-99 指定图块的插入点

图 8-100 插入的图块效果

❖ 注意:

使用"设计中心"命令不仅可以插入AutoCAD自带的图块,也可以插入其他文件中的图块。在设计中心选项板中找到并展开要打开的图块,双击该图块,打开"插入"对话框,将其插入绘图区,也可以将图块从设计中心选项板直接拖到绘图区。

8.7 上机实训

本章上机实训将绘制底座俯视图和表面粗糙度图形,综合学习本章讲解的知识点,加深掌握块的创建、插入和属性块的具体应用。

8.7.1 绘制底座俯视图

本实训要求绘制底座俯视图，主要练习创建块和插入块的具体操作。绘制该图形时，可以参照本例图形的效果和尺寸进行操作，效果如图8-101所示。

【实例分析】

在本实例中，首先创建一条线段和一个圆作为零件中的圆孔元素，然后将其创建为块对象，再通过阵列操作对块对象进行环形阵列。

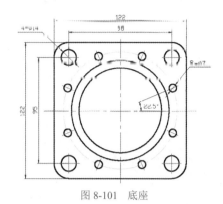

图 8-101 底座

【操作步骤】

01 打开"底座.dwg"素材图形，效果如图8-102所示。

02 执行L(直线)命令，以素材图形的中心线交点为线段的第一个点，如图8-103所示。

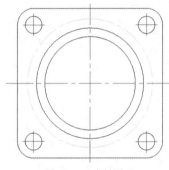

图 8-102 素材图形

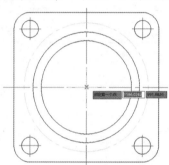

图 8-103 指定线段第一个点

03 根据系统提示，输入"<22.5"，确定线段与水平线的角度(如图8-104所示)，然后向右上方移动光标指定线段的下一个点，绘制的线段效果如图8-105所示。

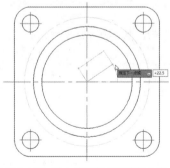

图 8-104 输入线段与水平线的角度

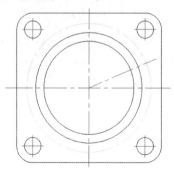

图 8-105 绘制的线段效果

04 将"轮廓"图层设置为当前层。然后参照如图8-106所示的效果，执行C(圆)命令，以斜线和大圆的交点为圆心，绘制一个半径为3.5的圆。

05 执行TR(修剪)命令，对斜线进行修剪，效果如图8-107所示。

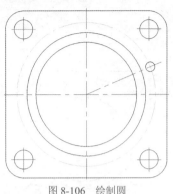

图 8-106　绘制圆

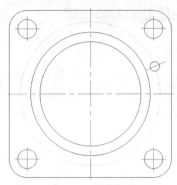

图 8-107　修剪斜线

06 执行B(块)命令，打开"块定义"对话框。在该对话框的"名称"文本框中输入图块的名称"圆孔"，然后单击"选择对象"按钮，如图8-108所示。

07 进入绘图区选择刚创建的圆和线段并确定，返回"块定义"对话框。在该对话框中单击"拾取点"按钮，捕捉所绘制圆的圆心作为块的插入基点，如图8-109所示。再返回"块定义"对话框中进行确定，完成块的创建。

图 8-108　"块定义"对话框

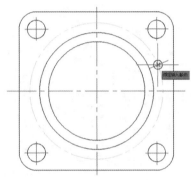

图 8-109　指定块的插入基点

08 执行AR(阵列)命令，选择创建的块作为阵列对象，在弹出的阵列列表中选择"极轴(PO)"选项，如图8-110所示。

09 根据提示，在中心线的交点处指定阵列的中心点，然后输入i并确定，以选择"项目"选项，如图8-111所示。

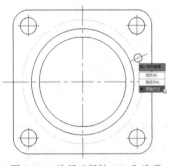

图 8-110　选择"极轴(PO)"选项

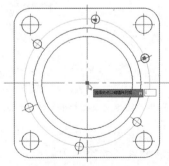

图 8-111　输入 i 并确定

10 根据提示，输入项目数为8并确定(如图8-112所示)。然后退出阵列操作，效果如图8-113所示，完成本例的制作。

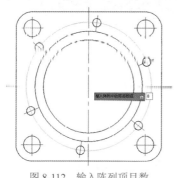

图 8-112 输入阵列项目数

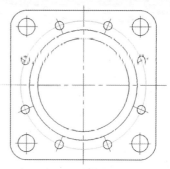

图 8-113 环形阵列块对象

8.7.2 创建表面粗糙度

本实训要求绘制底座剖面图的表面粗糙
度，主要掌握创建属性块和插入属性块的具
体应用。绘制该图形时，可以参照本例图形
的最终效果进行操作，如图8-114所示。

【实例分析】

在本实例中，首先绘制一个表面粗糙度
符号图形，再执行Attdef(定义属性)命令，在
表面粗糙度符号中指定属性的位置，然后将
表面粗糙度符号和属性创建为属性块，最后执行"插入"命令将表面粗糙度属性块插入各
个对应的位置，并对其属性值进行修改。

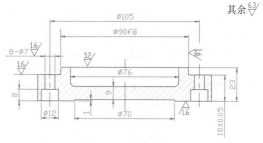

图 8-114 底座剖面图

【操作步骤】

01 打开"底座剖面图.dwg"素材图形，如图8-115所示。

02 参照如图8-116所示的效果，使用"直线"命令绘制表面粗糙度符号，水平线段的
长度约为5个单位。

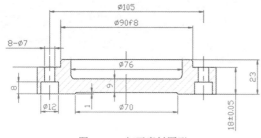

图 8-115 打开素材图形

图 8-116 绘制表面粗糙度符号

03 执行Attdef(ATT)命令，打开"属性定义"对话框。在该对话框中设置"标记"为
0.0、"提示"为"表面粗糙度"、"文字高度"为2.5，如图8-117所示。

04 单击"属性定义"对话框中的"确定"按钮，进入绘图区指定创建图形属性的位
置，如图8-118所示。

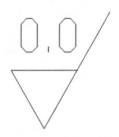

图 8-117　设置属性参数　　　　　　　　　　　图 8-118　定义图形属性

05 执行Block(B)命令，在打开的"块定义"对话框中设置块的名称为"表面粗糙度"，然后单击"选择对象"按钮，如图8-119所示。

06 在绘图区选择绘制的表面粗糙度符号和属性对象并确定，返回"块定义"对话框后单击"拾取点"按钮，在图形中指定块的插入基点，如图8-120所示。再返回"块定义"对话框中进行确定，完成属性块的创建。

图 8-119　单击"选择对象"按钮　　　　　　　图 8-120　指定块的插入基点

07 选择"插入"｜"块选项板"命令，打开"块"选项板，在"当前图形"选项卡中单击"表面粗糙度"图块，如图8-121所示。

08 在图形中指定插入表面粗糙度属性块的位置，如图8-122所示。

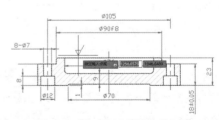

图 8-121　选择插入对象　　　　　　　　　　　图 8-122　指定插入属性块的位置

09 在打开的"编辑属性"对话框中输入此处的表面粗糙度为3.2(如图8-123所示)，然后单击"确定"按钮，插入并修改表面粗糙度的效果如图8-124所示。

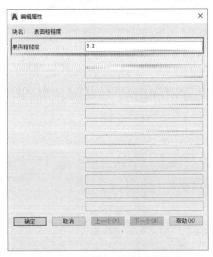

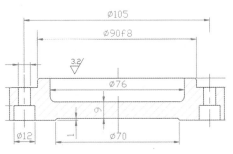

图 8-123　设置表面粗糙度属性值　　　　　　　图 8-124　插入表面粗糙度

⑩ 在"块"选项板中再次选择"表面粗糙度"图块，然后参照如图8-125所示的效果在图形左方插入表面粗糙度属性块，并设置属性值为1.6。

⑪ 使用同样的方法，继续在其他位置插入表面粗糙度属性块，并设置属性值为1.6，效果如图8-126所示。

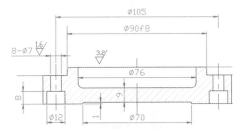

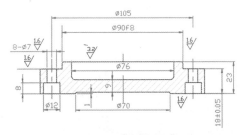

图 8-125　继续插入表面粗糙度　　　　　　　图 8-126　插入其他表面粗糙度

⑫ 执行RO(旋转)命令，将右侧的表面粗糙度图块逆时针旋转270°，如图8-127所示。

⑬ 使用X(分解)命令将右下方的表面粗糙度图块分解。然后使用RO(旋转)命令将右下方的表面粗糙度符号旋转180°，效果如图8-128所示。

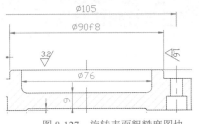

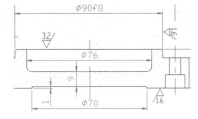

图 8-127　旋转表面粗糙度图块　　　　　　　图 8-128　旋转表面粗糙度符号

⑭ 在图形右上角注明其余的表面粗糙度为6.3，完成本例的制作。

❖ 注意：

当分解属性块时，块的属性值会变为默认值，这时双击属性值将其激活，即可对属性值进行修改。

8.8　思考与练习

1. 当内部图块随图形一同保存时，外部图块插入图形中之后，该图块是否能够随图形保存？

2. 为什么有的图块不能够分解？

3. 打开如图8-129所示的"机械草图02.dwg"素材图形，请结合前面所学的定义块和插入块操作，完成本例图形的绘制，效果如图8-130所示。

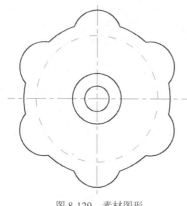

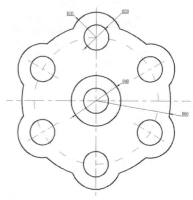

图 8-129　素材图形　　　　　　　　　　　　图 8-130　完成效果

4. 打开如图8-131所示的"立面图.dwg"素材图形，请结合前面所学的创建属性块和插入块操作，完成本例图形的标高的创建，效果如图8-132所示。

图 8-131　素材图形　　　　　　　　　　　　图 8-132　完成效果

第9章

图案与渐变色填充

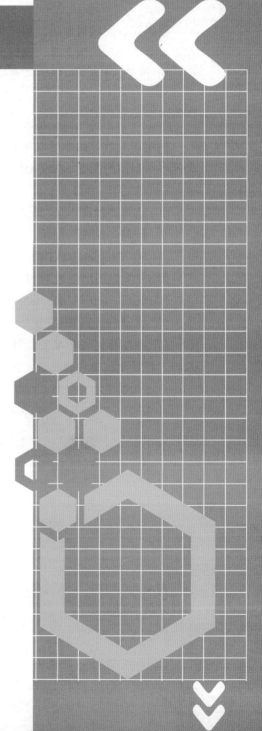

本章导读

在AutoCAD制图中，为了区别图形中不同形体的组成部分，增强图形的表现效果，可以使用填充图案和渐变色功能，对图形进行图案和渐变色填充。

本章重点

- ○ 创建与编辑面域
- ○ 认识图案与渐变色填充
- ○ 填充图形
- ○ 编辑填充图案

二维码教学视频

【练习】将图形创建为面域对象
【练习】对面域对象进行并集运算
【练习】对面域对象进行差集运算
【练习】对面域对象进行交集运算
【练习】填充图案
【练习】编辑图案
【上机实训】填充法兰盘剖视图
【上机实训】填充壁灯渐变色

9.1 创建与编辑面域

在AutoCAD 中，面域是由封闭区域所形成的二维实体对象。其边界可以由直线、多段线、圆、圆弧或椭圆等对象形成。

9.1.1 面域的作用

在创建好面域对象后，用户可以对面域进行布尔运算，创建出各种形状的实体对象。在填充复杂图形的图案时，通过创建和编辑面域，可以快速、准确地确定填充的边界。另外，通过面域对象，可以快速查询对应图形的周长、面积等信息。

9.1.2 建立面域

使用"面域"命令可以将封闭的图形创建为面域对象。在创建面域对象之前，首先应确定存在封闭的图形，如多边形、圆形或椭圆等。

【命令调用方式】

- ○ 选择"绘图" | "面域"命令。
- ○ 展开"绘图"面板，单击其中的"面域"按钮◎。
- ○ 输入Region(REG)命令并确定。

【练习】将图形创建为面域对象。

01 使用"矩形"和"圆"命令绘制一个矩形和一个圆。

02 执行Region(REG)命令，选择圆形作为创建面域的对象，如图9-1所示。

03 按空格键进行确定，即可将选择的对象转换为面域对象。将鼠标指针移向面域对象时，将显示该面域的属性，如图9-2所示。

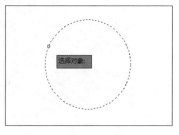

图 9-1　选择图形

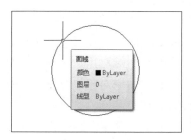

图 9-2　显示面域属性

9.1.3 运算面域

在AutoCAD中，可以对面域进行并集、差集和交集3种布尔运算。通过不同的组合可创建复杂的新面域。

1. 并集运算

在AutoCAD中，并集运算是将多个面域或实体对象相加合并成一个对象。

【命令调用方式】

○ 选择"修改" | "实体编辑" | "并集"命令。

○ 输入Union(UNI)命令并确定。

【练习】对面域对象进行并集运算。

01 使用"圆"命令绘制两个圆,然后将其创建为面域对象,如图9-3所示。

02 执行Union(UNI)命令,然后选择创建好的两个面域对象并确定,即可将两个面域进行并集运算,并集效果如图9-4所示。

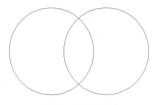

图9-3 创建面域

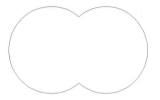

图9-4 并集效果

2. 差集运算

差集运算是在一个面域中减去其他与之相交面域的部分。

【命令调用方式】

○ 选择"修改" | "实体编辑" | "差集"命令。

○ 输入Subtract(SU)命令并确定。

【练习】对面域对象进行差集运算。

01 绘制一个矩形和一个圆,然后将其创建为面域对象,如图9-5所示。

02 执行Subtract(SU)命令,选择圆作为差集运算的源对象,如图9-6所示。

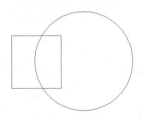

图9-5 创建面域

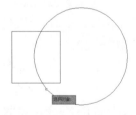

图9-6 选择源对象

03 选择矩形作为要减去的对象,如图9-7所示。按空格键进行确定,差集运算面域的效果如图9-8所示。

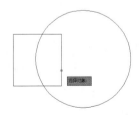

图9-7 选择减去的对象

图9-8 差集效果

3. 交集运算

交集运算是保留多个面域相交的公共部分，而除去其他部分的运算方式。

【命令调用方式】

◯ 选择"修改"｜"实体编辑"｜"交集"命令。

◯ 输入Intersect(IN)命令并确定。

【练习】对面域对象进行交集运算。

01 绘制一个矩形和一个圆，然后将其创建为面域对象，如图9-9所示。

02 执行"交集(IN)"命令，选择创建的两个面域并确定，即可对其进行交集运算。效果如图9-10所示。

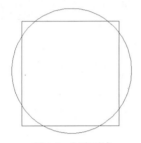

图 9-9　创建面域

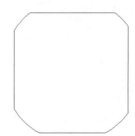

图 9-10　交集效果

9.2　认识图案与渐变色填充

在进行图案或渐变色填充之前，首先需要存在填充图形的区域，然后通过"图案填充"或"渐变色"命令对指定区域进行填充。

【命令调用方式】

◯ 选择"绘图"｜"图案填充"命令，或选择"绘图"｜"渐变色"命令。

◯ 单击"绘图"面板中的"图案填充"按钮▨或"渐变色"按钮▨。

◯ 输入Hatch(H)命令，或输入Gradient命令，并确定。

9.2.1　认识"图案填充创建"功能区

执行"图案填充"命令，将打开"图案填充创建"功能区，在该功能区中可以设置填充的边界和填充的图案等参数，如图9-11所示。

图 9-11　"图案填充创建"功能区

1. 选择填充边界

在"边界"面板中可以通过单击"拾取点"按钮▦指定填充的区域，或单击"选择"

按钮 选择要填充的对象。单击"边界"面板下方的下拉按钮，如图9-12所示，可以展开"边界"面板中隐藏的选项，如图9-13所示。

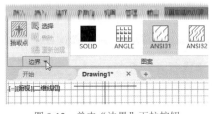

图 9-12 单击"边界"下拉按钮

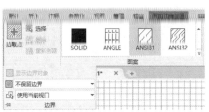

图 9-13 展开"边界"面板

2. 选择填充图案或渐变色

在"图案"面板中可以选择要填充的图案或渐变色。单击"图案"面板右下方的 按钮，如图9-14所示，可以展开"图案"面板。拖动"图案"面板右侧的滚动条，可以显示隐藏的图案或渐变色，如图9-15所示。

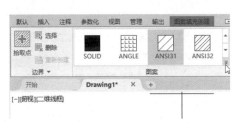

图 9-14 单击"图案"下拉按钮

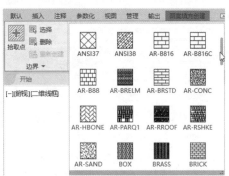

图 9-15 显示隐藏的图案或渐变色

3. 设置图案特性

在"特性"面板中可以设置图案或渐变色的样式、颜色、角度和比例等特性。单击"特性"面板下方的下拉按钮，可以展开"特性"面板中隐藏的选项，如图9-16所示。

4. 设置其他选项

"原点"面板用于控制填充图案生成的起始位置。"选项"面板用于控制填充图案的关联、注释性和特性匹配等选项。单击"选项"面板下方的下拉按钮，可以展开"选项"面板中隐藏的选项，如图9-17所示。

图 9-16 展开"特性"面板

图 9-17 展开"选项"面板

在设置好图案填充的参数后，单击"关闭"面板中的"关闭图案填充创建"按钮，即可完成图案或渐变色的填充操作。

❖ 注意：

"图案填充创建"功能区的选项与"图案填充和渐变色"对话框中的选项基本相同，这些选项的作用将在"图案填充和渐变色"对话框中进行详细介绍。

9.2.2 认识"图案填充和渐变色"对话框

执行"图案填充"命令后，根据提示输入T并确定，可以启用"设置(T)"选项。在打开的"图案填充和渐变色"对话框中可以进行更为详细的参数设置，在"图案填充和渐变色"对话框中包括"图案填充"和"渐变色"两个选项卡，如图9-18所示。

在"图案填充"选项卡中单击对话框右下角的"更多选项"按钮 ⊙，可以展开隐藏部分的选项内容，如图9-19所示。

图 9-18 "图案填充和渐变色"对话框　　　　图 9-19 展开更多选项

1. 图案填充常用参数

打开"图案填充和渐变色"对话框，选择"图案填充"选项卡，可以对填充的图案进行设置，主要包括类型和图案、角度和比例、边界和孤岛等。

(1) 类型和图案

"类型和图案"选项组用于指定图案填充的类型和图案。

【主要选项说明】

○ 类型：在该下拉列表中可以选择图案的类型，包括"预定义""用户定义"和"自定义"3类。

○ 图案：单击"图案"选项右侧的下拉按钮，可以在弹出的下拉列表中选择需要的图案，如图9-20所示；单击"图案"选项右侧的 ▦ 按钮，将打开"填充图案选项板"对话框，其中显示各种预置的图案及效果，如图9-21所示。

图 9-20 选择图案

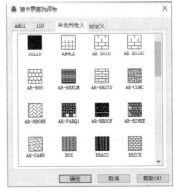

图 9-21 "填充图案选项板"对话框

○ 颜色：单击"颜色"选项的下拉按钮，可以在弹出的下拉列表中选择需要的图案颜色，如图9-22所示；单击"颜色"选项右侧的下拉按钮■✓，可以在弹出的列表中选择图案的背景颜色，默认状态下为无背景颜色，如图9-23所示。

图 9-22 选择图案颜色

图 9-23 选择背景颜色

○ 样例：在该显示框中显示了当前使用的图案效果。单击该显示框，可以打开"填充图案选项板"对话框。

○ 自定义图案：该选项只有在选择"自定义"图案类型后才可用。单击右侧的"浏览"按钮，可以打开用于选择自定义图案的"填充图案选项板"对话框。

❖ 注意：

在"图案填充和渐变色"对话框中，用户可以选择填充的图案，但这些图案所使用的颜色和线型将使用当前图层的颜色和线型。用户也可以指定填充图案所使用的颜色和线型。

(2) 角度和比例

在"角度和比例"选项组中可以指定图案填充的角度和比例。

【主要选项说明】

○ 角度：在该下拉列表中可以设置图案填充的角度。

○ 比例：在该下拉列表中可以设置图案填充的比例。

○ 双向：当使用"用户定义"方式填充图案时，此选项才可用。选择该项可自动创
  建两个方向相反并互成90°的图样。

○ 间距：指定用户定义图案中的直线间距。

(3) 图案填充原点

在"图案填充原点"选项组中可以控制填充图案生成的起始位置。某些图案填充(如
地板图案)需要与图案填充边界上的一点对齐。

(4) 边界

在"边界"选项组中可以设置填充图形的选区。

【主要选项说明】

○ "添加：拾取点"按钮⊞：在一个封闭区域内部任意拾取一点，如图9-24所示，
  AutoCAD将自动搜索包含该点的区域边界，并将其边界以虚线显示。

○ "添加：选择对象"按钮⊞：用于选择实体，单击该按钮可选择组成区域边界的
  实体，如图9-25所示。

○ "删除边界"按钮⊞：用于取消边界，边界即为在一个大的封闭区域内存在的一
  个独立的小区域。该选项只有在使用"添加：拾取点"按钮⊞来确定边界时才起
  作用，AutoCAD将自动检测和判断边界。单击该按钮后，AutoCAD将忽略边界的
  存在，从而对整个大区域进行图案填充。

○ 重新创建边界⊞：围绕选定的图案填充或填充对象创建多段线或面域，并使其与
  图案填充对象相关联。

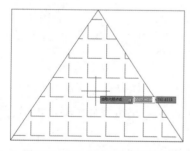

图9-24　在三角形内指定拾取点

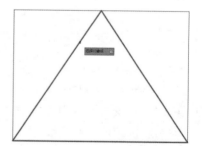

图9-25　选择三角形作为边界

(5) 选项

在"选项"选项组中可以控制填充图案是否具有关联性。

(6) 继承特性

"继承特性"按钮⊞的作用：使用选定图案填充对象的图案进行图形填充，或使用填
充特性对指定的边界进行填充。

在选定要继承其特性的图案填充对象之后，可以在绘图区域右击，并使用快捷菜单在
"选择对象"和"拾取点"选项之间进行切换以创建边界。单击"继承特性"按钮⊞时，
对话框将暂时关闭并显示命令提示。

(7) 孤岛

"孤岛"选项组中包括了"孤岛检测"和"孤岛显示样式"两个选项。下面以填充如图9-26所示的图形为例，对其中各选项的含义进行解释。

【主要选项说明】

○ 孤岛检测：控制是否检测内部闭合边界。

○ 普通：用普通填充方式填充图形时，从最外层的外边界向内边界填充，即第一层填充，第二层则不填充，如此交替进行填充，直到将选定边界填充完毕。普通填充效果如图9-27所示。

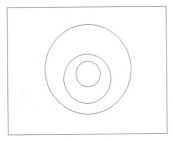
图9-26 原图

图 9-27 普通填充效果

○ 外部：该方式只填充从最外边界到内第一边界之间的区域，效果如图9-28所示。

○ 忽略：该方式将忽略最外层边界包含的其他任何边界，从最外层边界向内填充全部图形，效果如图9-29所示。

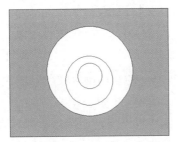
图 9-28 外部填充效果

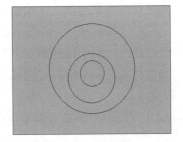
图 9-29 忽略填充效果

(8) 预览

单击"预览"按钮将关闭对话框，并使用当前图案填充设置显示当前定义的边界。单击图形或按下Esc键则返回对话框。右击或按Enter键接受图案填充。如果未指定用于定义边界的点，或未选择用于定义边界的对象，则此选项不可用。

(9) 其他选项

在"图案填充和渐变色"对话框中还包含"边界保留""边界集""允许的间隙"等选项组。这些选项组中的选项通常都不需要进行更改，在填充图形时保持默认状态即可。

2. 渐变色填充常用参数

在"图案填充和渐变色"对话框中选择"渐变色"选项卡，可以对渐变色填充选项进行设置(如图9-30所示)。单击选项卡右下角的"更多选项"按钮⊙，可以打开隐藏部分的选项内容，如图9-31所示。

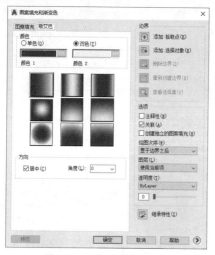

图 9-30 "渐变色"选项卡

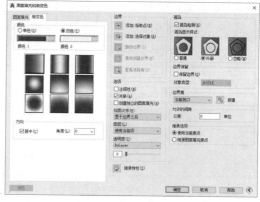

图 9-31 展开更多选项

在"渐变色"选项卡中，除了"颜色"和"方向"选项组中的选项属于渐变色填充特有的选项外，其他选项与"图案填充"选项卡中的相同。

(1) 颜色

"颜色"选项组用于设置渐变色填充的颜色，用户可以根据需要选择单色渐变填充或双色渐变填充。

【主要选项说明】

- 单色：选择此选项，渐变的颜色将从单色到透明进行过渡。
- 双色：选择此选项，渐变的颜色将从第一种颜色到第二种颜色进行过渡。
- 颜色样本：用于快速指定渐变填充的颜色。
- 渐变样式：在渐变样式区域可以选择渐变的样式，如径向渐变、线性渐变等。

(2) 方向

"方向"选项组用于设置渐变色的填充方向，在此还可以根据需要设置渐变色的填充角度。

【主要选项说明】

- 居中：选中该复选框，颜色将从中心开始渐变，如图9-32所示；取消选中该复选框，颜色将呈不对称渐变，如图9-33所示。

图 9-32 从中心开始渐变

图 9-33 不对称渐变

- 角度：用于设置渐变色填充的角度。如图9-34所示是0°线性渐变效果；如图9-35所示是45°线性渐变效果。

图 9-34　0° 线性渐变效果

图 9-35　45° 线性渐变效果

9.3　填充图形

前面介绍了图案和渐变色填充的常用参数，下面介绍对图形进行图案和渐变色填充的方法。

9.3.1　填充图案

在填充图案的过程中，用户可以选择需要填充的图案。在默认情况下，这些图案的颜色和线型将使用当前图层的颜色和线型。用户也可以在后面的操作中重新设置填充图案的颜色和线型。

对图形进行图案填充，一般包括执行"图案填充"命令、定义填充区域、设置填充图案、预览填充效果和应用图案几个步骤。

【练习】填充图案。

01 绘制一个矩形和一个圆作为填充对象，如图9-36所示。

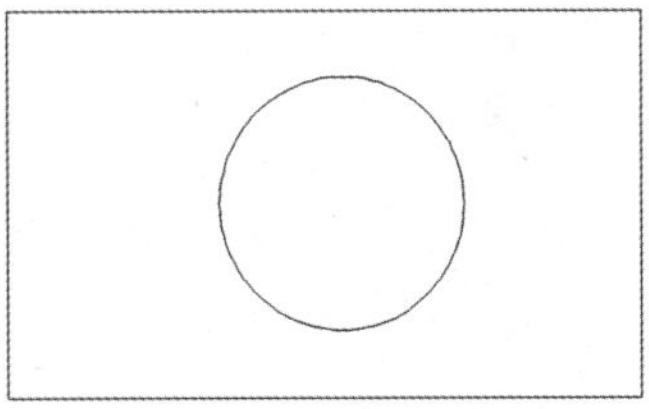

02 选择"绘图" | "图案填充"命令，打开"图案填充创建"功能区。在"图案"面板中选择其中的图案(如ANSI31)，如图9-37所示。

03 单击"边界"面板中的"拾取点"按钮，然后进入绘图区指定要填充的区域，如图9-38所示。

04 在"特性"面板中设置填充图案比例(如15)，如图9-39所示。

图 9-36　绘制图形

图 9-37　选择图案

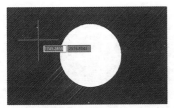

图 9-38　指定填充区域

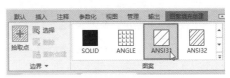

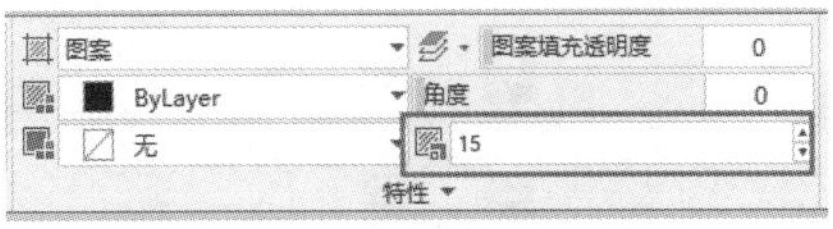

图 9-39　设置填充比例

05 单击"关闭"面板中的"关闭图案填充创建"按钮，完成图形的图案填充，效果如图9-40所示。

06 使用对话框进行图案填充。执行H(图案填充)命令，输入T并按空格键确定，打开"图案填充和渐变色"对话框，然后选择一种图案(如AR-B816)，设置填充图案比例为0.5，如图9-41所示。

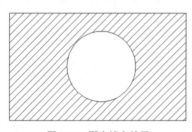

图 9-40　图案填充效果

图 9-41　设置图案填充参数

07 单击"添加：选择对象"按钮，在绘图区选择圆作为填充对象(如图9-42所示)。然后按Enter键进行确定，完成图形的填充，效果如图9-43所示。

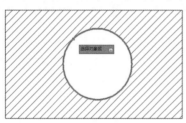

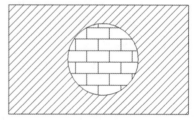

图 9-42　选择填充对象

图 9-43　图案填充效果

9.3.2　填充渐变色

填充渐变色的操作与填充图案的操作相似。选择"绘图"｜"渐变色"命令，打开"图案填充创建"功能区，展开"图案"面板，在其中选择一种渐变色(如图9-44所示)，然后进行渐变色参数设置，渐变色填充效果如图9-45所示。

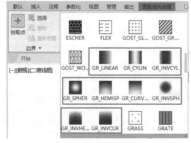

图 9-44　选择渐变色

图 9-45　渐变色填充效果

9.4 编辑填充图案

在AutoCAD中可以对填充好的图案进行编辑，如控制填充图案的可见性、关联图案填充编辑，以及夹点编辑关联图案填充等。

9.4.1 控制填充图案的可见性

执行Fill命令，可以控制填充图案的可见性。执行Fill命令后，系统将提示"输入模式[开(ON)/关(OFF)] <开>:"。将Fill命令设为"开(ON)"时，填充图案可见；设为"关(OFF)"时，则填充图案不可见。

> ❖ **注意：**
>
> 更改Fill命令设置后，需要执行"重生成(Regen)"命令重新生成图形，才能更新填充图案的可见性。系统变量Fillmode也可用来控制图案填充的可见性。当Fillmode=0时，Fill为"关(OFF)"；Fillmode=1时，Fill为"开(ON)"。

9.4.2 关联图案填充编辑

双击填充的图案，可以打开"图案填充"选项板进行图案编辑，如图9-46所示；或者执行Hatchedit(图案编辑)命令，选择要编辑的图案，打开"图案填充编辑"对话框进行图案编辑。

无论关联填充图案还是非关联填充图案，都可以在该对话框中进行编辑，如图9-47所示。使用编辑命令修改填充边界后，如果其填充边界继续保持封闭，则图案填充区域自动更新，并保持关联性；如果边界不再保持封闭，则其关联性消失。

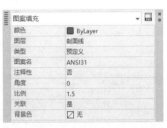

图 9-46 "图案填充"选项板

> ❖ **注意：**
>
> 关联图案填充的特点是图案填充区域与填充边界互相关联，当边界发生变动时，填充图形的区域随之自动更新。这一关联属性为已有图案填充编辑提供了方便。当填充图案对象所在的图层被锁定或冻结时，则在修改填充边界时其关联性消失。

【练习】编辑图案。

01 打开"卧室平面.dwg"素材图形文件，如图9-48所示。

图 9-47 "图案填充编辑"对话框

02 执行Hatchedit(图案编辑)命令，根据系统提示选择图形中的填充图案，如图9-49所示。

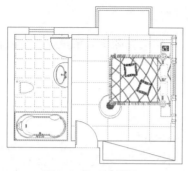

图9-48 打开素材图形

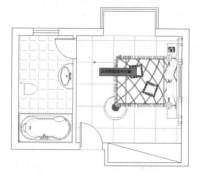

图9-49 选择填充图案

03 在打开的"图案填充编辑"对话框中单击"图案"选项右侧的下拉按钮，选择DOLMIT图案，在"比例"文本框中输入图案比例为800，如图9-50所示。

04 单击"确定"按钮，完成图案填充的编辑，效果如图9-51所示。

图9-50 设置图案参数

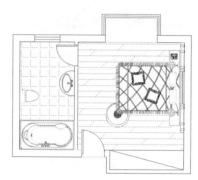

图9-51 图案编辑效果

9.4.3 夹点编辑关联图案填充

和其他实体对象一样，关联图案填充也可以用夹点方法进行编辑。AutoCAD将关联图案填充对象作为一个块处理，其夹点只有一个，位于填充区域的外接矩形的中心点上。

如果要对图案填充本身的边界轮廓直接进行夹点编辑，可以执行Ddgrips命令。在打开的"选项"对话框的"选择集"选项卡中选中"在块中显示夹点"复选框，如图9-52所示，即可选择边界进行编辑。

图9-52 选中"在块中显示夹点"复选框

❖ 注意：

使用夹点方式编辑填充图案时，如果编辑后填充边界仍然保持封闭，那么其关联性继续保持，如果编辑后填充边界不再封闭，那么其关联性消失，填充区域将不会自动改变。

9.4.4 分解填充图案

填充图案是一种特殊的块，无论图案的形状多么复杂，都可以作为一个单独的对象。使用Explode(X)命令可以分解填充图案，将一个填充图案分解后，填充图案将分解成一组组成图案的线条。用户可以对其中的部分线条进行选择并编辑。

❖ 注意：

由于分解后的图案不再是单一的对象，而是一组组成图案的线条。因此分解后的图案不再具有关联性，此时无法使用Hatchedit命令对其进行编辑。

9.5 上机实训

本章上机实训将填充法兰盘剖视图和壁灯图形，综合学习本章讲解的知识点，加深掌握图案填充和渐变色填充的具体应用。

9.5.1 填充法兰盘剖视图

本实训要求填充法兰盘剖视图，主要掌握图案填充的区域设定、图案的选择及参数设置等，效果如图9-53所示。

【实例分析】

在本实例中，首先执行"图案填充"命令，然后根据个人习惯选择以对话框或功能面板的形式设置图案的参数，再指定填充图案的区域。

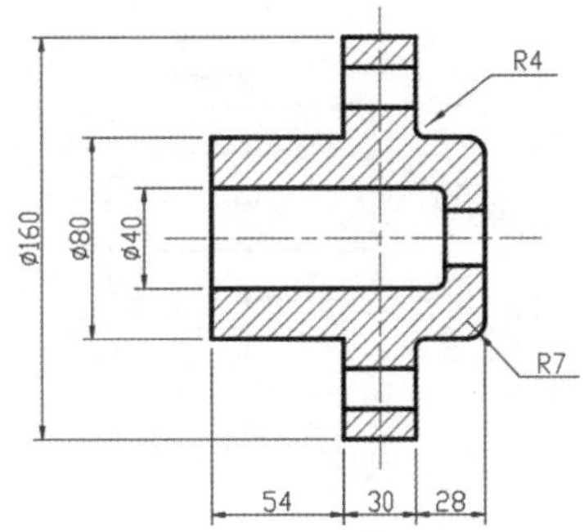

图9-53 法兰盘剖视图

【操作步骤】

01 打开"法兰盘剖视图.dwg"素材图形，如图9-54所示。

02 选择"绘图"｜"图案填充"命令，打开"图案填充创建"功能区，选择"图案"面板中的ANSI31图案，如图9-55所示。

03 单击"边界"面板中的"拾取点"按钮，进入绘图区，然后指定要填充的区域，如图9-56所示。

04 在"特性"面板中设置填充比例值为1.5，如图9-57所示。

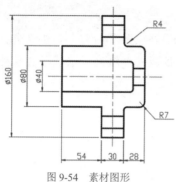

图 9-54　素材图形

图 9-55　选择 ANSI31 图案

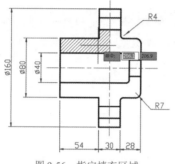

图 9-56　指定填充区域

图 9-57　设置填充比例

05 单击"关闭"面板中的"关闭图案填充创建"按钮，填充图案后的效果如图9-58所示。

06 重复执行Hatch(H)命令，单击"边界"面板中的"拾取点"按钮，依次在剖视图的其他位置指定填充区域并确定，得到的填充效果如图9-59所示，完成本例的制作。

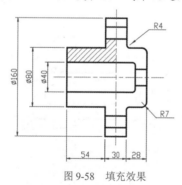

图 9-58　填充效果

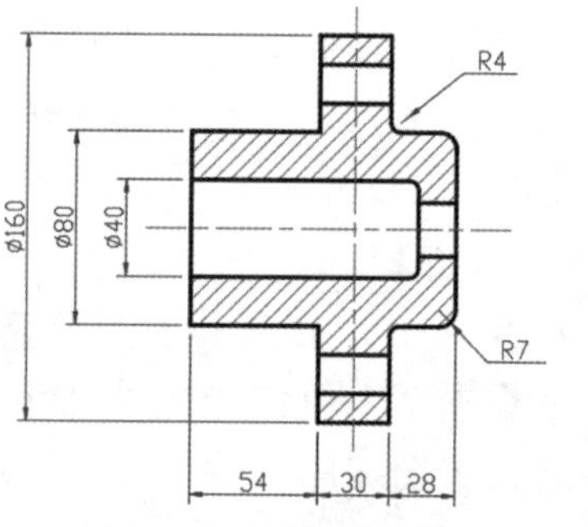

图 9-59　最终填充效果

9.5.2　填充壁灯渐变色

本实训要求填充壁灯图形，主要掌握渐变色填充的区域设定、渐变色的选择及参数设置等，效果如图9-60所示。

【实例分析】

对图形进行渐变色填充，可以使用单色或双色渐变填充。在本实例中，使用了单色渐变填充图形的操作。

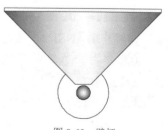

图 9-60　壁灯

【操作步骤】

01 打开"壁灯.dwg"素材图形，如图9-61所示。

02 执行Gradient命令，输入T并确定。打开"图案填充和渐变色"对话框，在"渐变色"选项卡中选中"单色"单选按钮，如图9-62所示，然后单击选项下方的 … 按钮。

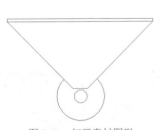

图9-61 打开素材图形

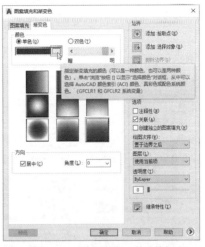

图9-62 选中"单色"单选按钮

03 在打开的"选择颜色"对话框中选择索引颜色为8的浅灰色，如图9-63所示，然后单击"确定"按钮。

04 返回"图案填充和渐变色"对话框，选择对称渐变样式，如图9-64所示。

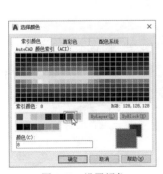

图9-63 设置颜色

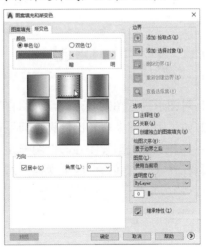

图9-64 设置渐变样式

05 单击"添加:拾取点"按钮 ，进入绘图区指定要填充渐变色的区域，如图9-65所示。按空格键进行确定，填充渐变色后的效果如图9-66所示。

06 重复执行Gradient命令，输入T并确定。打开"图案填充和渐变色"对话框，在"渐变色"选项卡中选择径向渐变样式，如图9-67所示。

07 单击"添加:拾取点"按钮 ，进入绘图区，在图形下方指定填充的区域，如图9-68所示。然后按空格键进行确定，完成本例的制作。

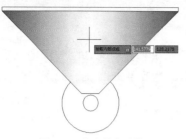

图 9-65　指定填充区域

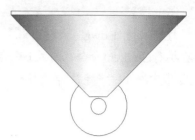

图 9-66　渐变色填充效果

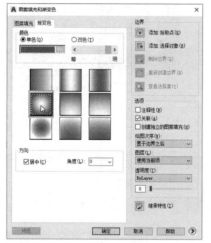

图 9-67　选择径向渐变样式

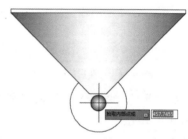

图 9-68　指定填充区域

9.6　思考与练习

1. 对图形进行图案填充时，如何自定义图案？

2. 如果因为图案填充比例设置问题而不能正确显示图案，应该怎么调整？

3. 打开"机械剖视图.dwg"图形文件，对该图形进行图案填充，效果如图9-69所示。

4. 打开"灯具.dwg"图形文件，对该图形进行渐变色填充，效果如图9-70所示。

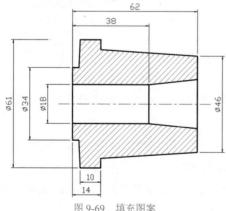

图 9-69　填充图案

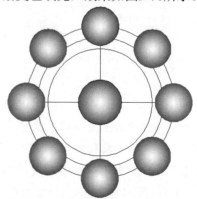

图 9-70　填充渐变色

第10章

文字与表格

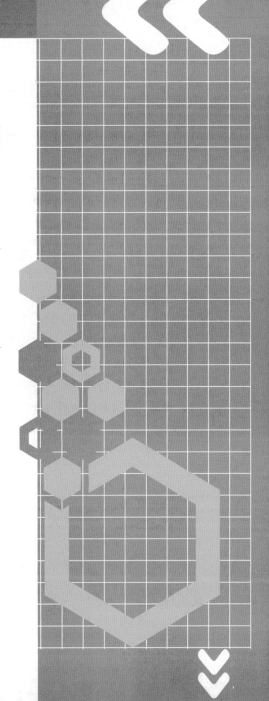

本章导读

在各种制图中，常常需要对图形进行文字注释或表格说明，如工程图纸的说明、建筑体的空间标注，以及机械的加工要求、零部件名称等。本章将详细介绍文本注释与表格绘制的操作。

本章重点

- ○ 创建文字
- ○ 编辑文字
- ○ 创建表格

二维码教学视频

【练习】新建并设置文字样式

【练习】书写单行文字

【练习】创建多行文字

【练习】修改文字内容

【练习】修改文字特性

【练习】查找并替换文字

【练习】新建表格样式

【练习】绘制表格

【上机实训】书写零件图技术要求

【上机实训】制作千斤顶装配明细表

10.1 创建文字

在创建文字注释的操作中，包括创建多行文字和单行文字。当输入文字对象时，将使用默认的文字样式。用户可以在创建文字之前，对文字样式进行设置。

10.1.1 设置文字样式

AutoCAD中的文字拥有相应的文字样式，文字样式是用来控制文字基本形状的一组设置，包括文字的字体、字形和大小。

【命令调用方式】

- 选择"格式"｜"文字样式"命令。
- 在"默认"功能区展开"注释"面板，单击"文字样式"按钮，如图10-1所示。
- 在功能区选择"注释"选项卡，单击"文字"面板右下方的"文字样式"按钮，如图10-2所示。
- 输入DDstyle命令并确定。

图 10-1 单击"文字样式"按钮

图 10-2 单击"文字样式"按钮

【练习】新建并设置文字样式。

01 执行DDstyle命令，打开"文字样式"对话框，单击"新建"按钮，如图10-3所示。

02 在打开的"新建文字样式"对话框的"样式名"文本框中输入新建文字样式的名称，如图10-4所示，然后单击"确定"按钮，即可创建新的文字样式。

图 10-3 "文字样式"对话框

图 10-4 输入文字样式名称

❖ 注意：

在"样式名"文本框中输入的新建文字样式的名称不能与已经存在的样式名称相同。

03 在"文字样式"对话框的样式名称列表框中将显示新建的文字样式。单击"字体名"下拉按钮，在弹出的下拉列表中选择文字的字体，如图10-5所示。

04 在"大小"选项组的"高度"文本框中可以设置文字的高度，如图10-6所示；还可以在"效果"选项组中修改字体的效果、宽度因子及倾斜角度等，然后单击"应用"按钮完成文字样式的设置。

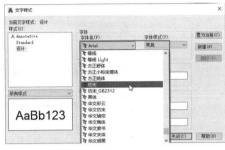

图 10-5　设置文字字体

图 10-6　设置文字高度

【主要选项说明】

○ 置为当前：将选择的文字样式设置为当前样式，在创建文字时，将使用该样式。

○ 新建：创建新的文字样式。

○ 删除：将选择的文字样式删除。但不能删除默认的Standard样式和正在使用的样式。

○ 字体名：列出所有注册的中文字体和其他语言的字体名。

○ 字体样式：在该下拉列表中可以选择其他字体样式。

○ 高度：根据输入的值设置文字高度。如果输入0.2，则每次用该样式输入文字时，文字高度的默认值为0.2。输入大于0.0的高度值，则为该样式设置固定的文字高度。

○ 颠倒：选中此复选框，在使用该文字样式标注文字时，文字将被垂直翻转，如图10-7所示。

○ 反向：选中此复选框，可以将文字水平翻转，使其呈镜像显示，如图10-8所示。

○ 垂直：选中此复选框，标注文字将沿竖直方向显示。该选项只有当字体支持双重定向时才可用，并且不能用于TrueType类型的字体。

○ 宽度因子：在"宽度因子"文本框中，可以输入作为文字宽度与高度的比例值。当宽度因子为1时，文字的高度与宽度相等；当宽度因子小于1时，文字将变得细长；当宽度因子大于1时，文字将变得粗短。

○ 倾斜角度：在"倾斜角度"文本框中输入的数值将作为文字旋转的角度，效果如图10-9所示。设置此数值为0时，文字将处于水平方向。文字的旋转方向为顺时针方向，即当输入一个正值时，文字将会向右侧倾斜。

図 10-7　颠倒文字　　　　　　図 10-8　反向文字　　　　　　図 10-9　倾斜文字

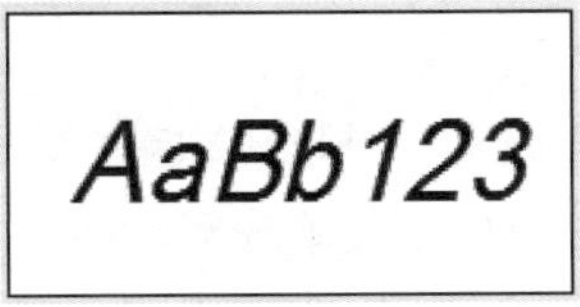

10.1.2 书写单行文字

在AutoCAD中，单行文字主要用于制作不需要使用多种字体的简短内容，可以对单行文字进行样式、大小、旋转及对正等设置。

【命令调用方式】

○ 选择"绘图"|"文字"|"单行文字"命令。

○ 在"默认"功能区单击"注释"面板中的"文字"下拉按钮，然后选择"单行文字"选项，如图10-10所示。

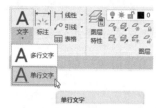

图10-10　选择"单行文字"选项

○ 在"注释"功能区单击"文字"面板中的"多行文字"下拉按钮，然后选择"单行文字"选项，如图10-11所示。

○ 输入Text(DT)命令并确定。

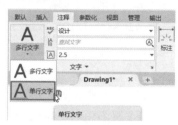

执行Text(DT)命令，系统将提示"指定文字的起点或[对正(J)/样式(S)]:"。其中的"对正(J)"选项用于设置标注文本的对齐方式；"样式(S)"选项用于设置标注文本的样式。

图10-11　选择"单行文字"选项

选择"对正(J)"选项后，系统将提示"[左(L)/居中(C)/右(R)/对齐(A)/中间(M)/布满(F)/左上(TL)/中上(TC)/右上(TR)/左中(ML)/正中(MC)/右中(MR)/左下(BL)/中下(BC)/右下(BR)]:"。

【主要选项说明】

○ 居中(C)：从基线的水平中心对齐文字，此基线是由用户给出的点指定的。

○ 对齐(A)：通过指定基线端点来指定文字的高度和方向。

○ 中间(M)：文字在基线的水平中点和指定高度的垂直中点上对齐。

【练习】书写单行文字。

01 执行Text(DT)命令，在绘图区单击确定输入文字的起点。

02 当系统提示"指定高度 <>:"时，输入文字的高度(如5)并确定，如图10-12所示。

03 当系统提示"指定文字的旋转角度 <>:"时，保持文字的旋转角度为0并确定，此时将出现文字输入框，如图10-13所示。

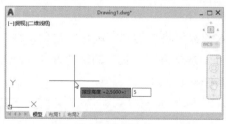

图10-12　输入文字的高度

图10-13　出现文字输入框

04 输入单行文字内容(如图10-14所示)，然后按两次Enter键进行确定，即可完成单行文字的创建，效果如图10-15所示。

图 10-14 输入文字

图 10-15 创建单行文字

10.1.3 书写多行文字

在AutoCAD中，多行文字由沿垂直方向任意数目的文字行或段落构成，可以指定文字行或段落的水平宽度，主要用于制作一些复杂的说明性文字。

【命令调用方式】

○ 选择"绘图"｜"文字"｜"多行文字"命令。

○ 在"默认"功能区单击"注释"面板中的"多行文字"按钮**A**。

○ 在"注释"功能区单击"文字"面板中的"多行文字"按钮**A**。

○ 输入Mtext (T)命令并确定。

执行上述任意一种操作，然后在绘图区指定一个区域。系统将打开设置文字格式的"文字编辑器"功能区，如图10-16所示。

图 10-16 "文字编辑器"功能区

【主要选项说明】

○ 样式列表：用于设置当前使用的文本样式，可以从下拉列表中选取一种已设置好的文本样式作为当前样式。

○ 字体 ᵀᵀArial ▾：在该下拉列表中可以选择当前使用的字体类型。

○ 文字高度 0.2000 ▾：用于设置当前使用的文字高度，可以在下拉列表中选取一种合适的高度，也可直接输入数值。

○ 匹配**A**：用于将源对象的文字格式复制到目标文字上。

○ **B**、**I**、**U**、**ō**：分别用于设置标注文本是否加粗、倾斜、加下画线、加上画线。反复单击这些按钮，可以实现打开与关闭相应功能之间的切换。

○ 颜色 ■ByLayer ▾：在该下拉列表中可以选择当前使用的文字颜色。

○ 多行文字对正**A**：显示"多行文字对正"列表选项，并且有9个对正选项可用，如图10-17所示。

○ 段落 ﹅：单击该按钮，将打开用于设置段落参数的"段落"对话框，如图10-18所示。

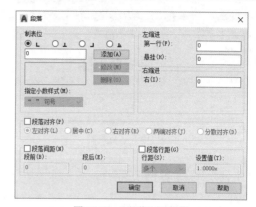

图 10-17　"多行文字对正"列表选项　　　　　　　　图 10-18　"段落"对话框

- 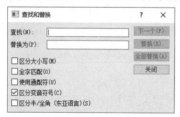分别为默认、左对齐、居中、右对齐、对正和分散对齐，用于设置当前段落或选定段落的默认、左、中或右文字边界的对正和对齐方式。其包含在行的末尾输入的空格，并且这些空格会影响行的对正。

- 项目符号和编号：显示"项目符号和编号"菜单，显示用于创建列表的选项。

- 行距：显示建议的行距选项，用于在当前段落或选定段落中设置行距。

- 查找和替换 🔍：单击该按钮，将打开"查找和替换"对话框，在该对话框中可以进行查找和替换文本的操作，如图10-19所示。

- 标尺：单击该按钮，将在文字编辑框顶部显示标尺，如图10-20所示。拖动标尺末尾的箭头可快速更改多行文字对象的宽度。

图 10-19　"查找和替换"对话框　　　　　　　　　图 10-20　显示标尺

❖ 注意：

　　使用Mtext命令创建的文本，无论是多少行，都将作为一个实体对待。用户可以对它进行整体选择和编辑。而使用Text命令输入多行文字时，每一行文字都是一个独立的实体，只能单独对每行文字进行选择和编辑。

【练习】创建多行文字。

01 执行Mtext(T)命令，在绘图区指定文字区域的第一个角点，拖动指定对角点，确定创建文字的区域，如图10-21所示。

02 在打开的"文字编辑器"功能区中设置文字的字体、高度和颜色等参数。

03 在文字输入窗口中输入文字内容(如图10-22所示)。然后单击"文字编辑器"功能区中的"关闭文字编辑器"按钮，即可完成多行文字的创建。

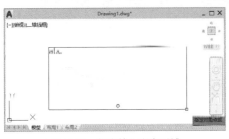

图 10-21　指定输入文字区域

图 10-22　输入文字内容

10.1.4　书写特殊字符

在输入文本的过程中，有时需要输入一些控制码和专用字符。AutoCAD根据用户的需要提供了一些特殊字符的输入方法。AutoCAD提供的特殊字符内容如表10-1所示。

表10-1　AutoCAD特殊字符

特殊字符	输入方式	字符说明
±	%%p	公差符号
‾	%%o	上画线
_	%%u	下画线
%	%%%	百分比符号
ϕ	%%c	直径符号
°	%%d	度

10.2　编辑文字

用户在书写文字内容时难免会出错，或者后期对文字的参数进行修改时，都需要对文字进行编辑操作。

10.2.1　编辑文字内容

使用文字编辑命令可以增加或替换字符，以达到修改文本内容的目的。编辑文字内容时，可以将文字对象激活，然后使用拖动的方式，选择要修改的文字，再重新输入需要的文字即可。

【命令调用方式】

○　选择"修改"｜"对象"｜"文字"命令。

○　输入Ddedit命令(或输入简化命令ED)并确定。

【练习】修改文字内容。

01 创建一个内容为"AutoCAD课程"的单行文字。

02 执行Ddedit命令，选择要编辑的文本"AutoCAD课程"，如图10-23所示。

03 在激活文字内容后，拖动以选择文字"课程"，如图10-24所示。

图 10-23　选择对象　　　　　　　　　　　　图 10-24　选取文字

04 输入新的文字内容"教学"，如图10-25所示。

05 单击"文字编辑器"功能区中的"关闭文字编辑器"按钮，完成文字的修改，效果如图10-26所示。

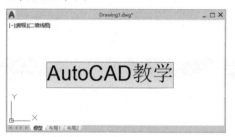

图 10-25　修改文字内容　　　　　　　　　　图 10-26　修改后的效果

10.2.2　编辑文字特性

通过执行Ddedit(ED)命令，在打开的"文字编辑器"功能区中可以修改使用"多行文字"命令创建的文字对象的特性。使用Ddedit命令不能修改单行文字的特性，单行文字的特性需要在"特性"选项板中进行修改，下面对其进行介绍。

【命令调用方式】

○　选择"修改"｜"特性"命令。

○　输入Properties命令(或输入简化命令PR)并确定。

【练习】修改文字特性。

01 使用"单行文字"命令创建文字内容，设置文字高度为2，效果如图10-27所示。

02 执行Properties(PR)命令，打开"特性"选项板。选择创建的文字，在"特性"选项板的"文字"栏中将显示文字的特性，如图10-28所示。

图 10-27　创建文字　　　　　　　　　　　　图 10-28　显示文字的特性

03 在"特性"选项板的"文字"栏中重新设置文字的旋转角度为15°、文字高度为6 (如图10-29所示),修改后的文字效果如图10-30所示.

图 10-29 设置文字特性

图 10-30 修改后的文字效果

10.2.3 查找和替换文字

执行"查找"命令可以打开"查找和替换"对话框,在该对话框可以对文本内容进行查找和替换操作。

【命令调用方式】

○ 选择"编辑"｜"查找"命令。

○ 输入FIND命令并确定。

【练习】查找并替换文字。

01 使用"多行文字"命令创建一段文字内容,如图10-31所示。

02 执行Find命令,打开 "查找和替换"对话框,然后在"查找内容"文本框中输入"文字",在"替换为"文本框中输入"文本",如图10-32所示。

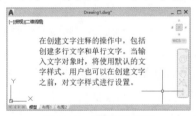

图 10-31 创建文字内容

图 10-32 输入查找与替换的内容

03 单击"查找"按钮,将查找到图形中的第一个文字对象,并在窗口正中显示该文字,如图10-33所示。

04 单击"替换"按钮,可以将查找到的"文字"替换为"文本";单击"全部替换"按钮,可以将所有的"文字"全部替换为"文本",单击"完成"按钮,结束查找和替换操作,替换文字后的效果如图10-34所示。

图 10-33 显示查找到的第一个文字对象

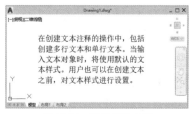

图 10-34 替换后的文字

❖ **注意：**

　　在"查找和替换"对话框中单击"更多"按钮 ⊙，可以展示更多选项内容，用户可以根据需要应用"区分大小写""使有通配符"和"区分半/全角"等选项，如图10-35所示。

图 10-35　"查找和替换"对话框

10.3　创建表格

　　表格是在行和列中包含数据的复合对象，可用于绘制图纸中的标题栏和图纸明细栏。用户可以通过空表格或表格样式创建表格对象。

10.3.1　设置表格样式

　　在创建表格之前可以先根据需要设置好表格样式。执行"表格样式"命令，打开"表格样式"对话框。在该对话框中可以创建或修改表格样式。

【命令调用方式】

- ○ 选择"格式"｜"表格样式"命令。
- ○ 在"注释"功能区中单击"表格"面板右下方的"表格样式"按钮 ↘，如图10-36所示。
- ○ 输入Tablestyle命令并确定。

　　执行上述任意一种操作，可以打开"表格样式"对话框，如图10-37所示。在该对话框中可以修改当前表格样式，也可以新建和删除表格样式。

图 10-36　单击"表格样式"按钮

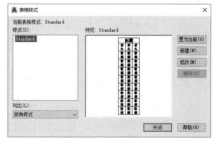

图 10-37　"表格样式"对话框

【主要选项说明】

- ○ 当前表格样式：显示应用于所创建表格的表格样式的名称，默认表格样式为Standard。
- ○ 置为当前：将"样式"列表中选定的表格样式设置为当前样式，所有新表格都将使用此表格样式创建。

- 新建：单击该按钮，可以创建新的表格样式。
- 修改：单击该按钮，可以修改表格的样式。
- 删除：单击该按钮，将删除"样式"列表中选定的表格样式，但不能删除图形中正在使用的表格样式。

【练习】新建表格样式。

01 选择"格式"｜"表格样式"命令，打开"表格样式"对话框。在该对话框中单击"新建"按钮，如图10-38所示。

02 在打开的"创建新的表格样式"对话框中输入新的表格样式名称，然后单击"继续"按钮，如图10-39所示。

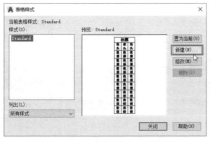

图 10-38　"表格样式"对话框

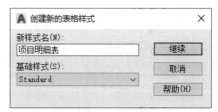

图 10-39　新建表格样式

03 在打开的"新建表格样式"对话框中可以设置表格的样式，包括选择表格的单元，设置表格常规样式、文字样式和边框样式等，如图10-40所示。

04 单击"确定"按钮，返回"表格样式"对话框。在该对话框中将显示新建的表格样式，如图10-41所示。单击"关闭"按钮，完成表格样式的创建和设置。

图 10-40　设置表格样式

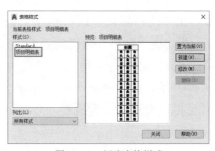

图 10-41　新建表格样式

"新建表格样式"对话框中的参数与"修改表格样式"对话框中的参数相同，都是用于设置当前表格样式的参数。

【主要选项说明】

- 起始表格：可以在图形中指定一个表格用作样例来设置表格样式的格式。
- 常规：用于更改表格方向。在"表格方向"下拉列表中，选择"向下"选项，将创建由上而下读取的表格；选择"向上"选项，将创建由下而上读取的表格。
- "创建单元样式"按钮：单击该按钮，将打开"创建新单元样式"对话框。在该对话框中可以输入并创建新单元的样式。

○ "管理单元样式"按钮 ：单击该按钮，将打开如图10-42所示的"管理单元样式"对话框。在该对话框中可以新建、删除和重命名单元样式。

○ "常规"选项卡：包括"特性"和"页边距"两个选项组。"特性"选项组用于设置表格的特性；"页边距"选项组用于控制单元边界和单元内容之间的距离。

○ "文字"选项卡：用于设置文字的特性，如图10-43所示。

○ "边框"选项卡：用于设置边框的特性，如图10-44所示。

图 10-42 "管理单元样式"对话框

图 10-43 "文字"选项卡

图 10-44 "边框"选项卡

10.3.2 插入表格

用户可以通过空表格或表格样式插入表格对象。完成表格的插入后，用户可以单击该表格上的任意网格线，选中该表格，然后通过"特性"选项板或夹点编辑修改该表格对象。

【命令调用方式】

○ 选择"绘图"│"表格"命令。

○ 在"注释"功能区中单击"表格"面板中的"表格"按钮 。

○ 输入Table命令并确定。

执行上述任意一种操作后，打开"插入表格"对话框，可以在此设置插入表格的参数，如图10-45所示。

图 10-45 "插入表格"对话框

【主要选项说明】

○ 表格样式：可以从"表格样式"下拉列表中选择表格样式。通过单击下拉列表旁边的按钮，用户可以创建新的表格样式。

○ 指定插入点：用于指定表格左上角的位置。该插入点可以通过单击指定，也可以通过在命令提示下输入坐标值来指定。

○ 列和行设置：用于设置列和行的数目和大小。

○ 设置单元样式：对于那些不包含起始表格的表格样式，可以指定新表格中行的单元格式。

○ 第一行单元样式：用于指定表格中第一行的单元样式。默认情况下，将使用标题单元样式。

- 第二行单元样式：用于指定表格中第二行的单元样式。默认情况下，将使用表头单元样式。

- 所有其他行单元样式：用于指定表格中所有其他行的单元样式。默认情况下，使用数据单元样式。

【练习】绘制表格。

01 选择"绘图"｜"表格"命令，打开"插入表格"对话框。在该对话框的"表格样式"下拉列表中选择前面创建的表格样式。

02 设置列数为3、列宽为45、数据行数为2，其他参数保持不变，然后单击"确定"按钮，如图10-46所示。

03 在绘图区指定插入表格的位置，即可创建一个表格，如图10-47所示。

图 10-46　设置表格参数

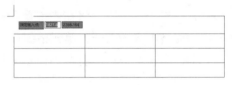

图 10-47　插入表格

04 在表格中输入标题内容，如图10-48所示。然后按Enter键结束文字的输入。

05 在表格中选中其他单元格，然后输入相应的文字，结束表格的绘制，如图10-49所示。

	A	B	C
1		标题文字	
2			
3			
4			

图 10-48　输入标题内容

标题文字		
表头内容		
数据内容		
数据内容		

图 10-49　创建的表格

❖ **注意：**

在"插入表格"对话框中，虽然设置的数据行数是2，但是第一行为标题对象，第二行为表头数据，再加上2行数据行，所以插入的表格拥有4行数据行。

10.3.3　编辑表格

创建好表格后，用户还可以对表格进行编辑，包括编辑表格中的数据、编辑表格和单元格。例如，在表格中插入行和列，或将相邻的单元格进行合并等。

1. 编辑表格文字

使用表格功能，可以快速完成如标题栏和明细表等表格类图形的绘制，完成表格绘制后，可以对表格内容进行编辑。执行编辑表格文字命令，选择要编辑的文字，可以修改文字的内容，还可以在打开的"文字编辑器"功能区中设置文字的对正方式。

【命令调用方式】

○ 双击要进行编辑的表格文字，使其呈可编辑状态。

○ 输入Tabledit命令并确定。

2. 编辑表格和单元格

在"表格单元"功能区中可以对表格进行编辑操作。插入表格后，选择表格中的任意单元格，可打开如图10-50所示的"表格单元"功能区。单击相应的按钮可完成表格的编辑。例如，通过拖动表格右下方的调节按钮，可以调节表格的宽度和高度；选中多个相邻的单元格，单击"合并单元"按钮，可以合并选择的单元格。

图 10-50 "表格单元"功能区

【主要选项说明】

○ 行：单击 按钮，将在当前单元格上方插入一行单元格；单击 按钮，将在当前单元格下方插入一行单元格；单击 按钮，将删除当前单元格所在的行。

○ 列：单击 按钮，将在当前单元格左侧插入一列单元格；单击 按钮，将在当前单元格右侧插入一列单元格；单击 按钮，将删除当前单元格所在的列。

○ 合并单元：当选择多个连续的单元格时，单击 按钮，在弹出的下拉列表中选择相应的合并方式，可以对选择的单元格进行全部合并。

○ 取消合并单元：选择合并后的单元格，单击 按钮可取消合并的单元格。

○ 公式：单击该按钮，在弹出的下拉列表中可以选择一种运算方式对所选单元格中的数据进行运算。

10.4 上机实训

本章上机实训将书写零件图技术要求和制作千斤顶装配明细表，综合学习本章讲解的知识点，加深掌握文字的创建与设置、表格样式的设置、表格的绘制与编辑等具体应用。

10.4.1 书写零件图技术要求

本实训要求书写壳体零件三视图的技术要求，主要掌握文字的创建与设置方法。本例的效果如图10-51所示。

【实例分析】

在本实例中，首先设置好文字样式，然后使用"多行文字"命令书写技术要求文字内容，最

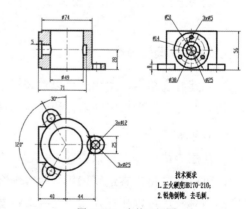

图 10-51 壳体三视图

后在"文字编辑器"功能区中设置文字的对齐效果。

【操作步骤】

01 打开"壳体二视图.dwg"素材图形，如图10-52所示。

02 选择"格式"|"文字样式"命令，打开"文字样式"对话框。在该对话框中单击"新建"按钮，如图10-53所示。

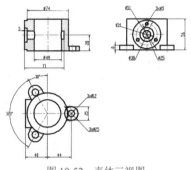

图 10-52　壳体三视图

图 10-53　单击"新建"按钮

03 在打开的"新建文字样式"对话框的"样式名"文本框中输入"技术要求"并确定，如图10-54所示。

04 返回"文字样式"对话框，在"字体"选项组的"字体名"下拉列表中选择"仿宋"选项，在"大小"选项组的"高度"文本框中输入8，然后单击"应用"按钮，再关闭"文字样式"对话框，如图10-55所示。

图 10-54　新建文字样式

图 10-55　设置文字样式

05 执行T(多行文字)命令，在绘图区中拾取一点，指定多行文字的起点，如图10-56所示。然后将十字光标向右下方移动，指定文字区域的对角点，如图10-57所示。

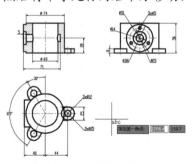

图 10-56　指定多行文字的起点

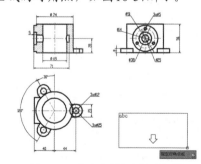

图 10-57　指定多行文字的对角点

06 在文字编辑框中书写技术要求的文字内容，如图10-58所示。

07 选择"技术要求"标题内容，单击"文字编辑器"功能区中的"居中"按钮，将标题文字居中显示，如图10-59所示。

图10-58 输入文字内容   图10-59 将标题居中显示

08 在多行文字编辑框中选择技术要求的文字内容，再单击"文字编辑器"功能区中的"段落"按钮，打开"段落"对话框。在该对话框的"左缩进"选项组的"悬挂"文本框中输入8(如图10-60所示)，然后单击"确定"按钮。

09 单击"文字编辑器"功能区中的"关闭文字编辑器"按钮，结束多行文字的创建，完成壳体三视图技术要求的书写操作，效果如图10-61所示。

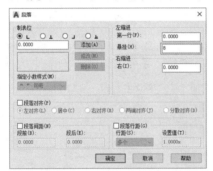

图10-60 设置左缩进

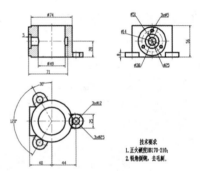

图10-61 完成后的效果

10.4.2 制作千斤顶装配明细表

本实训要求制作千斤顶装配明细表，主要掌握设置表格样式、绘制与编辑表格的方法。本例的效果如图10-62所示。

【实例分析】

在本实例中，首先设置表格的样式，再执行"表格"命令，打开"插入表格"对话框。设置好表格的参数，然后插入表格并在表格中输入需要的文字内容。再通过Tabledit(编辑表格)命令对文字进行编辑，最后调整表格的宽度和高度，合并部分单元格。

千斤顶装配明细表					
序号	图号	名称	数量	材料	备注
1	1-01	螺套	1	QA19-4	
2	1-02	螺栓	1	35钢	
3	1-03	绞杆	1	Q215	GB/T73-1985
4	1-04	螺杆	1	255	
5	1-05	底座	1	HT200	GB/T75-1985
6	1-06	顶垫	1	Q275	

图10-62 千斤顶装配明细表

【操作步骤】

01 选择"格式"｜"表格样式"命令，打开"表格样式"对话框。单击该对话框中的"新建"按钮，在打开的"创建新的表格样式"对话框中输入新的表格样式名称"千斤顶装配明细表"，然后单击"继续"按钮，如图10-63所示。

[02] 在打开的"新建表格样式"对话框中单击"单元样式"下拉列表，然后选择"标题"选项，如图10-64所示。

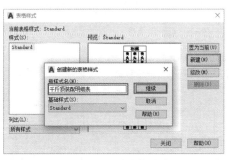

图 10-63 新建表格样式

图 10-64 选择"标题"选项

[03] 选择"文字"选项卡，设置文字高度为80、文字颜色为黑色，如图10-65所示。

[04] 选择"边框"选项卡，选择颜色为黑色，然后单击"所有边框"按钮 ⊞，如图10-66所示。

图 10-65 设置标题文字

图 10-66 设置标题边框

[05] 在"单元样式"下拉列表中选择"数据"选项，再选择"文字"选项卡，设置文字高度为50、文字颜色为黑色，如图10-67所示。

[06] 选择"边框"选项卡，设置数据所有边框为黑色并确定，然后关闭"表格样式"对话框。

[07] 选择"绘图"|"表格"命令，打开"插入表格"对话框。在该对话框的"表格样式"下拉列表中选择前面创建的"千斤顶装配明细表"表格样式，设置列数为6、列宽为200、数据行数为7，在"第二行单元样式"下拉列表中选择"数据"选项，然后进行确定，如图10-68所示。

[08] 在绘图区指定插入表格的位置，即可创建一个指定列数和行数的表格，然后输入标题内容"千斤顶装配明细表"，如图10-69所示。

[09] 双击表格中的其他单元格，然后直接输入需要的文字，在表格以外的地方单击，即可结束表格文字的输入操作，效果如图10-70所示。

图 10-67　设置数据文字

图 10-68　设置表格参数

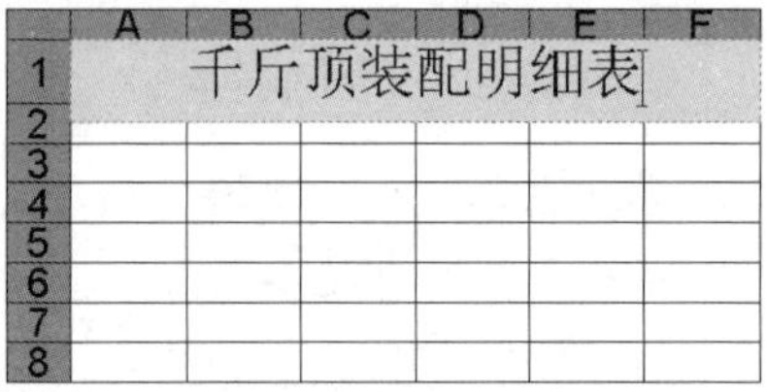

<table>
<tr><td colspan="6">千斤顶装配明细表</td></tr>
<tr><td>序号</td><td>图号</td><td>名称</td><td>数量</td><td>材料</td><td>备注</td></tr>
<tr><td>1</td><td>1-01</td><td>螺套</td><td>1</td><td>QA19-4</td><td rowspan="2">GB/T73
-1985</td></tr>
<tr><td>2</td><td>1-02</td><td>螺栓</td><td>1</td><td>35钢</td></tr>
<tr><td>3</td><td>1-03</td><td>绞杆</td><td>1</td><td>Q215</td><td></td></tr>
<tr><td>4</td><td>1-04</td><td>螺杆</td><td>1</td><td>255</td><td></td></tr>
<tr><td>5</td><td>1-05</td><td>底座</td><td>1</td><td>HT200</td><td rowspan="2">GB/T75
-1985</td></tr>
<tr><td>6</td><td>1-06</td><td>顶垫</td><td>1</td><td>Q275</td></tr>
</table>

图 10-69　输入标题内容

图 10-70　输入数据内容

⑩ 选择表格对象，将光标移到表格右下角，如图10-71所示。向右拖动表格右下角的调节按钮，对表格的宽度和高度进行调整，效果如图10-72所示。

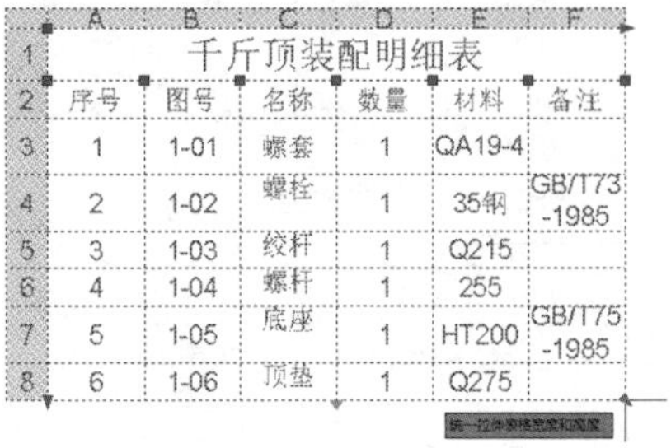

图 10-71　选中表格

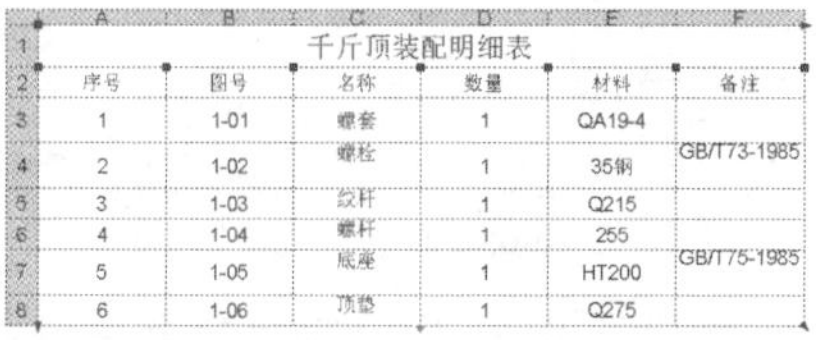

图 10-72　调整表格的宽度和高度

⑪ 在"备注"列选择如图10-73所示的3个单元格。

⑫ 在打开的"表格单元"功能区中单击"合并单元"下拉按钮，然后选择"合并全部"选项，如图10-74所示。

数量	材料	备注
1	QA19-4	
1	35钢	GB/T73-1985
1	Q215	
1	255	
1	HT200	GB/T75-1985
1	Q275	

图 10-73　选中单元格

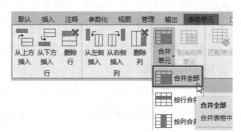

图 10-74　选择"合并全部"选项

⑬ 合并单元格后的效果如图10-75所示。接着按同样的方法合并下方的两个单元格，完成本例的操作，效果如图10-76所示。

数量	材料	备注
1	QA19-4	GB/T73-1985
1	35钢	
1	Q215	
1	255	GB/T75-1985
1	HT200	
1	Q275	

图 10-75　合并单元格后的效果

千斤顶装配明细表					
序号	图号	名称	数量	材料	备注
1	1-01	螺栓	1	QA19-4	GB/T73-1985
2	1-02	螺栓	1	35钢	
3	1-03	铰杆	1	Q215	
4	1-04	螺钉	1	255	GB/T75-1985
5	1-05	底座	1	HT200	
6	1-06	顶垫	1	Q275	

图 10-76　完成效果

10.5　思考与练习

1. 在AutoCAD中，使用"多行文字"命令和"单行文字"命令创建的文本有什么区别？

2. 在插入表格时，为什么设置的表格行数为2，而在绘图区插入的表格却有4行表格？

3. 创建好表格后，应该如何调整表格行、列的宽度？

4. 打开如图10-77所示的"法兰盘二视图.dwg"素材图形，然后参照如图10-78所示的效果，使用"多行文字"命令书写技术要求文字内容。

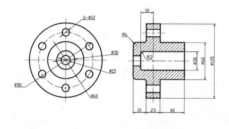

图 10-77　法兰盘二视图

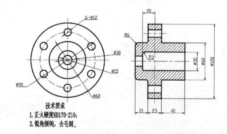

图 10-78　书写文字

5. 请先设置表格的样式，然后使用插入表格和创建表格文字内容的方法，创建变压器产品明细表，效果如图10-79所示。

变压器产品明细表			
编号	名称	型号	说明
1	矿用隔爆型干式变压器	KBSG-100/6	
2	矿用隔爆型干式变压器	KBSG-100/10	
3	矿用隔爆型干式变压器	KBSG-200/6	
4	矿用隔爆型干式变压器	KBSG-200/10	
5	矿用隔爆型干式变压器	KBSG-315/6	
6	矿用隔爆型干式变压器	KBSG-315/10	
7	矿用隔爆型干式变压器	KBSG-400/6	
8	矿用隔爆型干式变压器	KBSG-400/10	
9	矿用隔爆型干式变压器	KBSG-630/6	
10	矿用隔爆型干式变压器	KBSG-630/10	

图 10-79　变压器产品明细表

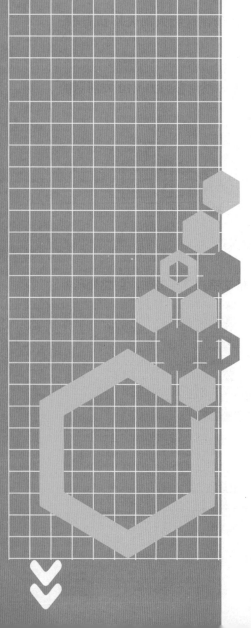

第11章

图形标注

11.1 标注样式

标注样式决定着标注各组成部分的外观形式。在没有改变标注样式时，当前标注样式将作为预设的标注样式。系统预设标注样式为Standard。用户可以根据实际情况重新建立并设置标注样式。

11.1.1 标注的组成

在AutoCAD中，图形标注通常由尺寸界线、尺寸线、尺寸文本、尺寸箭头和圆心标记组成，如图11-1所示。

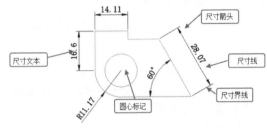

图 11-1　图形标注的组成

○ 尺寸界线：尺寸界线是由测量点引出的延伸线。通常尺寸界线用于直线型及角度型尺寸的标注。在预设状态下，尺寸界线与尺寸线是互相垂直的，用户也可以将其改变到自己所需的角度。AutoCAD可以将尺寸界线隐藏。

○ 尺寸线：在图纸中使用尺寸来标注距离或角度。在预设状态下，尺寸线位于两个尺寸界线之间，尺寸线的两端有两个箭头，尺寸文本沿着尺寸线显示。

○ 尺寸文本：尺寸文本用来标明图纸中的距离或角度等数值及说明文字。标注时可以使用AutoCAD中自动给出的尺寸文本，也可以输入新的文本。尺寸文本的大小和采用的字体可以根据需要重新设置。

○ 尺寸箭头：尺寸箭头位于尺寸线与尺寸界线相交处，表示尺寸线的终止端。在不同的情况下使用不同样式的箭头符号来表示。在AutoCAD中，可以用箭头、短斜线、开口箭头、圆点及自定义符号来表示尺寸的终止。

○ 圆心标记：圆心标记通常用来标示圆或圆弧的中心。

11.1.2 新建标注样式

AutoCAD 默认的标注格式是Standard。用户可以根据有关规定及所标注图形的具体要求，使用"标注样式"命令新建标注样式。

【命令调用方式】

○ 选择"格式"|"标注样式"命令。

○ 在"默认"功能区展开"注释"面板，单击【标注样式】按钮 🖳，如图11-2所示。

○ 在功能区中选择"注释"选项卡，单击"标注"面板右下方的"标注样式"按钮 ⅵ，如图11-3所示。

○ 输入Dimstyle(D)命令并确定。

图 11-2　单击"标注样式"按钮

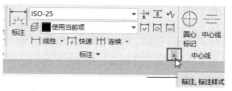

图 11-3　单击"标注样式"按钮

执行"标注样式(D)"命令后，将打开"标注样式管理器"对话框。在该对话框中可以新建一种标注样式，也可以对原有的标注样式进行修改，如图11-4所示。

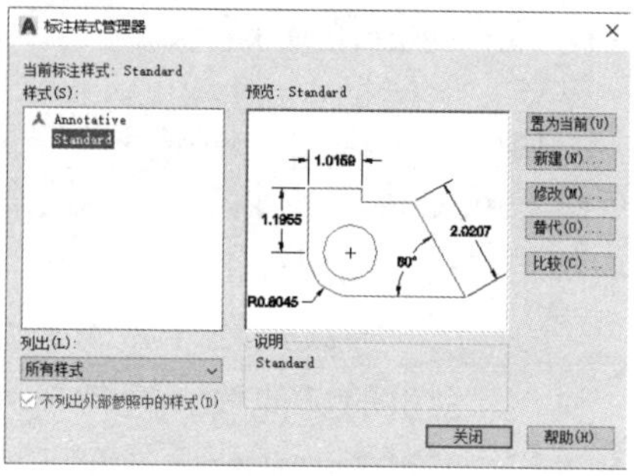

【主要选项说明】

○ 置为当前：单击该按钮，可以将选定的标注样式设置为当前标注样式。

○ 新建：单击该按钮，将打开"创建新标注样式"对话框。用户可以在其中创建新的标注样式。

图 11-4　"标注样式管理器"对话框

○ 修改：单击该按钮，可以在打开的"修改当前样式"对话框中修改标注样式。

○ 替代：单击该按钮，可以在打开的"替代当前样式"对话框中设置标注样式的临时替代样式。

【练习】新建标注样式。

01 新建一个"acadiso.dwg"空白图形文件。

02 执行Dimstyle(D)命令，打开"标注样式管理器"对话框。在该对话框中单击"新建"按钮，在打开的"创建新标注样式"对话框中输入新标注样式名，如图11-5所示。

03 在"基础样式"下拉列表中选择ISO-25选项，然后单击"继续"按钮，如图11-6所示。

图 11-5　输入新样式名

图 11-6　选择基础样式

❖ 注意：

在"基础样式"下拉列表中选择一种基础样式，用户可以在该样式的基础上进行修改，从而建立新样式。

04 在打开的"新建标注样式：机械标注"对话框中设置样式效果，如图11-7所示。

05 单击"确定"按钮，即可新建一个标注样式。该样式将显示在"标注样式管理器"对话框中，并自动设置为当前样式，如图11-8所示。

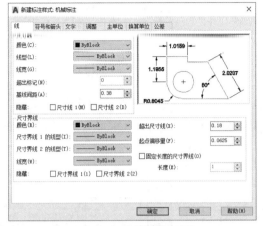

图 11-7　设置标注样式效果

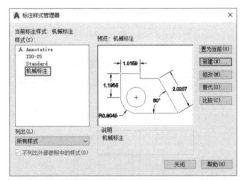

图 11-8　新建的标注样式

11.1.3　设置标注样式

在创建新标注样式的过程中，在打开的"新建标注样式"对话框中可以设置新的尺寸标注样式，设置的内容包括尺寸线、符号和箭头、文字、调整尺寸、尺寸主单位、换算单位和公差等。

> ❖ **注意：**
>
> 在"标注样式管理器"对话框中选择要修改的样式，单击"修改"按钮，可以在"修改标注样式"对话框中修改尺寸标注样式。其参数与"新建标注样式"对话框相同。

1. 设置标注尺寸线

在"线"选项卡中，可以设置尺寸线和尺寸界线的颜色、线型、线宽，以及尺寸界线超出尺寸线的距离、起点偏移量的距离等内容。"尺寸线"选项组中包括以下选项。

【主要选项说明】

- 颜色：单击"颜色"右侧的下拉按钮，可以在打开的"颜色"下拉列表中选择尺寸线的颜色。
- 线型：在"线型"下拉列表中，可以选择尺寸线的线型样式。
- 线宽：在"线宽"下拉列表中，可以选择尺寸线的线宽。
- 超出标记：当使用箭头倾斜、建筑标记、积分标记或无箭头标记时，使用该文本框可以设置尺寸线超出尺寸界线的长度。如图11-9所示的是未超出标记的样式，如图11-10所示的是超出标记长度为3个单位的样式。

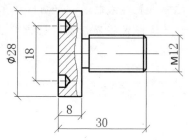

图 11-9　未超出标记的样式

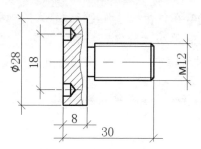

图 11-10　超出标记的样式

- 基线间距：设置在进行基线标注时尺寸线之间的距离。
- 隐藏：用于控制第1条和第2条尺寸线的隐藏状态。如图11-11所示的是隐藏尺寸线1的样式，如图11-12所示的是隐藏所有尺寸线的样式。

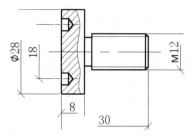

图 11-11　隐藏尺寸线 1 的样式

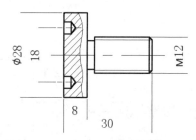

图 11-12　隐藏所有尺寸线的样式

在"尺寸界线"选项组中可以设置尺寸界线的颜色、线型和线宽等，也可以隐藏某条尺寸界线。

【主要选项说明】

- 颜色：在该下拉列表中，可以选择尺寸界线的颜色。
- 尺寸界线1的线型：可以在相应下拉列表中选择第1条尺寸界线的线型。
- 尺寸界线2的线型：可以在相应下拉列表中选择第2条尺寸界线的线型。
- 线宽：在该下拉列表中，可以选择尺寸界线的线宽。
- 超出尺寸线：用于设置尺寸界线超出尺寸线的长度。如图11-13所示的是超出尺寸线长度为2个单位的样式，如图11-14所示的是超出尺寸线长度为5个单位的样式。

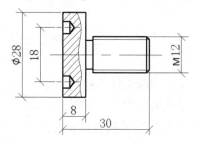

图 11-13　超出尺寸线 2 个单位

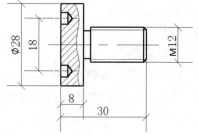

图 11-14　超出尺寸线 5 个单位

- 起点偏移量：用于设置标注点到尺寸界线起点的偏移距离。如图11-15所示的是起点偏移量为2个单位的样式，如图11-16所示的是起点偏移量为5个单位的样式。

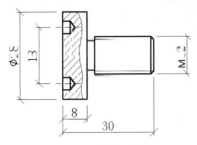

图 11-15　起点偏移量为 2

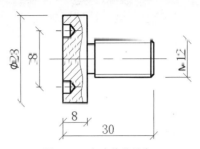

图 11-16　起点偏移量为 5

○ 固定长度的尺寸界线：选中该复选框后，可以在下方的"长度"文本框中设置尺寸界线的固定长度。

○ 隐藏：用于控制第1条和第2条尺寸界线的隐藏状态。如图11-17所示的是隐藏尺寸界线1的样式，如图11-18所示的是隐藏所有尺寸界线的样式。

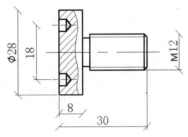

图 11-17　隐藏尺寸界线 1 的样式

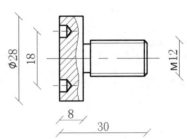

图 11-18　隐藏所有尺寸界线的样式

2. 设置标注符号和箭头

选择"符号和箭头"选项卡，可以设置符号和箭头的样式与大小、圆心标记的大小、弧长符号，以及半径与线性折弯标注等，如图11-19所示。

【主要选项说明】

○ 第一个：在该下拉列表中可以选择第一条尺寸线的箭头样式(如图11-20所示)。在改变第一个箭头的样式时，第二个箭头将自动改变成与第一个箭头相匹配的样式。

图 11-19　"符号和箭头"选项卡

图 11-20　箭头样式

○ 第二个：在该下拉列表中，可以选择第二条尺寸线的箭头。

- 引线：在该下拉列表中，可以选择引线的箭头样式。
- 箭头大小：用于设置箭头的大小。
- 圆心标记：该选项组用于控制直径标注和半径标注的圆心标记，以及中心线的外观。
- 折断标注：该选项组用于控制折断标注的间距宽度。

3. 设置标注文字

选择"文字"选项卡，可以设置文字的外观、位置和对齐方式，如图11-21所示。

【主要选项说明】

- 文字样式：在该下拉列表中，可以选择标注文字的样式。单击右侧的 ... 按钮，打开"文字样式"对话框，可以在该对话框中设置文字样式，如图11-22所示。

图 11-21　"文字"选项卡　　　　图 11-22　打开"文字样式"对话框

- 文字颜色：在该下拉列表中，可以选择标注文字的颜色。
- 填充颜色：在该下拉列表中，可以选择标注文字背景的颜色。
- 文字高度：用于设置标注文字的高度。
- 分数高度比例：用于设置相对于标注文字的分数比例。只有选择了"主单位"选项卡中的"分数"作为"单位格式"时，此选项才可用。
- 垂直：在该下拉列表中，可以选择标注文字相对于尺寸线的垂直位置，如图11-23所示。
- 水平：在该下拉列表中，可以选择标注文字相对于尺寸线和尺寸界线的水平位置，如图11-24所示。

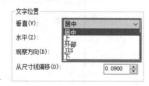

图 11-23　设置垂直位置　　　　图 11-24　设置水平位置

- 从尺寸线偏移：用于设置标注文字与尺寸线的距离。如图11-25所示的是文字从尺寸线偏移1个单位的样式，如图11-26所示的是文字从尺寸线偏移4个单位的样式。

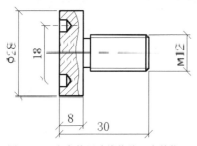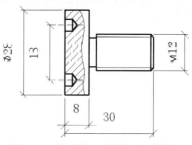

图 11-25 文字从尺寸线偏移 1 个单位　　　　图 11-26 文字从尺寸线偏移 4 个单位

- 水平：水平放置文字。
- 与尺寸线对齐：文字与尺寸线对齐。
- ISO 标准：当文字在尺寸界线内时，文字与尺寸线对齐。当文字在尺寸界线外时，文字水平排列。

> **注意：**
>
> 在对图形进行尺寸标注时，需要设置一定的文字偏移距离，从而能够更清楚地显示文字内容。

4. 调整尺寸样式

选择"调整"选项卡，可以在该选项卡中设置尺寸的尺寸线与箭头的位置、尺寸线与文字的位置、标注特征比例，以及优化等内容，如图11-27所示。

(1) "调整选项"选项组

"调整选项"选项组用于在尺寸界线之间没有足够空间时，设置文字和箭头的效果。

【主要选项说明】

1) 文字或箭头(最佳效果)

选中该单选按钮，将按照最佳布局移

图 11-27 "调整"选项卡

动文字或箭头，包括当尺寸界线间的距离足够放置文字和箭头时、当尺寸界线间的距离仅够容纳文字时、当尺寸界线间的距离仅够容纳箭头时和当尺寸界线间的距离既不够放文字又不够放箭头时4种布局情况，各种布局情况的含义如下。

- 当尺寸界线间的距离足够放置文字和箭头时，文字和箭头都将放在尺寸界线内，效果如图11-28所示。
- 当尺寸界线间的距离仅够容纳文字时，则将文字置于尺寸界线内，而将箭头置于尺寸界线外，效果如图11-29所示。

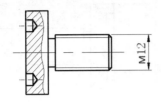

图 11-28　足够放置文字和箭头的效果

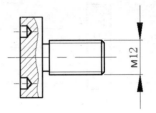

图 11-29　仅够容纳文字的效果

○ 当尺寸界线间的距离仅够容纳箭头时，则将箭头置于尺寸界线内，而将文字置于尺寸界线外，效果如图11-30所示。

○ 当尺寸界线间的距离既不够放文字又不够放箭头时，文字和箭头将全部置于尺寸界线外，效果如图11-31所示。

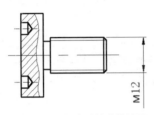

图 11-30　仅够容纳箭头的效果

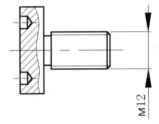

图 11-31　文字和箭头都不够放的效果

2) 箭头

选中该单选按钮后，当尺寸界线间的距离仅够放置箭头时，将箭头放在尺寸界线内，而文字放在尺寸界线外。

3) 文字

选中该单选按钮后，当尺寸界线间的距离仅能容纳文字时，将文字放在尺寸界线内，而箭头放在尺寸界线外。

4) 文字和箭头

选中该单选按钮后，当尺寸界线间的距离不足以放置文字和箭头时，文字和箭头均置于尺寸界线外。

5) 文字始终保持在尺寸界线之间

选中该单选按钮后，始终将文字置于尺寸界线之间。

6) 若箭头不能放在尺寸界线内，则将其消除

选中该复选框后，当尺寸界线内没有足够空间时，将自动隐藏箭头。

(2) "文字位置"选项组

"文字位置"选项组用于设置特殊尺寸文本的摆放位置。当标注文字不能按"调整选项"选项组中选项所规定的位置摆放时，可以通过以下的选项来确定其位置。

【主要选项说明】

1) 尺寸线旁边

选中该单选按钮，可以将标注文字置于尺寸线旁边。

2) 尺寸线上方，带引线

选中该单选按钮，可以将标注文字置于尺寸线上方，并添加引线。

3) 尺寸线上方，不带引线

选中该单选按钮，可以将标注文字置于尺寸线上方，但不添加引线。

5.设置尺寸主单位

选择"主单位"选项卡，在该选项卡中可以设置线性标注和角度标注。线性标注包括单位格式、精度、舍入、测量单位比例和消零等内容。角度标注包括单位格式、精度和消零，如图11-32所示。

【主要选项说明】

○ 单位格式：在该下拉列表中，可以选择标注的单位格式，如图11-33所示。

○ 精度：在该下拉列表中，可以选择标注文字中的小数位数，如图11-34所示。

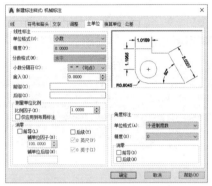

图11-32 "主单位"选项卡   图11-33 选择单位格式   图11-34 选择小数位数

❖ **注意：**

在设置标注样式时，应根据行业标准设置小数的位数。在没有特定要求的情况下，可以将主单位的精度设置在一位小数内。这样有利于在标注中更清楚地查看数字内容。

11.2 标注对象

在AutoCAD制图中，针对不同的图形，可以使用不同的标注命令，主要包括线性标注、对齐标注、半径标注、直径标注、角度标注、弧长标注和圆心标注等。

11.2.1 线性标注

使用线性标注可以标注长度类型的尺寸，用于标注垂直、水平和旋转的线性尺寸。线性标注可以水平、垂直或对齐放置。创建线性标注时，可以修改文字内容、文字角度或尺寸线的角度。

【命令调用方式】

○ 选择"标注"|"线性"命令。

○ 在"默认"功能区单击"注释"面板中的"线性"按钮，如图11-35所示。

- 在"注释"功能区单击"标注"面板中的"线性"按钮 |⊢|，如图11-36所示。
- 输入Dimlinear(DLI)命令并确定。

图11-35　"默认"功能区的"线性"按钮

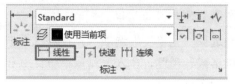

图11-36　"注释"功能区的"线性"按钮

执行Dimlinear(DLI)命令，系统将提示"指定第一条尺寸界线原点或<选择对象>:"。在指定尺寸界线原点后，系统将提示"指定尺寸线位置或[多行文字(M)/文字(T)/角度(A)/水平(H)/垂直(V)/旋转(R)]:"。

【主要选项说明】

- 多行文字(M)：用于改变多行标注文字，或为多行标注文字添加前缀、后缀。
- 文字(T)：用于改变当前标注文字，或为标注文字添加前缀、后缀。
- 角度(A)：用于修改标注文字的角度。
- 水平(H)：用于创建水平线性标注。
- 垂直(V)：用于创建垂直线性标注。
- 旋转(R)：用于创建旋转线性标注。

【练习】线性标注图形尺寸。

01 打开"V带传动图.dwg"素材图形，如图11-37所示。

02 在功能区选择"注释"选项卡，在"标注"面板中单击"样式"下拉按钮，然后选择ISO-25标注样式，如图11-38所示。

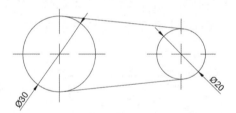

图11-37　打开素材图形

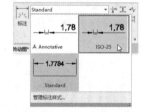

图11-38　选择标注样式

03 执行Dimlinear(DLI)命令，在左侧辅助线的交点处指定标注的第一个原点，如图11-39所示。

04 在右侧辅助线的交点处指定标注对象的第二个原点，如图11-40所示。

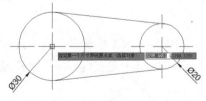

图11-39　指定第一个原点

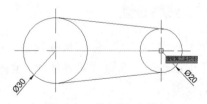

图11-40　指定第二个原点

05 向下移动光标指定尺寸标注线的位置，如图11-41所示。单击即可完成线性标注，如图11-42所示。

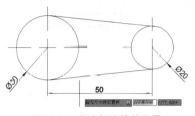

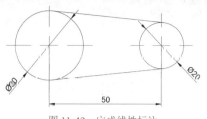

图 11-41　指定标注线的位置　　　　　　　图 11-42　完成线性标注

11.2.2　对齐标注

对齐标注是线性标注的一种形式，尺寸线始终与标注对象保持平行。若标注的对象是圆弧，则对齐尺寸标注的尺寸线与圆弧的两个端点所连接的弦保持平行。

【命令调用方式】

○　选择"标注"|"对齐"命令。

○　在"默认"功能区单击"注释"面板中的"标注"下拉按钮，在下拉列表中选择"对齐"选项，如图11-43所示。

○　在"注释"功能区单击"标注"面板中的"标注"下拉按钮，在下拉列表中选择"已对齐"选项，如图11-44所示。

○　输入Dimaligned(DAL)命令并确定。

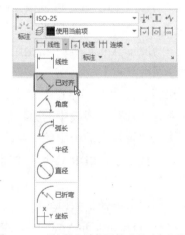

图 11-43　"默认"功能区的"对齐"选项　　　图 11-44　"注释"功能区的"已对齐"选项

【练习】对齐标注斜边尺寸。

01　执行POL(多边形)命令，绘制一个正六边形图形。

02　执行Dimaligned(DAL)命令，在图形中指定第一条尺寸界线原点，如图11-45所示。

03　当系统提示"指定第二条尺寸界线原点:"时，继续指定第二条尺寸界线原点，如图11-46所示。

04　当系统提示"指定尺寸线位置或"时，指定尺寸标注线的位置，如图11-47所示。单击结束标注操作，对齐标注效果如图11-48所示。

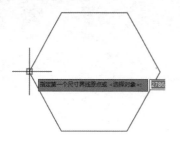

图 11-45　指定第一个原点

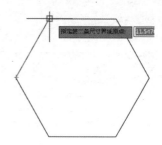

图 11-46　指定第二个原点

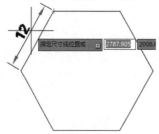

图 11-47　指定尺寸线位置

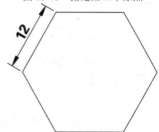

图 11-48　对齐标注效果

11.2.3　半径标注

使用"半径"标注命令可以根据圆和圆弧的半径大小、标注样式等的选项设置，以及光标的位置来绘制不同类型的半径标注。标注样式控制圆心标记和中心线。当尺寸线画在圆弧或圆内部时，AutoCAD不绘制圆心标记或中心线。

【命令调用方式】

○　选择"标注"|"半径"命令。

○　单击"注释"面板中的"标注"下拉按钮，在下拉列表中选择"半径"选项。

○　单击"标注"面板中的"标注"下拉按钮，在下拉列表中选择"半径"选项。

○　输入Dimradius(DRA)命令并确定。

【练习】标注圆半径。

⑴ 绘制两个半径不相同的同心圆。

⑵ 执行Dimradius(DRA)命令，选择图形中的小圆作为半径标注对象，如图11-49所示。

⑶ 指定尺寸标注线的位置，如图11-50所示。系统将根据测量值自动标注圆的半径，效果如图11-51所示。

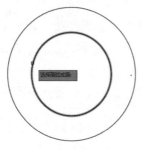

图 11-49　选择标注对象

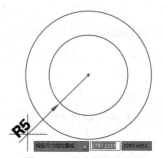

图 11-50　指定标注线位置

04 重复执行Dimradius(DRA)命令，对图中的大圆进行半径标注，效果如图11-52所示。

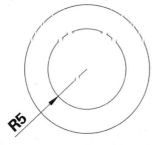 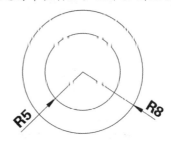

图 11-51 半径标注效果 　　　　　　图 11-52 标注大圆半径

❖ **注意：**

进行尺寸样式的设置时，可设置一个只用于半径尺寸标注的附属格式，以满足半径尺寸标注的要求。

11.2.4 直径标注

直径标注用于标注圆或圆弧的直径。直径标注采用一条具有指向圆或圆弧箭头的直径尺寸线进行标注。标注圆形直径的方法与标注半径的方法相同，执行"直径"标注命令，然后指定标注线位置，如图11-53所示，即可完成直径的标注。直径标注的效果如图11-54所示。

【命令调用方式】

- 选择"标注"|"直径"命令。
- 单击"注释"面板中的"标注"下拉按钮，在下拉列表中选择"直径"选项。
- 单击"标注"面板中的"标注"下拉按钮，在下拉列表中选择"直径"选项。
- 输入Dimdiamter(DDI))命令并确定。

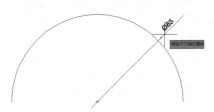 

图 11-53 指定标注线位置 　　　　　　图 11-54 直径标注效果

❖ **注意：**

标注机械零件图时，对半圆或圆弧对象通常采用半径标注；对圆对象通常采用直径标注。

11.2.5 角度标注

使用"角度"命令可以准确地标注对象之间的夹角或圆弧的弧度，如图11-55和图11-56所示。标注图形夹角的角度时，首先选择形成夹角的线段，然后指定标注弧线的位置。

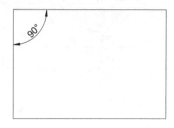

图 11-55 角度标注

图 11-56 圆弧的夹角

【命令调用方式】

○ 选择"标注"|"角度"命令。

○ 单击"注释"面板中的"标注"下拉按钮，在下拉列表中选择"角度"选项。

○ 单击"标注"面板中的"标注"下拉按钮，在下拉列表中选择"角度"选项。

○ 输入Dimangular(DAN)命令并确定。

【练习】标注图形夹角。

01 绘制一个三角形作为标注对象。

02 执行Dimangular(DAN)命令，选择标注角度图形的第一条边，如图11-57所示。

03 根据提示选择标注角度图形的第二条边，如图11-58所示。

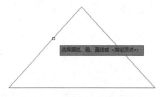

图 11-57 选择第一条边

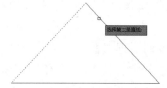

图 11-58 选择第二条边

04 指定标注弧线的位置，如图11-59所示，标注夹角角度的效果如图11-60所示。

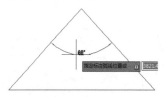

图 11-59 指定标注的位置

图 11-60 角度标注

11.2.6 弧长标注

弧长标注用于测量圆弧或多段线圆弧上的距离。弧长标注的尺寸界线可以正交或径向。在标注文字的上方或前面将显示圆弧符号。

【命令调用方式】

○ 选择"标注"|"弧长"命令。

○ 单击"注释"面板中的"标注"下拉按钮，在下拉列表中选择"弧长"选项。

○ 单击"标注"面板中的"标注"下拉按钮，在下拉列表中选择"弧长"选项。

○ 输入Dimarc(DAR)命令并确定。

【练习】标注圆弧弧长。

01 绘制一个圆弧作为标注对象。

02 执行Dimarc(DAR)命令，选择圆弧作为标注的对象。

03 当系统提示"指定弧长标注位置或"时，指定弧长标注位置，如图11-61所示。

04 单击结束弧长标注操作，效果如图11-62所示。

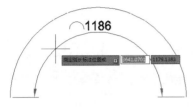

图 11-61　指定弧长标注位置

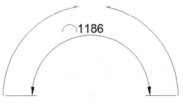

图 11-62　弧长标注效果

11.2.7　圆心标注

使用"圆心标记"命令可以标注圆或圆弧的圆心点。

【命令调用方式】

○　选择"标注"|"圆心标记"命令。

○　输入Dimcenter(DCE)命令并确定。

执行Dimcenter(DCE)命令后，系统将提示"选择圆或圆弧:"，然后选择要标注的圆或圆弧，即可标注出圆或圆弧的圆心，如图11-63和图11-64所示。

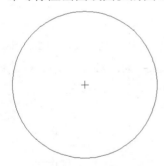

图 11-63　标注圆的圆心

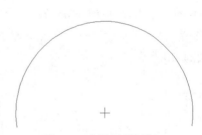

图 11-64　标注圆弧的圆心

11.3　标注技巧

在标注图形的操作中，应用AutoCAD提供的技巧可以更快地标注特殊图形，提高标注的效率。下面具体介绍这些标注的使用。

11.3.1　折弯标注

使用"折弯"命令可以创建折弯半径标注。当圆弧的中心位置位于布局外，并且无法在其实际位置显示时，可以使用折弯半径标注。

【命令调用方式】

○ 选择"标注"|"折弯"命令。

○ 单击"注释"面板中的"线性"下拉按钮，在下拉列表中选择"折弯"选项。

○ 单击"标注"面板中的"线性"下拉按钮，在下拉列表中选择"已折弯"选项。

○ 输入Dimjogged(DJO)命令并确定。

【练习】折弯标注图形。

<u>01</u> 打开"吊钩.dwg"素材图形，如图11-65所示。

<u>02</u> 执行Dimjogged(DJO)命令，然后选择吊钩图形的大圆弧，如图11-66所示。

<u>03</u> 将十字光标向右下方移动，然后在绘图区拾取一点，指定图示中心位置，如图11-67所示。

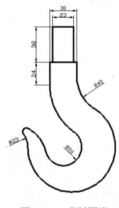
图 11-65　素材图形

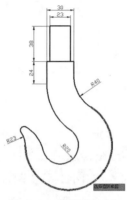
图 11-66　选择标注对象

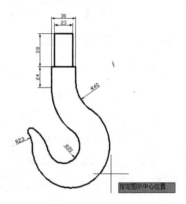
图 11-67　指定图示中心位置

<u>04</u> 将十字光标向右上方移动，在绘图区拾取一点，指定尺寸线位置，如图11-68所示。

<u>05</u> 移动十字光标到合适的点并单击，指定折弯位置，如图11-69所示。创建的折弯标注如图11-70所示。

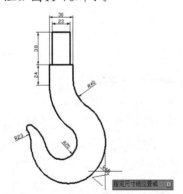
图 11-68　指定尺寸线位置

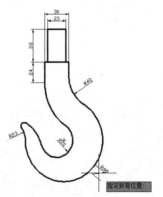
图 11-69　指定折弯位置

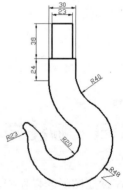
图 11-70　标注折弯半径

11.3.2　连续标注

连续标注用于标注在同一方向上连续的线性或角度尺寸。在进行连续标注之前，需要对图形进行一次标注操作，以确定连续标注的起始点，否则无法进行连续标注。执行"连续"命令，可以从上一个或选定标注的第二条尺寸界线处创建线性、角度或坐标的连续标注。

【命令调用方式】

○　选择"标注"|"连续"命令。

○　在"注释"功能区单击"标注"面板中的"连续"按钮。

○　输入Dimcontinue(DCO)命令并确定。

【练习】连续标注图形。

01 打开"连杆.dwg"素材图形文件，如图11-71所示。

02 执行"线性"命令，在连杆下方进行一次线性标注，如图11-72所示。

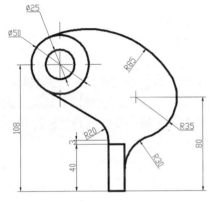

图 11-71　素材图形

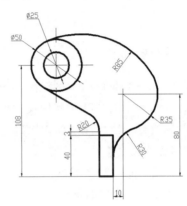

图 11-72　进行线性标注

03 单击"标注"面板中的"连续"按钮，执行"连续"命令，如图11-73所示。

04 在系统提示下，向左指定连续标注的第二条尺寸界线的原点，如图11-74所示。

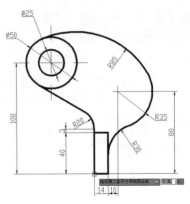

图 11-74　指定标注界线的原点

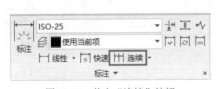

图 11-73　单击"连续"按钮

05 根据系统提示，再次指定连续标注的第二条尺寸界线的原点，如图11-75所示。

06 按空格键进行确定，完成连续标注，效果如图11-76所示。

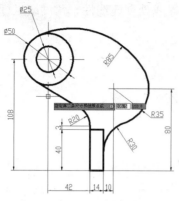

图 11-75　指定标注界线的原点

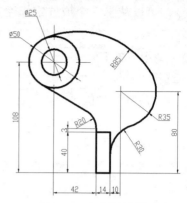

图 11-76　完成连续标注

11.3.3　基线标注

　　"基线标注"命令用于标注图形中有一个共同基准的线性或角度尺寸。基线标注是以某一点、线、面作为基准,其他尺寸按照该基准进行定位。因此,在使用基线标注之前,需要对图形进行一次标注操作,以确定基线标注的基准点,否则无法进行基线标注。

　　【命令调用方式】

　　○　选择"标注"|"基线"命令。

　　○　单击"标注"面板中的"连续"下拉按钮,在下拉列表中选择"基线"选项。

　　○　输入Dimbaseline(DBA)命令并确定。

　　【练习】基线标注图形。

　　01　打开"法兰套剖视图.dwg"素材图形,如图11-77所示。

　　02　执行Dimastyle(D)命令,打开"标注样式管理器"对话框,然后单击"修改"按钮,如图11-78所示。

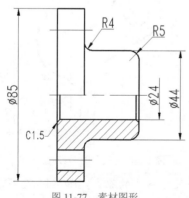

图 11-77　素材图形

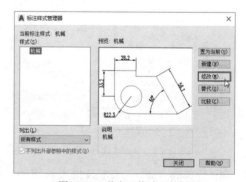

图 11-78　单击"修改"按钮

　　03　在打开的"修改标注样式:机械"对话框中选择"线"选项卡,设置"基线间距"值为7.5,然后进行确定,如图11-79所示。

　　04　执行"线性"标注命令,在图形上方进行一次线性标注,如图11-80所示。

　　05　执行Dimbaseline(DBA)命令,当系统提示"指定第二条尺寸界线原点或 [放弃(U)/选择(S)]:"时,输入S并确定,启用"选择(S)"选项,如图11-81所示。

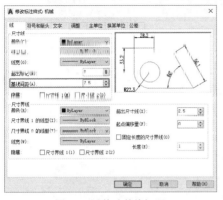

图 11-79　修改基线间距

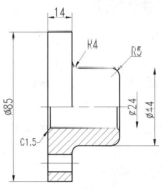

图 11-80　进行线性标注

06 当系统提示"选择基准标注:"时，在前面创建的线性标注左方单击，选择该标注作为基准标注，如图11-82所示。

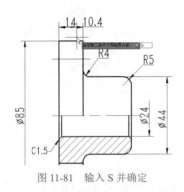

图 11-81　输入 S 并确定

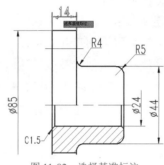

图 11-82　选择基准标注

07 当系统再次提示"指定第二条尺寸界线原点或[放弃(U)/选择(S)]:"时，指定基准标注第二条尺寸界线的原点，如图11-83所示。

08 按空格键进行确定，完成基线标注操作，效果如图11-84所示。

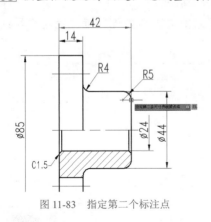

图 11-83　指定第二个标注点

图 11-84　基线标注效果

❖ **注意:**

对图形进行基线标注时，如果基线标注间的距离太近，将无法正常显示标注的内容。用户可以在"修改标注样式"对话框的"线"选项卡中重新设置基线间距，以调整各个基线标注间的距离。

11.3.4　快速标注

"快速标注"用于快速创建标注，其中包含创建基线标注、连续标注、半径标注和直径标注等。使用"快速标注"命令标注图形，首先要选择进行标注的尺寸界线，然后指定尺寸线位置，即可快速标注所选择的尺寸界线区域。

【命令调用方式】

- ○　选择"标注"|"快速标注"命令。
- ○　单击"标注"面板中的"快速标注"按钮 。
- ○　输入Qdim命令并确定。

执行上述任意一种操作后，系统将提示"选择要标注的几何图形:"。在此提示下选择标注图形，系统将提示"指定尺寸线位置或[连续/并列/基线/坐标/半径/直径/基准点/编辑]<>:"。

【主要选项说明】

- ○　连续：用于创建连续标注。
- ○　并列：用于创建并列标注。
- ○　基线：用于创建基线标注。
- ○　坐标：以一个基点为准，标注其他端点相对于基点的相对坐标。
- ○　半径：用于创建半径标注。
- ○　直径：用于创建直径标注。
- ○　基准点：确定用"基线"和"坐标"方式标注时的基点。
- ○　编辑：启动尺寸标注的编辑命令，用于增加或减少尺寸标注中尺寸界线的端点数。

【练习】快速标注图形。

01 打开"书房立面.dwg"素材图形，如图11-85所示。

02 执行"快速标注(Qdim)"命令，在图形下方依次选择要进行标注的尺寸界线，如图11-86所示。

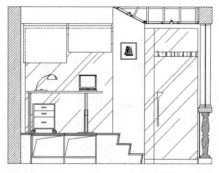
图11-85　"书房立面"素材图形

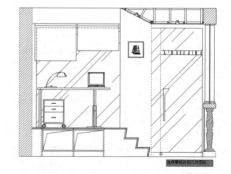
图11-86　选择标注的尺寸界线

03 根据系统提示指定尺寸线位置，效果如图11-87所示，即可以选择的尺寸界线对图形进行快速标注，效果如图11-88所示。

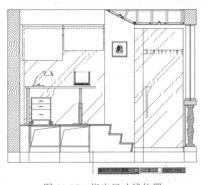

图 11-87　指定尺寸线位置

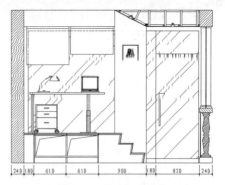

图 11-88　快速标注效果

04 使用同样的方法，对立面图的高度尺寸进行快速标注，效果如图11-89所示。

05 使用"线性"命令对立面图进行线性标注，效果如图11-90所示。

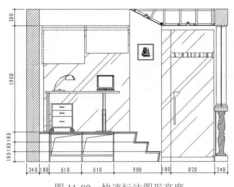

图 11-89　快速标注图形高度

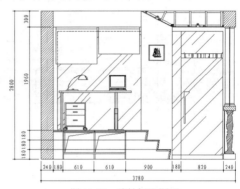

图 11-90　线性标注图形

11.3.5　打断标注

使用"标注打断"命令可以将标注对象以某一对象为参照点或以指定点打断，使标注效果更清晰。

【命令调用方式】

○ 选择"标注" | "标注打断"命令。

○ 单击"标注"面板中的"打断"按钮 。

○ 输入Dimbreak命令并确定。

执行Dimbreak命令，选择要打断的一个或多个标注对象，然后进行确定。系统将提示"选择要打断标注的对象或 [自动(A)/恢复(R)/手动(M)] <>:"。用户可以根据提示设置打断标注的方式。

【主要选项说明】

○ 自动(A)：自动将折断标注放置在与选定标注相交的对象的所有交点处。修改标注或相交对象时，会自动更新使用此选项创建的所有折断标注。

○ 恢复(R)：从选定的标注中删除所有折断标注。

○ 手动(M)：使用手动方式为打断位置指定标注或尺寸界线上的两点。如果修改标注或相交对象，则不会更新使用此选项创建的任何折断标注。使用此选项，一次仅可以放置一个手动折断标注。

【练习】打断图形标注。

01 打开"螺钉.dwg"图形文件，如图11-91所示。

02 执行Dimbreak命令，然后选择图形左侧的线性标注，如图11-92所示。

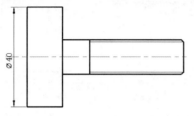

图11-91 打开图形文件

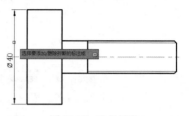

图11-92 选择标注

03 根据系统提示选择点画线作为要折断标注的对象，如图11-93所示。系统即可自动在点画线的位置折断标注，如图11-94所示。

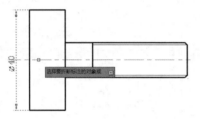

图11-93 选择折断标注的对象

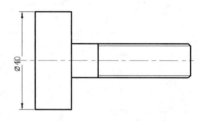

图11-94 折断标注

11.3.6 折弯线性

执行"折弯线性"命令，可以在线性标注或对齐标注中添加或删除折弯线，用于表示标注的对象并非是完整的对象。

【命令调用方式】

○ 选择"标注"|"折弯线性"命令。

○ 单击"标注"面板中的"折弯线性"按钮 〜。

○ 输入Dimjogline(DJL)命令并确定。

【练习】折弯线性标注。

01 打开"栏杆.dwg"图形文件，如图11-95所示。

02 执行Dimjogline命令(DJL)，选择其中的线性标注，如图11-96所示。

图11-95 打开素材图形

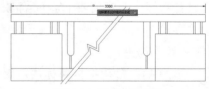

图11-96 选择标注对象

03 根据系统提示指定折弯的位置，如图11-97所示。创建的折弯线性效果如图11-98所示。

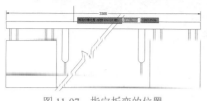

图 11-97 指定折弯的位置

图 11-98 折弯线性效果

11.4 编辑标注

当创建尺寸标注后，如果需要对其进行修改，可以使用标注样式对所有标注进行修改，也可以单独修改图形中的部分标注对象。

11.4.1 修改标注样式

在进行尺寸标注的过程中，可以先设置好尺寸标注的样式，也可以在创建好标注后，对标注的样式进行修改，使其适合标注的图形。

选择"标注"|"样式"命令，在打开的"标注样式管理器"对话框中选中需要修改的样式，然后单击"修改"按钮，如图11-99所示。在打开的"修改标注样式"对话框中可根据需要对标注的各部分样式进行修改，修改好标注样式后进行确定即可，如图11-100所示。

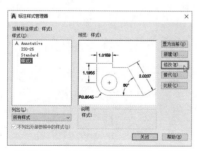

图 11-99 "标注样式管理器"对话框

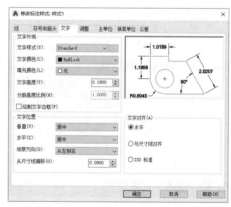

图 11-100 "修改标注样式"对话框

11.4.2 编辑尺寸界线

使用Dimedit命令可以修改一个或多个标注对象上的文字标注和尺寸界线。执行Dimedit命令后，系统将提示"输入标注编辑类型[默认(H)/新建(N)/旋转(R)/倾斜(O)]<默认>:"。

【主要选项说明】

○ 默认(H)：将标注文字移回默认位置。

○ 新建(N)：使用"多行文字编辑框"编辑标注文字。

○　　旋转(R)：旋转标注文字。

○　　倾斜(O)：调整线性标注尺寸界线的倾斜角度。

【练习】编辑标注尺寸界线

|01| 打开"浴缸.dwg"图形文件，如图11-101所示。

|02| 执行Dimedit命令，在弹出的菜单中选择"倾斜"选项，如图11-102所示。

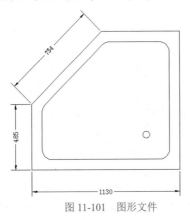

图 11-101　图形文件

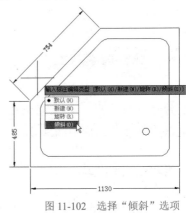

图 11-102　选择"倾斜"选项

|03| 根据系统提示选择左侧的标注作为修改对象，然后输入倾斜的角度值为15°并确定，如图11-103所示。倾斜尺寸界线后的效果如图11-104所示。

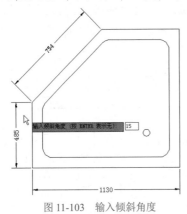

图 11-103　输入倾斜角度

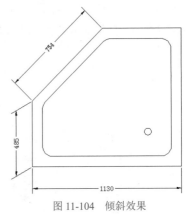

图 11-104　倾斜效果

11.4.3　修改标注文字

使用Dimtedit命令可以对标注文字的位置、对齐方式和角度进行修改。执行Dimtedit命令，选择要编辑的标注后，系统将提示"为标注文字指定新位置或[左对齐(L)/右对齐(R)/居中(C)/默认(H)/角度(A)]:"。

【主要选项说明】

○　　左对齐(L)：沿尺寸线左对齐标注文字。

○　　右对齐(R)：沿尺寸线右对齐标注文字。

○　　居中(C)：将标注文字置于尺寸线的中间。

○　　默认(H)：将标注文字移回默认位置。

○　角度(A)：修改标注文字与水平方向的角度。

【练习】编辑标注文字。

[01] 打开"标注 .dwg"素材图形。

[02] 执行Dimtedit命令，选择左上方的对齐标注并确定，如图11-105于。

[03] 根据系统提示，输入字母A并确定，启用"角度(A)"选项，如图11-106所示。

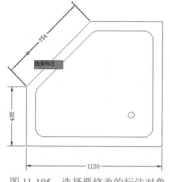

图 11-105　选择要修改的标注对象

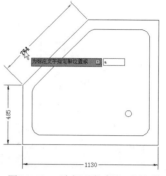

图 11-106　选择"角度(A)"选项

[04] 当系统提示"指定标注文字的角度:"时，输入旋转的角度值为-45并确定，如图11-107所示。旋转标注文字后的效果如图11-108所示。

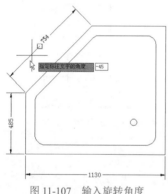

图 11-107　输入旋转角度

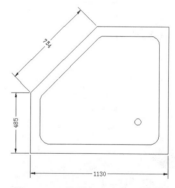

图 11-108　旋转标注文字后的效果

11.4.4　修改标注间距

当两个或两个以上的标注对象之间的距离太近时，可以使用"标注间距"命令快速修改标注之间的距离。执行"标注间距"命令，可以调整线性标注或角度标注之间的距离。该命令仅适用于平行的线性标注或共用一个顶点的角度标注。

【命令调用方式】

○　选择"标注"|"标注间距"命令。

○　单击"标注"面板中的"调整间距"按钮圖。

○　输入Dimspace命令并确定。

【练习】修改标注间距。

[01] 打开"法兰盘剖视图.dwg"素材图形。

[02] 执行Dimspace命令，然后选择图形左侧的线性标注，如图11-109所示。

03 选择下一个与选择标注相邻的线性标注，如图11-110所示。

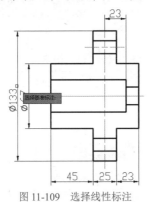

图 11-109 选择线性标注

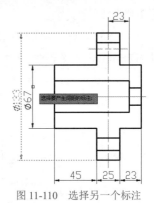

图 11-110 选择另一个标注

04 在弹出的列表选项中选择"自动(A)"选项，如图11-111所示。系统即可自动调整两个标注之间的距离，如图11-112所示。

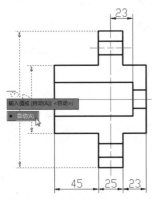
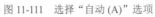

图 11-111 选择"自动 (A)"选项

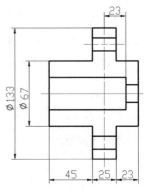

图 11-112 调整标注间距

> ❖ **注意：**
>
> 执行Tedit(编辑文字)命令，然后选择标注文字；或者双击标注中的文字，可以激活标注的文字对象，即可对标注文字的内容进行修改。

11.5 引线标注

在AutoCAD中，引线是由样条曲线或直线段连着箭头构成的，通常由一小段水平线将文字和特征控制框连接到引线上。绘制图形时，通常可以使用引线功能标注图形特殊部分的尺寸或进行文字注释。

11.5.1 绘制多重引线

执行"多重引线"命令，可以创建连接注释与几何特征的引线，对图形进行标注。在创建多重引线对象时，可以指定引线的箭头位置、基线位置和文字内容。

【命令调用方式】

○ 选择"标注"|"多重引线"命令。

○ 在"默认"功能区单击"注释"面板中的"引线"按钮 ⁄°，如图11-113所示。

○ 在"注释"功能区单击"引线"面板中的"多重引线"按钮 ⁄°，如图11-114所示。

○ 执行Mleader命令。

图11-113 "默认"功能区的"引线"按钮

图11-114 "注释"功能区的"多重引线"按钮

【练习】引线标注图形倒角。

①① 打开"螺栓.dwg"素材图形。

②② 执行Mleader命令，当系统提示"指定引线箭头的位置或[引线基线优先(L)/内容优先(C)/选项(O)] <选项>:"时，在图形中指定引线箭头的位置，如图11-115所示。

③③ 当系统提示"指定引线基线的位置:"时，在图形中指定引线基线的位置，如图11-116所示。

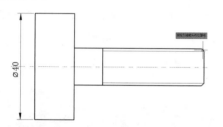

图11-115 指定箭头位置

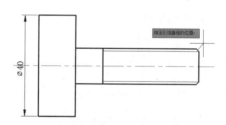

图11-116 指定引线基线的位置

④④ 在指定引线基线的位置后，系统将要求用户输入引线的文字内容，此时可以输入标注的文字，如图11-117所示。

⑤⑤ 在打开的"文字编辑器"功能区中单击"关闭文字编辑器"按钮，完成多重引线的标注，效果如图11-118所示。

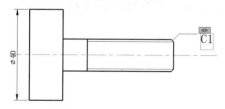

图11-117 输入文字内容

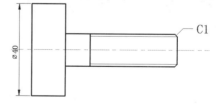

图11-118 多重引线标注

❖ 注意:

在工程制图中，在不方便进行倒角或圆角的尺寸标注时，通常可以使用引线标注方式标注对象的倒角或圆角。C表示倒角标注的尺寸；R表示圆角标注的尺寸。

11.5.2 绘制快速引线

使用"快速引线"命令Qleader(QL)可以快速创建引线和引线注释。创建快速引线对象时，需要指定引线的各个点和文字内容。执行Qleader(QL)命令后，可以通过输入S并确定，打开"引线设置"对话框，在其中设置适合绘图需要的引线点数和注释类型。

【练习】快速引线标注图形倒角。

01 打开"圆头螺钉.dwg"图形文件，如图11-119所示。

02 执行Qleader(QL)命令，然后根据系统提示输入S并确定。在打开的"引线设置"对话框中设置注释类型为"多行文字"，如图11-120所示。

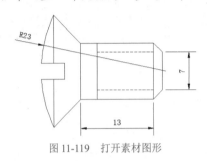

图 11-119 打开素材图形

图 11-120 设置注释类型

03 选择"引线和箭头"选项卡，保持点数为3、箭头样式为"实心闭合"、第一段的角度为"任意角度"等参数不变，设置第二段的角度为"水平"并确定，如图11-121所示。

04 当系统继续提示"指定第一个引线点或[设置(S)]:"时，在图形中指定引线的第一个点，如图11-122所示。

图 11-121 设置引线和箭头参数

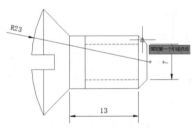

图 11-122 指定第一个点

05 当系统提示"指定下一点:"时，向右上方移动鼠标指定引线的下一个点，如图11-123所示。

06 当系统再次提示"指定下一点:"时，向右侧移动鼠标指定引线的下一个点，如图11-124所示。

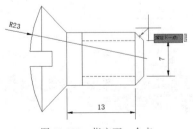

图 11-123 指定下一个点

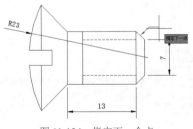

图 11-124 指定下一个点

07 当系统提示"输入注释文字的第一行 <多行文字(M)>:"时，输入快速引线的文字内容C2，如图11-125所示。

08 输入文字内容后，连续按两次Enter键完成快速引线的绘制，效果如图11-126所示。

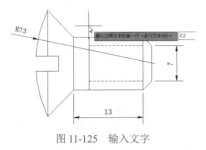

图 11-125 输入文字

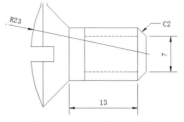

图 11-126 创建快速引线效果

11.6 形位公差

在产品生产过程中，如果在加工零件时所产生的形状误差和位置误差过大，将会影响产品的质量。因此，对要求较高的零件，必须根据实际需要，在图纸上标注出相应表面的形状误差和相应表面之间的位置误差的允许范围，即标出表面形状和位置公差，简称形位公差。

在AutoCAD中，可以使用特征控制框向图形中添加形位公差，形位公差的符号及说明如图11-127所示。

AutoCAD向用户提供了多种常用的形位公差符号，如表11-1所示。用户也可以自定义工程符号，常用的方法是通过定义块来定义基准符号或粗糙度符号。

图 11-127 形位公差说明

表11-1 常用的形位公差符号

符号	特征	类型	符号	特征	类型
⊕	位置	位置	//	平行度	方向
◎	同轴(同心)度	位置	⊥	垂直度	方向
⹀	对称度	位置	∠	倾斜度	方向
⌒	面轮廓度	轮廓	↗	圆跳动	跳动
⌒	线轮廓度	轮廓	↗↗	全跳动	跳动
○	圆度	形状	—	直线度	形状
⌿	圆柱度	形状			

【练习】创建形位公差。

01 执行QL(快速引线)命令，根据系统提示输入S并确定，打开"引线设置"对话框，在其中选中"公差"单选按钮，然后单击"确定"按钮，如图11-128所示。

02 根据命令提示绘制如图11-129所示的引线。

图 11-128　"引线设置"对话框

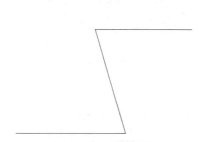

图 11-129　绘制引线

03 打开"形位公差"对话框，单击"符号"参数栏下的黑框，如图11-130所示。

04 在打开的"特征符号"对话框中选择符号⊕，如图11-131所示。

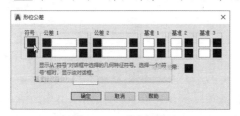

图 11-130　单击黑框

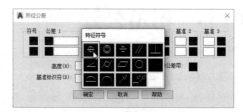

图 11-131　选择特征符号

05 单击"公差1"参数栏中的第一个小黑框，里面将自动出现直径符号，如图11-132所示。

06 在"公差1"参数栏中的白色文本框里输入公差值0.02，如图11-133所示。

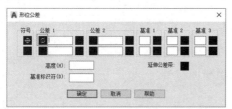

图 11-132　添加直径符号

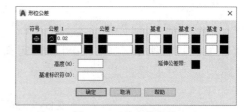

图 11-133　输入公差值

07 单击"公差1"参数栏中的第二个小黑框，打开"附加符号"对话框，从中选择附加符号，如图11-134所示。

08 单击"确定"按钮，完成形位公差的标注，效果如图11-135所示。

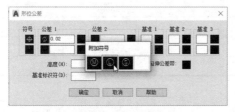

图 11-134　选择附加符号

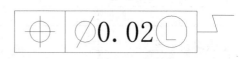

图 11-135　形位公差标注效果

11.7 上机实训

本章上机实训将标注壳体尺寸和零件图的形位公差，综合学习本章讲解的知识点，加深掌握标注样式的设置、各种标注的创建和形位公差的具体应用。

11.7.1 标注壳体尺寸

本实训要求标注壳体尺寸，主要掌握标注样式的设置、各种标注的创建和标注文字的编辑。本例的效果如图11-136所示。

【实例分析】

在本实例中，首先设置标注样式，然后依次使用"线性""直径""角度"命令创建图形的长度、直径和弧度标注，并对直径标注文字进行修改。

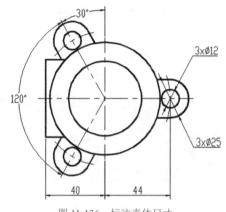

图 11-136　标注壳体尺寸

【操作步骤】

01 打开"壳体.dwg"素材图形，如图11-137所示。

02 选择"格式"|"标注样式"命令，打开"标注样式管理器"对话框。在该对话框中单击"新建"按钮，在打开的"创建新标注样式"对话框中输入新样式名，然后单击"继续"按钮，如图11-138所示。

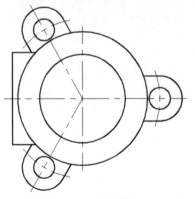

图 11-137　素材图形

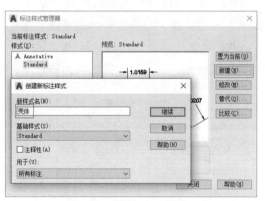

图 11-138　输入新样式名

03 在打开的"新建标注样式"对话框中选择"线"选项卡，设置"基线间距"为7.5、"超出尺寸线"为2.5、"起点偏移量"为1，如图11-139所示。

04 选择"符号和箭头"选项卡，将"箭头大小"设置为3，如图11-140所示。

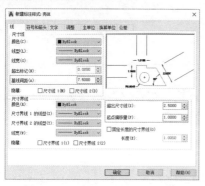

图 11-139　设置尺寸线和尺寸界线

图 11-140　设置箭头大小

05 选择"文字"选项卡，设置"文字高度"为5、"从尺寸线偏移"为1，选中"ISO标准"单选按钮，然后单击"确定"按钮，如图11-141所示。

06 返回"标注样式管理器"对话框。在该对话框中单击"新建"按钮，打开"创建新标注样式"对话框，在"用于"下拉列表中选择"角度标注"选项，如图11-142所示。

图 11-141　设置标注文字

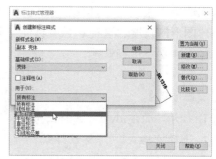

图 11-142　创建角度子样式

07 单击"继续"按钮，打开"新建标注样式"对话框。在该对话框中选择"文字"选项卡，然后在"文字对齐"选项组中选中"水平"单选按钮，如图11-143所示。

08 单击"确定"按钮，返回"标注样式管理器"对话框，再单击"关闭"按钮，关闭"标注样式管理器"对话框，如图11-144所示。

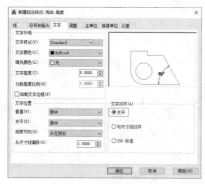

图 11-143　设置文字对齐方式

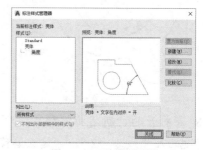

图 11-144　关闭对话框

09 执行DLI(线性)命令，捕捉图形左下方的线段交点，指定第一条尺寸界线的原点，如图11-145所示。

[10] 向右移动光标捕捉中心线的端点，指定第二条尺寸界线原点，如图11-146所示。

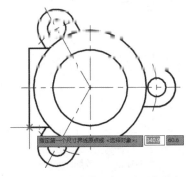

图11-145 指定第一条尺寸界线原点

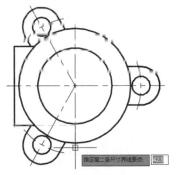

图11-146 指定第二条尺寸界线原点

[11] 将光标向下移动，单击指定尺寸线位置，创建的线性标注如图11-147所示。

[12] 使用"线性"命令，标注图形的其他尺寸，效果如图11-148所示。

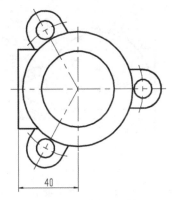

图11-147 线性标注效果

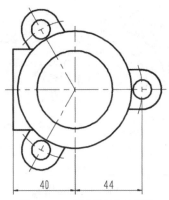

图11-148 创建其他线性标注

[13] 执行DDI(直径)命令，选择图形右侧的大圆作为标注对象，如图11-149所示。然后指定尺寸线的位置，直径标注效果如图11-150所示。

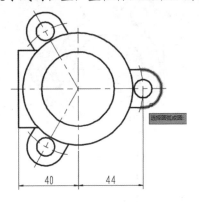

图11-149 选择标注对象

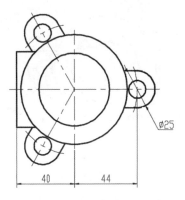

图11-150 标注直径

[14] 执行Tedit(编辑文字)命令，选择直径标注文字，将标注文字激活，如图11-151所示。然后将标注文字修改为$3 \times \phi 25$并确定，效果如图11-152所示。

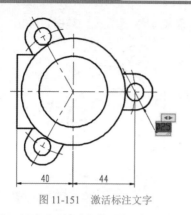

图 11-151　激活标注文字

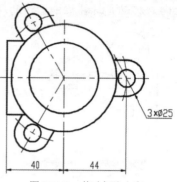

图 11-152　修改标注文字

15 使用同样的方法，对图形右侧的小圆进行直径标注，并修改标注文字，效果如图11-153所示。

16 执行DAN(角度)命令，选择标注角度图形的第一条边，如图11-154所示。

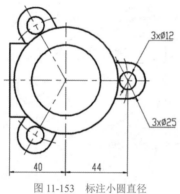

图 11-153　标注小圆直径

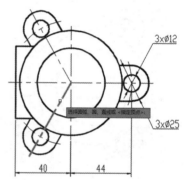

图 11-154　选择第一条边

17 根据提示选择标注角度图形的第二条边，如图11-155所示。

18 向左指定标注弧线的位置，得到的角度标注效果如图11-156所示。

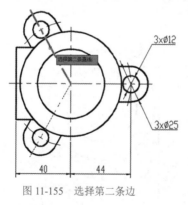

图 11-155　选择第二条边

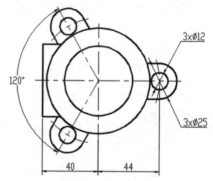

图 11-156　角度标注效果

19 重复执行DAN(角度)命令，标注图形的其他角度，完成本例的制作。

11.7.2　标注零件图形位公差

本实例要求标注零件图形位公差，主要掌握形位公差的创建方法和具体应用，本例的效果如图11-157所示。

【实例分析】

创建形位公差对象需要执行Qleader(快速引线)命令，打开"引线设置"对话框，选择注释类型为"公差"。然后创建一条引线，指定引线的位置，再指定形位公差的符号。

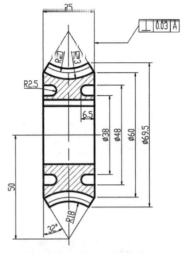

图 11-157　蜗轮剖视图

【操作步骤】

01 打开"蜗轮剖视图.dwg"素材图形，如图11-158所示。

02 执行Qleader(QL)命令，根据命令提示输入S并确定。打开"引线设置"对话框，在其中选中"公差"单选按钮，然后单击"确定"按钮，如图11-159所示。

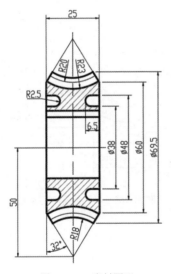

图 11-158　素材图形

图 11-159　选中"公差"单选按钮

03 根据命令提示，在如图11-160所示的位置指定第一个引线点，再指定引线的下一点，如图11-161所示。

04 在打开的"形位公差"对话框中单击"符号"参数栏下的黑框，如图11-162所示。

05 在打开的"特征符号"对话框中选择"垂直度"符号，如图11-163所示。

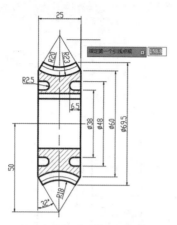

图 11-160　指定第一个引线点

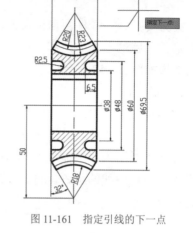

图 11-161　指定引线的下一点

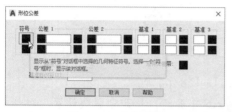

图 11-162　单击黑框

图 11-163　选择特征符号

06 在"公差1"参数栏中的白色文本框里输入公差值0.03，如图11-164所示。

07 在"基准1"文本框中输入A并确定，完成本例的制作，效果如图11-165所示。

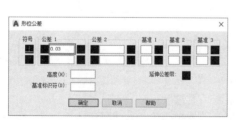

图 11-164　输入公差值

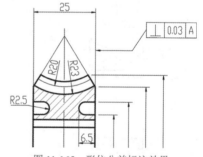

图 11-165　形位公差标注效果

11.8　思考与练习

1. AutoCAD中的图形标注通常由哪几部分组成？

2. 由于尺寸界线之间的距离太小，导致标注对象之间的文字重叠而不能清楚地显示，应如何进行调整？

3. 标注圆弧类图形时，怎样才能使标注的直径标注尺寸线为水平转折效果？

4. 打开如图11-166所示的"衣柜内立面.dwg"素材图形，使用"线性"和"快速标注"命令对该图形进行标注，效果如图11-167所示。

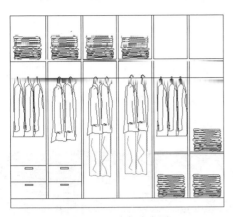

图 11-166 衣柜内立面

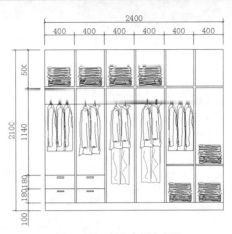

图 11-167 标注衣柜内立面

5. 打开如图11-168所示的"导向块二视图.dwg"素材图形，然后对该图形进行标注，效果如图11-169所示。

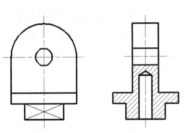

图 11-168 导向块二视图

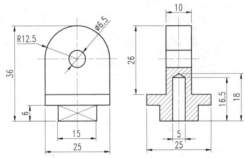

图 11-169 标注导向块二视图

第12章

三维建模基础

本章导读

　　AutoCAD提供了不同视角和显示图形的设置工具，可以在不同的用户坐标系和正交坐标系之间进行切换，从而方便地绘制和编辑三维实体。使用AutoCAD提供的三维绘图和编辑功能，可以创建各种类型的三维模型，直观地显示物体的实际形状。

本章重点

- ○ 认识三维投影
- ○ 控制三维视图
- ○ 三维坐标系
- ○ 设置模型的视觉样式
- ○ 绘制三维基本体
- ○ 使用二维图形创建三维实体

二维码教学视频

【练习】绘制指定尺寸的长方体

【练习】绘制多段体

【练习】创建拉伸实体

【练习】创建旋转实体

【练习】创建放样实体

【练习】创建扫掠实体

【上机实训】绘制连接件模型

【上机实训】绘制支架模型

12.1 认识三维投影

三维通常是人为规定的互相交错的二个方向。使用三维坐标，可以把整个世界任意点的位置确定下来。三维坐标轴包括X轴、Y轴、Z轴，其中X表示左右空间，Y表示上下空间，Z表示前后空间，这样就形成了人的视觉立体感。

要在一张图纸上正确地表达出一个位于三维空间的实体形状，就必须学会正确地应用图形的表示方法。图形的表示方法通常使用正投影视图的方式。正投影视图是将物体的正面与投影面平行，投影线垂直于物体的正面所投影在投影面上形成的图形。正投影视图通常包括第一视角法和第三视角法这两种表达方式。

12.1.1 第一视角法

在我国，第一视角投影应用比较多。通常使用第一视角投影的国家还有德国、法国等一些欧洲国家。GB和ISO标准一般都使用第一视角法。在ISO国际标准中第一视角投影法规定使用图12-1所示的图形符号来表示。

在图形空间中，三个互相垂直的平面将空间分为八个分角，分别称为第Ⅰ角、第Ⅱ角、第Ⅲ角……第一视角画法是将模型置于第Ⅰ角内，使模型处于观察者与投影面之间(即保持观察点→物→面的位置关系)而得到正投影的方法，如图12-2所示。

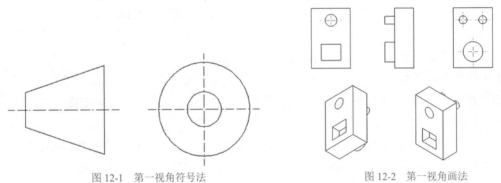

图 12-1　第一视角符号法　　　　　　　　　图 12-2　第一视角画法

12.1.2 第三视角法

第三视角法常称为美国方法或A法。第三视角投影法是假想将物体置于透明的玻璃盒之中，玻璃盒的每一个侧面作为投影面，按照"观察点→投影面→物体"的相对位置关系，作正投影所得图形的方法。在ISO国际标准中，第三视角投影法规定用图12-3所示的图形符号表示。

第三视角画法是将模型置于第Ⅲ角内，使投影面处于观察者与模型之间(即保持观察点→面→物的位置关系)而得到正投影的方法，如图12-4所示。从示意图中可以看出，这种画法是把投影面假想成透明来处理。顶视图是从模型的上方往下看所得的视图，把所得的视图画在模型上方的投影面上；前视图是从模型的前方往后看所得的视图，把所得的视图画在模型前方的投影面上。

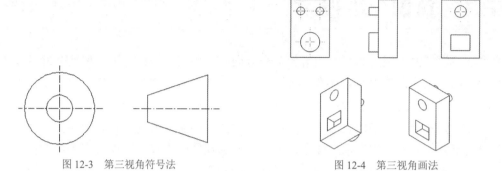

图 12-3 第三视角符号法   图 12-4 第三视角画法

12.2 控制三维视图

在AutoCAD中模型空间是三维的，但在AutoCAD传统工作空间只能在屏幕上看到二维图像或三维空间的局部沿一定方向在平面上的投影。为了能够在三维空间进行建模，用户可以选择进入AutoCAD提供的三维视图空间。

12.2.1 切换三维视图

在默认状态下，三维绘图命令绘制的三维图形都是俯视的平面图。用户可以根据系统提供的俯视、仰视、前视、后视、左视和右视6个正交视图，以及西南、西北、东南和东北4个等轴测视图分别从不同方位进行观察。

【命令调用方式】

○ 选择"视图"|"三维视图" 菜单命令，然后根据需要在子菜单中选择相应的视图命令，如图12-5所示。

○ 切换到"三维建模"工作空间，单击"常用"|"视图"面板中的"三维导航"下拉按钮，然后在弹出的下拉列表中选择相应的视图选项，如图12-6所示。

图 12-5 选择视图命令

图 12-6 选择视图选项

❖ **注意：**

为了方便调整三维建模和编辑工具，本书中的三维绘图知识将以"三维建模"工作空间为主进行讲解。

12.2.2 管理视图

执行View(V)命令，打开"视图管理器"对话框。在其中可以保存和恢复模型视图、布局视图和预设视图，如图12-7所示。在"查看"列表框中展开"预设视图"选项，选择其中的视图，然后单击"置为当前"按钮，可以将其作为当前使用的视图，如图12-8所示。

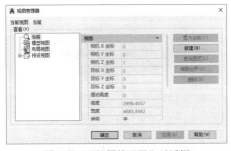

图 12-7 "视图管理器"对话框   图 12-8 将视图设置为当前视图

【主要选项说明】

○ 当前：显示当前视图及其"查看"和"剪裁"特性。

○ 模型视图：显示命名视图和相机视图列表，并列出选定视图的"常规""查看"和"剪裁"特性。

○ 布局视图：在定义视图的布局上显示视口列表，并列出选定视图的"常规"和"查看"特性。

○ 预设视图：显示正交视图和等轴测视图列表，并列出选定视图的"常规"特性。

○ 置为当前：恢复选定的视图。

○ 新建：显示"新建视图/快照特性"对话框或"新建视图"对话框。

○ 更新图层：更新与选定的视图一起保存的图层信息，使其与当前模型空间和布局视口中的图层可见性匹配。

○ 编辑边界：显示选定的视图，绘图区域的其他部分以较浅的颜色显示，从而显示命名视图的边界。

○ 删除：删除选定的视图。

12.2.3 动态观察三维视图

除了可以通过切换系统提供的三维视图来观察模型外，还可以使用动态的方式观察模型。其中，观察模式包括受约束的动态观察、自由动态观察和连续动态观察这3种模式。

1. 受约束的动态观察

受约束的动态观察是指沿XY平面或Z轴约束的三维动态观察。

【命令调用方式】

○ 选择"视图"|"动态观察"|"受约束的动态观察"命令。

○ 输入3dorbit命令并确定。

执行上述任意命令后，绘图区会出现🔂图标，如图12-9所示，这时用户进行拖动，即可动态地观察对象，效果如图12-10所示。观察完毕后，按Esc键或Enter键即可退出操作。

图12-9　按住并拖动鼠标

图12-10　旋转视图效果

2. 自由动态观察

自由动态观察是指不参照平面，在任意方向上进行动态观察。当用户沿XY平面和Z轴进行动态观察时，视点是不受约束的。

【命令调用方式】

❍　选择"视图"|"动态观察"|"自由动态观察"命令。

❍　输入3dforbit命令并确定。

执行上述任意命令后，绘图区会显示一个导航球，它被小圆分成4个区域，如图12-11所示，用户拖动该导航球可以旋转视图，如图12-12所示。观察完毕后，按Esc键或Enter键即可退出操作。

图12-11　拖动观察

图12-12　自由动态观察

3. 连续动态观察

连续动态观察可以让系统自动进行连续动态观察。

【命令调用方式】

❍　选择"视图"|"动态观察"|"连续动态观察"命令。

❍　输入3dcorbit命令并确定。

执行上述任意命令后，绘图区中出现⊗图标，用户在连续动态观察移动的方向上拖动鼠标，使对象沿着正在拖动的方向开始移动。然后释放鼠标，对象在指定的方向上继续沿它们的轨迹运动。其运动的速度由光标移动的速度决定。观察完毕后，按Esc键或Enter键即可退出操作。

12.2.1　设置三维视图视点

选择"视图"|"三维视图"|"视点"命令，或执行VPOINT命令，将显示定义观察方向的指南针和三轴架，拖动即可调整视图的视点，如图12-13所示。调整视点后对应的模型效果如图12-14所示。

执行"视点"命令后，系统将提示"指定视点或 [旋转(R)] <显示指南针和三轴架>:"。

【主要选项说明】

- ○ 视点：创建一个矢量，该矢量定义通过其查看图形的方向。定义的视图好像是观察者在该点向原点(0,0,0)方向观察。
- ○ 旋转(R)：使用两个角度指定新的观察方向。
- ○ 显示指南针和三轴架：显示坐标球和三轴架，用来定义视口中的观察方向。

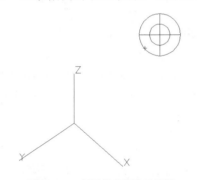

图 12-13　显示指南针和三轴架

图 12-14　调整视点后的效果

❖ **注意:**

指南针是球体的二维表示。圆心是北极(0,0,n)，内环是赤道(n,n,0)，整个外环是南极(0,0,-n)。移动十字光标时，三轴架根据坐标球指示的观察方向旋转。要选择观察方向，将定点设备移到球体上的某个位置并单击即可。

12.2.5　多视图窗口设置

在绘制三维图形时，通过切换视图窗口可以从不同角度观察三维模型，但是工作起来并不方便。用户可以根据自己的需要新建多个视图窗口，同时使用不同的视图窗口来观察三维模型，以提高绘图效率。

执行Vports(新建视口)命令，打开"视口"对话框，可以设置视图窗口的效果。

【练习】创建多个视图窗口。

01 打开"亭子.dwg"素材图形。

02 执行Vports(新建视口)命令，然后在打开的"视口"对话框中输入视图窗口新名称"三维绘图"。

03 在"标准视口"列表框中选择"四个：左"选项，然后设置视图窗口类型为"三维"，再对各个视图窗口进行设置，如图12-15所示。

04 单击"确定"按钮，创建一个新的视图窗口，效果如图12-16所示。

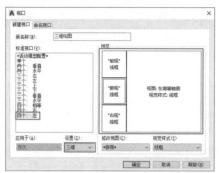

图 12-15　选择并设置视图窗口

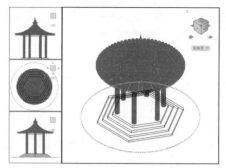

图 12-16　新建视图窗口效果

12.3　三维坐标系

AutoCAD的默认坐标系为世界坐标系，其坐标原点和方向是固定不变的。用户也可以根据自己的需要创建三维用户坐标系。三维坐标系主要包括三维笛卡儿坐标、三维球坐标和三维柱坐标这3种坐标形式。

12.3.1　三维笛卡儿坐标

三维笛卡儿坐标是通过使用X、Y和Z坐标值来指定精确的位置。在屏幕底部状态栏上所显示的三维坐标值即为笛卡儿坐标系中的数值，它可以准确地反映当前十字光标的位置。

输入三维笛卡儿坐标值(X,Y,Z)类似于输入二维坐标值(X,Y)。在绘图和编辑过程中，世界坐标系的坐标原点和方向都不会改变。默认情况下，X轴以水平向右为正方向，Y轴以垂直向上为正方向，Z轴以垂直屏幕向外为正方向，坐标原点在绘图区的左下角。如图12-17所示为二维坐标系，如图12-18所示为三维笛卡儿坐标。

图 12-17　二维坐标系

图 12-18　三维笛卡儿坐标

12.3.2　三维球坐标

三维球坐标主要用于对模型进行定位贴图，用来确定三维空间中点、线、面以及体的位置，它以坐标原点为参考点，由方位角、仰角和距离构成，如图12-19所示为球坐标系。

12.3.3 三维柱坐标

二维柱坐标与三维球坐标的功能和用途相同，都是在对模型贴图时，定位贴纸在模型中的位置。如图12-20所示为柱坐标系。

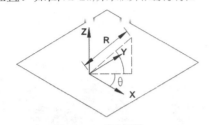

图 12-19 球坐标系

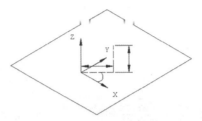

图 12-20 柱坐标系

三维柱坐标通过点在XY平面上的投影与UCS原点之间的距离、在XY平面上的投影和原点的连线与X轴的夹角来描述精确的位置。柱坐标点的表示方式是(点在XY平面上的投影与原点的距离<点在XY平面上的投影和原点的连线与X轴的夹角，沿Z轴方向上的距离)。例如，柱坐标点(30<50,200)，表示该点在XY平面上的投影与原点的距离为30、与X轴正方向的夹角为50°、在Z轴上的投影与原点的距离为200。

12.3.4 用户坐标系

为了方便用户绘制图形，AutoCAD提供了可变用户坐标系(UCS)。通过UCS命令，用户可以设置适合当前图形应用的坐标系。一般情况下，用户坐标系与世界坐标系重合。而在进行一些复杂的实体造型时，用户可以根据具体需要设定自己的UCS。

绘制三维图形时，在同一实体不同表面上绘图，可以将坐标系设置为当前绘图面的方向及位置。在AutoCAD中，UCS命令可以方便、准确、快捷地完成这项工作。

【命令调用方式】

○ 选择"工具"|"新建UCS"|"三点"命令。

○ 输入UCS命令并确定。

【练习】新建用户坐标系。

01 打开"三维底座.dwg"图形文件，如图12-21所示。

02 执行UCS命令，系统提示"指定UCS的原点或[面(F)/命名(NA)/对象(OB)/上一个(P)/视图(V)/世界(W)/X/Y/Z/Z轴(ZA)]"时，拾取如图12-22所示的点作为原点。

03 系统提示"指定X轴上的点或<当前>"时，继续指定X轴上的点，如图12-23所示。

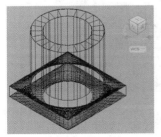

图 12-21 原有视图

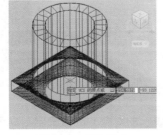

图 12-22 指定原点

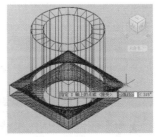

图 12-23 指定 X 轴上的点

04 系统提示"指定 XY 平面上的点或<接受>"时，在视图中继续指定XY平面上的点，如图12-24所示。

05 执行UCS命令，根据系统提示输入NA并确定，在弹出的快捷菜单中选择"保存 (S)"选项，如图12-25所示。

06 创建视图的名称(如"三维底座")并按Enter键确定，完成用户坐标系的创建，即可在绘图区右上角查找到创建的用户坐标系，如图12-26所示。

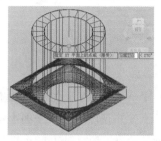 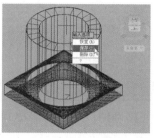 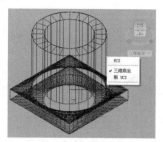

图 12-24　指定 XY 平面上的点　　　图 12-25　选择"保存 (S)"选项　　　图 12-26　查找新建坐标系

12.4　设置模型的视觉样式

在等轴测视图中绘制三维模型时，默认状态下三维模型以线框方式进行显示。为了获得直观的视觉效果，可以更改视觉样式来改善显示效果。

12.4.1　设置视觉样式

选择"视图"|"视觉样式"命令，在子菜单中可以根据需要选择相应的视图样式。
【主要选项说明】

○ 二维线框：显示用直线和曲线表示边界的对象，光栅和OLE对象、线型和线宽均可见，效果如图12-27所示。

○ 线框：显示用直线和曲线表示边界对象的三维线框。线框效果与二维线框相似，只是在线框效果中将显示一个已着色的三维坐标。如果二维背景和三维背景颜色不同，线框与二维线框的背景颜色也不同，效果如图12-28所示。

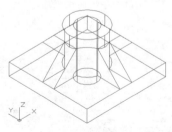 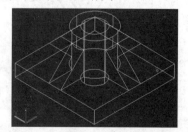

图 12-27　二维线框效果　　　　　　　　　　图 12-28　线框效果

○ 消隐：显示用三维线框表示的对象并隐藏表示后向面的直线，效果如图12-29所示。

○ 真实：着色多边形平面间的对象，并使对象的边平滑化，将显示对象的材质，效果如图12-30所示。

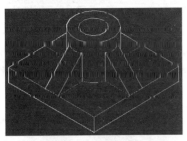

图 12-29　消隐效果

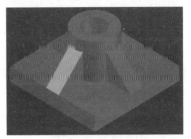

图 12-30　真实效果

○ 概念：着色多边形平面间的对象，并使对象的边平滑化。着色使用冷色和暖色之间的过渡。效果缺乏真实感，但是可以更方便地查看模型的细节，效果如图12-31所示。

○ 着色：使用平滑着色显示对象，效果如图12-32所示。

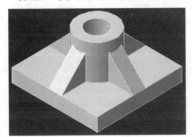

图 12-31　概念效果

图 12-32　着色效果

○ 带边缘着色：使用平滑着色和可见边显示对象，效果如图12-33所示。

○ 灰度：使用平滑着色和单色灰度显示对象，效果如图12-34所示。

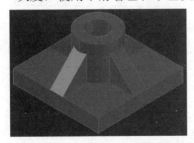

图 12-33　带边缘着色效果

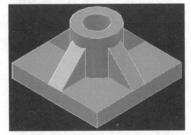

图 12-34　灰度效果

○ 勾画：使用线延伸和抖动边修改器显示手绘效果的对象，效果如图12-35所示。

○ X射线：以局部透明度显示对象，效果如图12-36所示。

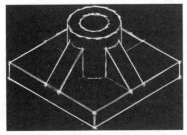

图 12-35　勾画效果

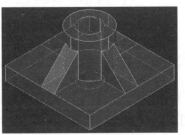

图 12-36　X 射线效果

12.4.2　视觉样式管理器

选择"视图"|"视觉样式"|"视觉样式管理器"命令，打开"视觉样式管理器"选项板。在此可以创建和修改视觉样式，并将视觉样式应用于视图窗口，如图12-37所示。

在打开的"视觉样式管理器"选项板中单击"创建新的视觉样式"按钮，即可在打开的"创建新的视觉样式"对话框中创建新的视觉样式，如图12-38所示。

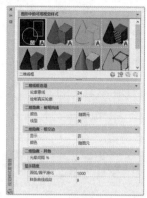

图 12-37　"视觉样式管理器"选项板

图 12-38　创建新的视觉样式

12.5　绘制三维基本体

在AutoCAD中，用户可以使用命令的方式绘制三维基本体，也可以使用"三维建模"工作空间中的建模工具绘制三维基本体。

将工作空间切换到"三维建模"工作空间，"常用"功能区的"建模"面板中显示了三维基本体的绘图工具，默认的三维基本体建模工具为"长方体"按钮，如图12-39所示，单击"长方体"下拉按钮，可以在展开的工具列表中选择其他的三维基本体建模工具，如图12-40所示。

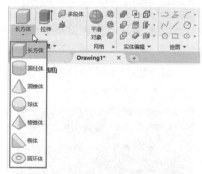

图 12-39　"建模"面板

图 12-40　三维基本体建模工具

12.5.1　绘制长方体

使用"长方体"命令可以创建长方体或立方体。

【命令调用方式】

- 选择"绘图"|"建模"|"长方体"命令。
- 切换到"三维建模"工作空间，单击"常用"功能区的"建模"面板中的"长方体"按钮。
- 输入Box命令并确定。

执行上述任意一种操作后，系统将提示"指定长方体的角点或[中心点(CE)]<0,0,0>"。确定长方体底面角点位置或底面中心，默认值为<0,0,0>，指定位置或输入坐标值后命令行将提示"指定其他角点或[立方体(C)/长度(L)]"。

【主要选项说明】

- 中心点(CE)：选择该选项后，单击将指定长方体中心点的位置。
- 立方体(C)：选择该选项可以创建立方体。
- 长度(L)：使用该项创建长方体，创建时先输入长方体底面X方向的长度，然后输入长方体Y方向的宽度，最后输入长方体的高度值。

【练习】绘制指定尺寸的长方体。

[01] 选择"视图"|"三维视图"|"西南等轴测"命令，切换当前视图。

[02] 执行Box命令，系统提示"指定长方体的角点或[中心点(CE)]"时，单击指定长方体的起始角点坐标。

[03] 当系统提示"指定其他角点或[立方体(C)/长度(L)]"时，输入L并确定，选择"长度(L)"选项。

[04] 当系统提示"指定长度"时，拖动鼠标以指定绘制长方体的长度方向，然后输入长方体的长度值并确定，如图12-41所示。

[05] 继续拖动鼠标以指定长方体的宽度方向，然后输入宽度值并确定，如图12-42所示。

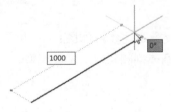

图 12-41 指定长度

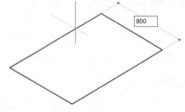

图 12-42 指定宽度

[06] 当系统提示"指定高度"时，拖动鼠标以指定长方体的高度方向，然后输入高度值并确定(如图12-43所示)，即可完成长方体的创建，效果如图12-44所示。

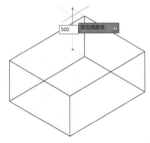

图 12-43 指定高度

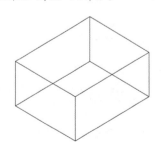

图 12-44 创建长方体

12.5.2 绘制球体

使用"球体"命令可创建三维实心球体，该实体是通过半径或直径及球心来定义的。

【命令调用方式】

○ 选择"绘图"|"建模"|"球体"命令。

○ 在"建模"面板中单击"长方体"下拉按钮，在下拉列表中选择"球体"选项。

○ 输入Sphere命令并确定。

❖ **注意:**

在三维绘图中，实体显示效果与系统变量Isolines有关。Isolines用于设置实体表面轮廓线的数量，系统变量Isolines的数值范围为4~2047。Isolines值越大，线框越密，实体表面越光滑，但所需运行的内存也越大。在修改Isolines值后，需要执行RE(重生成)命令，才能刷新视图效果。如图12-45所示是Isolines值为4的球体显示效果；如图12-46所示是Isolines值为24的球体显示效果。

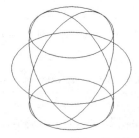

图 12-45 Isolines 值为 4 的球体效果

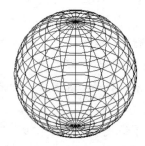

图 12-46 Isolines 值为 24 的球体效果

12.5.3 绘制圆柱体

使用"圆柱体"命令可以生成无锥度的圆柱体或椭圆柱体，如图12-47和图12-48所示。圆柱体是在三维空间中由圆的高度创建的与拉伸圆或椭圆相似的实体原型。

【命令调用方式】

○ 选择"绘图"|"建模"|"圆柱体"命令。

○ 在"建模"面板中单击"长方体"下拉按钮，在下拉列表中选择"圆柱体"选项。

○ 输入Cylinder命令并确定。

图 12-47 圆柱体

图 12-48 椭圆柱体

12.5.4 绘制圆锥体

使用"圆锥体"命令可以创建实心圆锥体或圆台体的三维图形。圆锥体以圆或椭圆为底，垂直向上对称地逐细直至收敛为一点。创建实体时，如果设置圆锥体的顶面半径为大于零的值，那么创建的将是一个圆台体，如图12-49和如图12-50所示分别为圆锥体和圆台体效果。

【命令调用方式】

❍ 选择"绘图"|"建模"|"圆锥体"命令。

❍ 在"建模"面板中单击"长方体"下拉按钮，在下拉列表中选择"圆锥体"选项。

❍ 输入Cone命令并确定。

图 12-49 圆锥体

图 12-50 圆台体

12.5.5 绘制圆环体

使用"圆环体"命令可以创建圆环体对象，如图12-51所示。如果圆管半径和圆环体半径均为正值，且圆管半径大于圆环体半径，绘制的圆环体就像一个两极凹陷的球体；如果圆环体半径为负值，圆管半径为正值且大于圆环体半径的绝对值，则绘制的圆环体就像一个两极尖锐突出的球体，如图12-52所示。

【命令调用方式】

❍ 选择"绘图"|"建模"|"圆环体"命令。

❍ 在"建模"面板中单击"长方体"下拉按钮，在下拉列表中选择"圆环体"选项。

❍ 输入Torus(TOR)命令并确定。

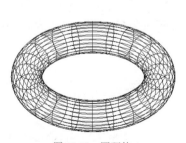

图 12-51 圆环体

图 12-52 异形圆环体

12.5.6 绘制棱锥体

执行"棱锥体"命令，可以创建倾斜至一个点的棱锥体，如图12-53所示。在绘制模型的过程中，如果重新指定模型顶面半径为大于零的值，可以绘制出棱台体，如图12-54所示。

【命令调用方式】

○ 选择"绘图"|"建模"|"棱锥体"命令。

○ 在"建模"面板中单击"长方体"下拉按钮，在下拉列表中选择"棱锥体"选项。

○ 输入Pyramid命令并确定。

12.5.7 绘制楔体

执行"楔体"命令，可以创建倾斜面在X轴方向的三维实体，如图12-55所示。

【命令调用方式】

○ 选择"绘图"|"建模"|"楔体"命令。

○ 在"建模"面板中单击"长方体"下拉按钮，在下拉列表中选择"楔体"选项。

○ 输入Wedge命令并确定。

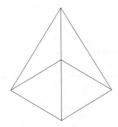
图 12-53　棱锥体

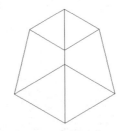
图 12-54　棱台体

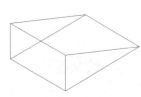
图 12-55　楔体

12.5.8 绘制多段体

使用"多段体"命令可以绘制三维墙状实体。用户可以使用创建多段线所使用的方法来创建多段体。

【命令调用方式】

○ 选择"绘图"|"建模"|"多段体"命令。

○ 在"建模"面板中单击"多段体"按钮。

○ 输入Polysolid命令并确定。

执行Polysolid命令后，系统将提示"指定起点或[对象(O)/高度(H)/宽度(W)/对正(J)]:"。

【主要选项说明】

○ 对象(O)：该选项用于将指定的二维图形拉伸为三维实体。

○ 高度(H)：该选项用于设置多段体的高度。

○ 宽度(W)：该选项用于设置多段体的宽度。

○ 对正(J)：该选项用于设置多段体的对正方式，包括左对正、居中和右对正这3种。

【练习】绘制多段体。

01 选择"视图"|"三维视图"|"西南等轴测"命令，将视图切换到西南等轴测视图。

02 输入Polysolid命令并确定，当系统提示"指定起点或[对象(O)/高度(H)/宽度(W)/对正(J)]:<对象>:"时，输入H并确定，选择"高度"选项，如图12-56所示，然后输入多段体的高度为280，如图12-57所示。

图12-56　输入H并确定

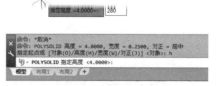

图12-57　指定高度

03 当系统再次提示"指定起点或[对象(O)/高度(H)/宽度(W)/对正(J)]:<对象>:"时，输入W并确定，选择"宽度"选项，如图12-58所示。然后输入多段体的宽度为24，如图12-59所示。

图12-58　输入W并确定

图12-59　指定宽度

04 根据系统提示指定多段体的起点，然后拖动鼠标指定多段体的下一个点，并输入该段多段体的长度并确定，如图12-60所示。

05 继续拖动鼠标指定多段体的下一个点，并输入该段多段体的长度并确定，如图12-61所示。

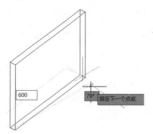

图12-60　指定第一段长度

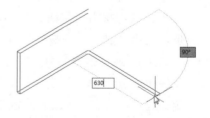

图12-61　指定下一段长度

06 继续拖动鼠标指定多段体的下一个点，输入多段体的长度并确定，如图12-62所示。然后按下空格键进行确定，完成多段体的绘制，效果如图12-63所示。

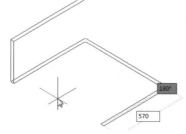

图12-62　指定下一段长度

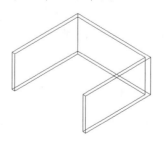

图12-63　创建多段体

12.6 使用二维图形创建三维实体

在AutoCAD中，除了可以使用系统提供的实体命令直接绘制三维模型外，也可以通过对二维图形进行拉伸、旋转和放样等操作绘制三维模型。

> ❖ **注意：**
>
> 与三维基本体一样，本节创建的三维实体表面同样以线框的形式来表示，线框密度由系统变量Isolines控制，系统变量Isolines数值越大，线框越密，实体表面越光滑。

12.6.1 绘制拉伸实体

使用"拉伸"命令可以沿指定路径拉伸对象或按指定高度值和倾斜角度拉伸对象，从而将二维图形拉伸为三维实体。

【命令调用方式】

- 选择"绘图"|"建模"|"拉伸"命令。
- 单击"建模"面板中的"拉伸"按钮■。
- 输入Extrude(EXT)命令并确定。

在使用"拉伸"命令创建三维实体的过程中，系统将提示"指定拉伸高度""方向"和"路径"等选项。

【主要选项说明】

- 指定拉伸高度：默认情况下，将沿对象的法线方向拉伸平面对象。如果输入的高度为正值，将沿对象所在坐标系的 Z 轴正方向拉伸对象；如果输入的高度为负值，将沿 Z 轴负方向拉伸对象。
- 方向(D)：通过指定的两点指定拉伸的长度和方向。
- 路径(P)：选择基于指定曲线对象的拉伸路径。路径将移到轮廓的质心，然后沿选定路径拉伸选定对象的轮廓以创建实体或曲面。

【练习】创建拉伸实体。

01 使用"样条曲线"命令绘制一个异形、封闭的二维图形，如图12-64所示。

02 执行Isolines命令，设置线框密度为24。

03 选择"视图"|"三维视图"|"西南等轴测"命令，将视图切换至西南等轴测视图，图形效果如图12-65所示。

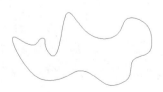

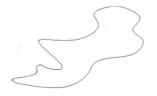

图 12-64 绘制二维图形　　　　　图 12-65 转换为西南等轴测视图后的图形效果

04 选择"绘图"|"建模"|"拉伸"命令，选择刚绘制的图形，当系统提示"指定拉伸的高度或[方向(D)/路径(P)/倾斜角(T)]:"时，输入拉伸对象的高度值，如图12-66所示。

05 按空格键进行确定，完成拉伸二维图形的操作，效果如图12-67所示。

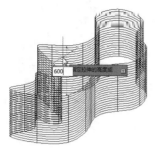

图12-66 指定高度

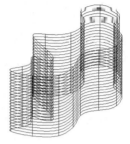

图12-67 拉伸效果

12.6.2 绘制旋转实体

使用"旋转"命令可以通过绕轴旋转开放或闭合的平面曲线来创建新的实体或曲面，并且可以同时旋转多个对象。执行"旋转"命令，选择要旋转的图形，然后通过指定轴起点和轴端点，确定旋转图形的旋转轴，再指定旋转角度，即可旋转选择的图形。

【命令调用方式】

○ 选择"绘图"|"建模"|"旋转"命令。

○ 单击"建模"面板中的"拉伸"下拉按钮，在下拉列表中选择"旋转"选项。

○ 输入Revolve(REV)命令并确定。

【练习】创建旋转实体。

01 使用"直线"和"多段线"命令绘制如图12-68所示的直线和封闭图形。

02 选择"绘图"|"建模"|"旋转"命令，选择封闭图形作为旋转对象，如图12-69所示。

图12-68 绘制图形

图12-69 选择旋转对象

03 当系统提示"指定轴起点或根据以下选项之一定义轴 [对象(O)/X/Y/Z]:"时，指定旋转轴的起点，如图12-70所示。

04 当系统提示"指定轴端点:"时，指定旋转轴的端点，如图12-71所示。

图12-70 指定旋转轴的起点

图12-71 指定旋转轴的端点

05 当系统提示"指定旋转角度或[起点角度(ST)]:"时，指定旋转的角度为360°，如图12-72所示，即可完成对二维图形的旋转，效果如图12-73所示。

图 12-72　指定旋转的角度

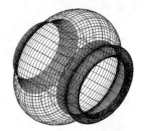

图 12-73　旋转实体后的效果

12.6.3　绘制放样实体

使用"放样"命令可以通过对包含两条或两条以上横截面曲线的一组曲线进行放样来创建三维实体或曲面。其中，横截面决定了放样生成实体或曲面的形状，它可以是开放的曲线或直线，也可以是闭合的图形，如圆、椭圆、多边形和矩形等。使用"放样"命令对图形进行放样时，需要依次选择作为放样的横截面和放样的路径。

【命令调用方式】

○　选择"绘图"|"建模"|"放样"命令。

○　单击"建模"面板中的"拉伸"下拉按钮，在下拉列表中选择"放样"选项。

○　输入LOFT命令并确定。

【练习】创建放样实体。

01 使用"样条曲线"命令绘制一条曲线，再使用"圆"命令绘制3个圆，如图12-74所示。

02 选择"绘图"|"建模"|"放样"命令，根据提示依次选择作为放样横截面的3个圆，如图12-75所示。

图 12-74　绘制二维图形

图 12-75　选择图形

03 在弹出的菜单列表中选择"路径(P)"选项，如图12-76所示。然后选择曲线作为路径对象，即可完成二维图形的放样操作，效果如图12-77所示。

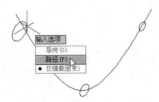

图 12-76　选择"路径(P)"选项

图 12-77　放样效果

12.6.4　绘制扫掠实体

使用"扫掠"命令可以通过沿指定路径延伸轮廓形状(被扫掠的对象)来创建实体或曲面。沿路径扫掠轮廓时，轮廓将被移动开与路径垂直对齐。开放轮廓可创建曲面，而闭合曲线可创建实体或曲面。使用"扫掠"命令对图形进行扫掠时，需要依次选择作为扫掠的对象和作为扫掠的路径，还可以根据需要设置扫掠的扭曲角度。

【命令调用方式】

○　选择"绘图"|"建模"|"扫掠"命令。

○　单击"建模"面板中的"拉伸"下拉按钮，在下拉列表中选择"扫掠"选项。

○　输入SWEEP命令并确定。

【练习】创建扫掠实体。

01　使用"矩形"命令和"样条曲线"命令绘制如图12-78所示的二维图形。

02　执行SWEEP命令，然后选择矩形作为扫掠对象，如图12-79所示。

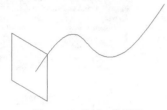

图12-78　绘制二维图形

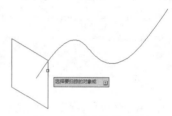

图12-79　选择扫掠对象

03　根据系统提示输入T并确定，选择"扭曲(T)"选项，如图12-80所示。然后输入扭曲的角度(如30°)并确定，如图12-81所示。

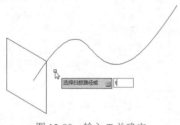

图12-80　输入T并确定

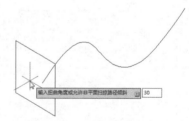

图12-81　输入扭曲的角度

04　选择样条曲线作为扫掠的路径对象，如图12-82所示，即可完成扫掠操作，效果如图12-83所示。

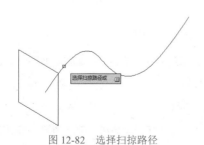

图12-82　选择扫掠路径

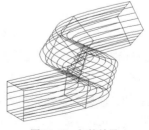

图12-83　扫掠效果

12.7 上机实训

本章上机实训将绘制连接件模型和支架模型，综合学习本章讲解的知识点，加深掌握创建三维基本体和将二维图形创建为三维实体的具体应用。

12.7.1 绘制连接件模型

本节上机实训将绘制连接件模型，主要掌握视图切换、圆柱体、拉伸建模和视觉样式的具体应用。本例的最终效果如图12-84所示。

【实例分析】

在本实例中，首先绘制模型的二维轮廓，然后使用"拉伸"命令将二维图形拉伸为三维模型，再绘制圆柱体，最后使用"差集"命令对拉伸模型和圆柱体进行差集运算。

图 12-84　绘制连接件模型

【操作步骤】

01 执行REC(矩形)命令，绘制一个长度为60、宽度为65的矩形，如图12-85所示。

02 执行X(分解)命令，选择矩形并确定将其分解。

03 执行O(偏移)命令，将左侧线段向右偏移15，将下方线段向上偏移15，效果如图12-86所示。

图 12-85　绘制矩形

图 12-86　偏移线段

04 执行TR(修剪)命令，然后对图形进行修剪，效果如图12-87所示。

05 执行PEDIT(编辑多段线)命令，将所有线段转换为一条多段线，如图12-88所示。

06 执行"绘图"|"建模"|"拉伸"命令，选择多段线并确定。设置拉伸的高度为55，将视图切换为西南等轴测视图，效果如图12-89所示。

07 将视图切换为俯视图，执行PL(多段线)命令，在如图12-90所示的端点处指定多段线的起点。

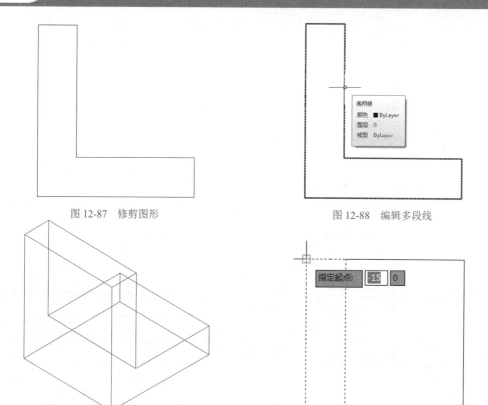

图 12-87 修剪图形

图 12-88 编辑多段线

图 12-89 拉伸模型

图 12-90 指定起点

08 依次指定多段线的各个点，绘制一条封闭的多段线，其效果和尺寸如图12-91所示。

09 执行"绘图"|"建模"|"拉伸"命令，选择刚绘制的多段线并确定，设置拉伸的高度为-65，再切换到西南等轴测视图中，效果如图12-92所示。

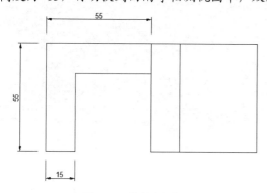

图 12-91 绘制多段线

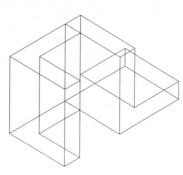

图 12-92 拉伸模型

10 执行UNI(并集)命令，选择创建的两个模型并确定，将两个模型合并在一起，效果如图12-93所示。

11 执行L(直线)命令，通过捕捉线段的端点，在图形左侧绘制一条对角线，如图12-94所示。

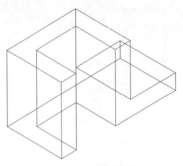

图 12-93　并集模型

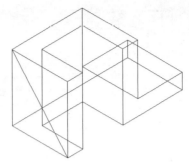

图 12-94　绘制对角线

12 选择"绘图"|"建模"|"圆柱体"命令，在对角线的中点处指定圆柱体的底面中心点，如图12-95所示。然后绘制一个半径为10、高度为90的圆柱体，效果如图12-96所示。

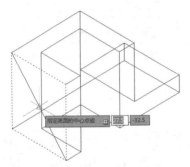

图 12-95　指定底面中心点

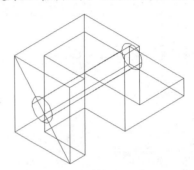

图 12-96　绘制圆柱体

13 执行SU(差集)命令，选择并集后的模型为源对象。然后选择圆柱体作为要减去的对象，再删除对角线，效果如图12-97所示。

14 执行L(直线)命令，在图形右侧绘制一条对角线，效果如图12-98所示。

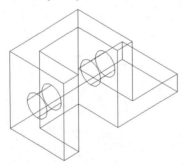

图 12-97　差集运算模型

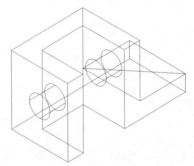

图 12-98　绘制对角线

15 选择"绘图"|"建模"|"圆柱体"命令，在对角线的中点处指定圆柱体的底面中心点，然后绘制一个半径为10、高度为30的圆柱体，效果如图12-99所示。

16 执行SU(差集)命令，将圆柱体从模型中减去，然后删除对角线，效果如图12-100所示。

17 将模型的颜色修改为淡黄色，然后选择"视图"|"视觉样式"|"真实"命令，将视觉样式更改为"真实"样式，完成本例模型的绘制。

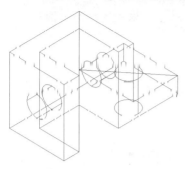

图 12-99　绘制圆柱体

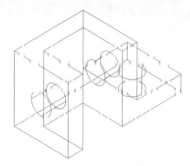

图 12-100　差集运算模型

12.7.2　绘制支架模型

本节上机实训将绘制支架模型，主要掌握视图切换、长方体、圆柱体和视觉样式的具体应用。本例的最终效果如图12-101所示。

【实例分析】

在绘制本例支架模型的过程中，不仅需要使用建模命令绘制长方体和圆柱体，还需要多次使用并集和差集命令对模型进行布尔运算。在绘图过程中，需要根据实际情况对视图和视觉样式进行切换，以便对图形进行编辑操作。

图 12-101　绘制支架模型

【操作步骤】

01 将视图切换至"东南等轴测"视图。

02 执行Box(长方体)命令，绘制一个长为240、宽为120、高为18的长方体，效果如图12-102所示。

03 执行Cylinder(圆柱体)命令，绘制两个底面半径为18、高度为18的圆柱体。圆柱体的底面与长方体的底面对齐，效果如图12-103所示。

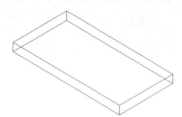

图 12-102　创建长方体

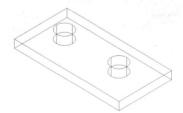

图 12-103　创建圆柱体

❖ **注意：**

在绘制该模型时，可以将视图切换到左视图中查看模型底面是否对齐，并在左视图中进行调整。

04 执行SU(差集)命令，选择长方体对象作为源对象，依次选择两个圆柱体作为减去的对象。

05 执行"视图"|"消隐"命令，得到的差集运算效果如图12-104所示。

06 执行Box(长方体)命令，在如图12-105所示的位置指定长方体的第一个角点。

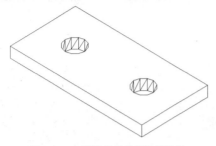

图 12-104　消隐后的差集运算效果

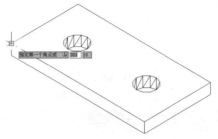

图 12-105　指定长方体的第一个角点

07 当系统提示"指定其他角点或[立方体(C)/长度(L)]:"时，输入L并确定。选择"长度(L)"选项，然后指定长方体的长度为18，如图12-106所示。

08 依次指定长方体的宽度为180、高度为80，完成效果如图12-107所示。

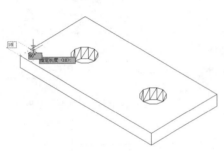

图 12-106　指定长方体的长度

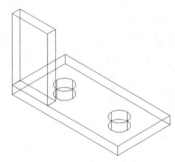

图 12-107　创建的长方体效果

09 将视图切换至"前视"视图。

10 执行Cylinder(圆柱体)命令，在如图12-108所示的中点位置指定圆柱底面的中心点，创建一个底面半径为40、高度为18的圆柱体，效果如图12-109所示。

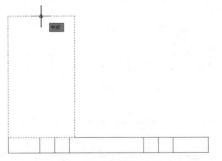

图 12-108　指定圆柱底面的中心点

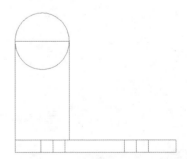

图 12-109　创建的圆柱体效果

11 使用同样的方法创建一个半径为30、高度为18的圆柱体，效果如图12-110所示。

12 将视图切换至"俯视"视图，然后使用M(移动)命令调节两个圆柱体的位置，效果如图12-111所示。

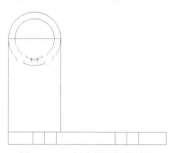

图 12-110　创建的圆柱体效果

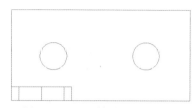

图 12-111　调节模型位置后的效果

13 将视图切换至"东南等轴测"视图。执行UNI(并集)命令，然后选择刚绘制的大圆柱体和长方体进行并集处理，效果如图12-112所示。

14 执行SU(差集)命令，从合并后的长方体中减去小圆柱体。

15 执行"视图"|"消隐"命令，得到的差集效果如图12-113所示。

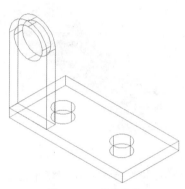

图 12-112　并集效果

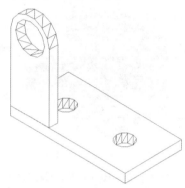

图 12-113　消隐后的差集效果

16 在俯视图中使用M(移动)命令对差集运算后的对象进行移动，然后返回"东南等轴测"视图，效果如图12-114所示。

17 使用CO(复制)命令对编辑后的长方体进行复制，效果如图12-115所示。

18 执行UNI(并集)命令，选择所有对象并确定，对图形进行合并。

19 选择"视图"|"视觉样式"|"概念"命令，完成模型的创建。

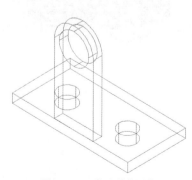

图 12-114　移动差集对象

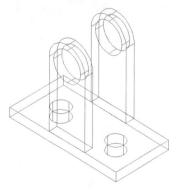

图 12-115　复制对象效果

12.8 思考与练习

1. 在三维绘图中，控制实体显示的系统变量是什么？

2. 在AutoCAD中，提供了哪几种观察模型的视图？

3. 除了切换三维视图外，是否还有其他方法改变模型的观察角度？

4. 在绘制好三维实体后，为什么重新设置Isolines的值后，实体的显示效果仍然未产生变化？

5. 参照如图12-116所示的工件模型图，应用本章所学的知识绘制该模型。

6. 参照如图12-117所示的哑铃模型图，应用本章所学的知识绘制该模型。

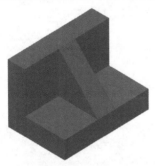

图 12-116 绘制工件模型

图 12-117 绘制哑铃模型

7. 打开"齿轮.dwg"平面图(如图12-118所示)，应用本章所学的知识将平面图创建为三维实体，效果如图12-119所示。

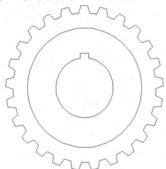

图 12-118 齿轮平面图

图 12-119 创建三维实体

第13章

三维网格与实体编辑

本章导读

在AutoCAD中，不仅可以使用三维实体命令绘制基本的实体，还可以结合网格命令和三维编辑命令创建比较复杂的实体。本章将重点介绍网格创建、实体编辑，以及实体渲染等操作。

本章重点

- ○ 创建网格
- ○ 三维操作
- ○ 编辑三维实体
- ○ 渲染三维模型

二维码教学视频

- 【练习】设置网格密度
- 【练习】绘制边界网格
- 【练习】绘制波浪平面
- 【练习】绘制倾斜圆台体
- 【练习】绘制瓶子模型
- 【上机实训】绘制底座模型
- 【上机实训】渲染法兰盘模型

13.1 创建网格

在AutoCAD中，通过创建网格对象可以绘制更为复杂的三维模型。可以创建的网格对象包括旋转网格、平移网格、直纹网格和边界网格等。

13.1.1 设置网格密度

在网格对象中，可以使用系统变量Surftab1和Surftab2分别控制网格在M、N方向的网格密度。其中，将旋转网格的旋转轴定义为M方向，将旋转轨迹定义为N方向。使用Surftab1和Surftab2命令可以分别设置网格1和网格2的密度，其预设值为6，网格密度越大，生成的网格面越光滑。

【练习】设置网格密度。

01 执行Surftab1命令，根据系统提示输入Surftab1的新值，然后按Enter键确定，如图13-1所示。

02 执行Surftab2命令，根据系统提示输入Surftab2的新值，然后按Enter键确定，如图13-2所示。

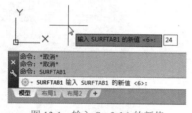

图13-1　输入 Surftab1 的新值

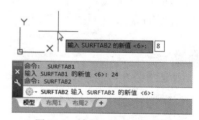

图13-2　输入 Surftab2 的新值

03 设置Surftab1的值为24、Surftab2的值为8后，创建的网格效果如图13-3所示。

04 如果设置Surftab1的值为6、Surftab2的值为6，创建的网格效果如图13-4所示。

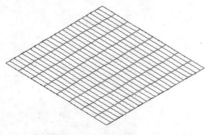

图13-3　网格效果 1

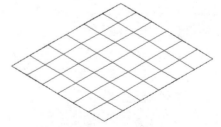

图13-4　网格效果 2

❖ **注意：**

要指定网格的密度，应先设置Surftab1和Surftab2的值，再绘制网格对象。修改Surftab1和Surftab2的值只能改变后面绘制的网格对象的密度，而不能改变之前绘制的网格对象的密度。

13.1.2 创建旋转网格

旋转网格是通过将路径曲线或轮廓(直线、圆、圆弧、椭圆、椭圆弧、闭合多段线、多边形、闭合样条曲线或圆环)绕指定的轴旋转构造一个类似于旋转网格的多边形网格。

在创建二维实体时，可以使用"旋转网格"命令将实体截面的外轮廓线围绕某一指定轴旋转一定的角度生成一个网格。被旋转的轮廓线可以是圆、圆弧、直线、二维多段线或三维多段线，但旋转轴只能是直线、二维多段线和三维多段线。如果旋转轴选取的是多段线，那实际轴线为多段线两个端点的连线。使用"旋转网格"命令绘制网格对象时，首先需要选择作为旋转对象的图形，然后指定旋转轴。

【命令调用方式】

- ❍ 执行"绘图"|"建模"|"网格"|"旋转网格"命令。
- ❍ 输入Revsurf命令并确定。

【练习】绘制瓶子模型。

01 在左视图中使用"多段线(SPL)"命令和"直线(L)"命令绘制两个线条图形。如图13-5所示是由一条多段线和一条垂直直线组成的图形。

02 执行Surftab1命令，将网格密度值1设置为24。然后执行Surftab2命令，将网格密度值2设置为24。

03 将左视图切换至西南等轴测视图，执行"绘图"|"建模"|"网格"|"旋转网格"命令，选择多段线作为要旋转的对象，如图13-6所示。

04 当系统提示"选择定义旋转轴的对象:"时，选择垂直直线作为旋转轴，如图13-7所示。

05 保持默认起点角度和包含角并确定，完成旋转网格的创建，效果如图13-8所示。

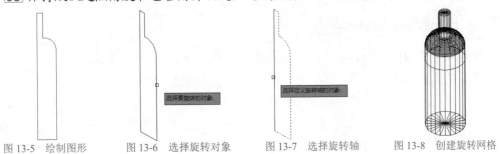

图 13-5　绘制图形　　　图 13-6　选择旋转对象　　　图 13-7　选择旋转轴　　　图 13-8　创建旋转网格

13.1.3 创建平移网格

使用"平移网格"命令可以创建以一条路径轨迹线沿着指定方向拉伸而成的网格。创建平移网格时，指定的方向将沿指定的轨迹曲线移动，拉伸向量线必须是直线、二维多段线或三维多段线，路径轨迹线可以是直线、圆弧、圆、二维多段线或三维多段线。拉伸向量线选取多段线，则拉伸方向为两个端点连线，且拉伸面的拉伸长度即为向量线长度。使用"平移网格"命令绘制模型时，首先需要选择作为轮廓曲线的图形，然后指定作为方向矢量的图形。

【命令调用方式】

○ 执行"绘图"|"建模"|"网格"|"平移网格"命令。

○ 输入Tabsurf命令并确定。

【练习】绘制波浪平面。

01 使用SPL(样条曲线)命令和L(直线)命令绘制一条样条曲线和一条直线，效果如图13-9所示。

02 执行Tabsurf命令，选择样条曲线作为轮廓曲线的对象，如图13-10所示。

图 13-9　创建图形　　　　　　　　　图 13-10　选择轮廓曲线

03 当系统提示"选择用作方向矢量的对象:"时，选择直线作为方向矢量的对象，如图13-11所示。创建的平移网格效果如图13-12所示。

图 13-11　选择方向矢量的对象　　　　　　图 13-12　平移网格效果

13.1.4　创建直纹网格

使用"直纹网格"命令可以在两条曲线之间构造一个表示直纹网格的多边形网格。在创建直纹网格的过程中，所选择的对象用于定义直纹网格的边。

在创建直纹网格对象时，选择的对象可以是点、直线、样条曲线、圆、圆弧或多段线。如果有一个边界是闭合的，那么另一个边界必须也是闭合的。用户可以将一个点作为开放或闭合曲线的另一个边界，但是只能有一个边界曲线可以是一个点。使用"直纹网格"命令绘制模型时，需要依次选择作为第一条定义曲线的图形和作为第二条定义曲线的图形。

【命令调用方式】

○ 执行"绘图"|"建模"|"网格"|"直纹网格"命令。

○ 输入Rulesurf命令并确定。

【练习】绘制倾斜圆台体。

01 将视图切换至西南等轴测视图，使用C(圆)命令绘制两个大小不同且不在同一位置的圆，如图13-13所示。

02 执行Rulesurf命令，当系统提示"选择第一条定义曲线:"时，选择上方的圆作为第一条定义曲线，如图13-14所示。

图 13-13　绘制圆　　　　　　　　　　图 13-14　选择上方的圆

03 当系统提示"选择第二条定义曲线:"时,选择下方的圆作为第二条定义曲线,如图13-15所示。创建的直纹网格效果如图13-16所示。

图 13-15　选择下方的圆　　　　　　　图 13-16　创建直纹网格

13.1.5　创建边界网格

使用"边界网格"命令可以创建一个三维多边形网格。此多边形网格近似于一个由四条邻接边定义的曲面网格。创建边界网格时,选择定义的网格片必须是四条邻接边。邻接边可以是直线、圆弧、样条曲线或开放的二维或三维多段线。各条边必须在端点处相交,从而形成一个拓扑形式的矩形的闭合路径。使用"边界网格"命令绘制模型时,需要依次选择4条首尾相连的线段,组成曲面网格。

【命令调用方式】

○　执行"绘图"|"建模"|"网格"|"边界网格"命令。

○　输入Edgesurf命令并确定。

【练习】绘制边界网格。

01 将视图切换至西南等轴测视图,使用SPL(样条曲线)命令绘制4条首尾相连的样条曲线组成封闭图形,如图13-17所示。

02 执行Edgesurf命令,依次选择图形中的4条样条曲线,即可创建边界网格对象,如图13-18所示。

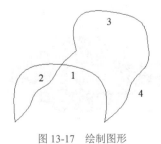

图 13-17　绘制图形

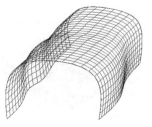

图 13-18　边界网格

❖ 注意:

使用Edgesurf命令创建网格后,可由Surftab1和Surftab2分别控制M、N方向的网格密度,值越大网格越光滑。网格原点为拾取的第一条边的最近点,同时第一条边为M方向,则生成若干单个三维面。

13.2　三维操作

在创建三维模型的过程中,可以对实体进行三维操作,如对模型进行三维移动、三维旋转、三维镜像和三维阵列等,从而快速创建更多、更复杂的模型。

13.2.1　三维移动模型

执行"三维移动"命令,可以将实体对象依照指定的方向和距离在三维空间中进行移动,从而改变对象的位置。使用"三维移动"命令对模型位置进行移动时,可以通过捕捉特殊点的方式快速移动对象。如果没有可参考的点,则可以通过输入坐标准确地移动对象。

【命令调用方式】

○　选择"修改"|"三维操作"|"三维移动"命令。

○　输入3DMove命令并确定。

【练习】调整轴底座各对象位置。

01 打开"轴底座模型.dwg"素材文件,如图13-19所示。

02 执行3DMove命令,选择底座模型作为要移动的实体对象并确定,如图13-20所示。

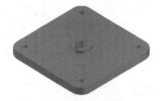

图13-19　素材模型

图13-20　选择移动对象

03 当系统提示"指定基点:"时,在图形的任意位置指定移动的基点。

04 当系统提示"指定第二个点或 <使用第一个点作为位移>:"时,输入第二个点相对第一个点的坐标为(@0,0,-30),如图13-21所示。确定后即可将底座模型向下移动30个单位,效果如图13-22所示。

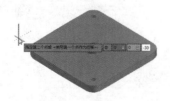

图13-21　指定第二个点坐标

图13-22　移动效果

13.2.2 三维旋转模型

使用"三维旋转"命令可以将实体绕指定轴在三维空间中进行一定方向的旋转,以改变实体对象的方向。使用"三维旋转"命令对模型进行旋转时,需要选择作为旋转对象的轴和指定旋转的角度。

【命令调用方式】

○ 选择"修改"|"三维操作"|"三维旋转"命令。

○ 输入3DRotate命令并确定。

【练习】三维旋转对象。

01 使用"长方体"命令创建一个长方体。

02 执行3DRotate命令,选择创建的长方体作为要旋转的实体对象并确定。

03 当系统提示"指定基点:"时,在轴交点处指定旋转的基点,如图13-23所示。

04 当系统提示"拾取旋转轴:"时,选择X轴作为旋转的轴,如图13-24所示。

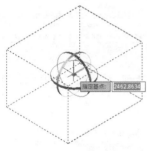

图13-23 选择基点

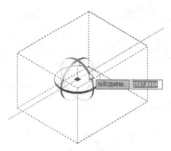

图13-24 选择旋转轴

05 当系统提示"指定角的起点或键入角度:"时,输入旋转的角度为15°,如图13-25所示。确定后即可对模型进行旋转,效果如图13-26所示。

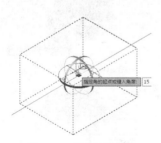

图13-25 指定旋转角度

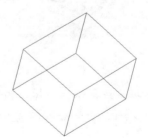

图13-26 旋转效果

13.2.3 三维镜像模型

使用"三维镜像"命令可以将三维实体按指定的三维平面进行对称性复制。使用"三维镜像"命令可以对模型进行镜像,也可以对模型进行镜像复制,其操作方法与"镜像"命令相似。

【命令调用方式】

○ 选择"修改"|"三维操作"|"三维镜像"命令。

○ 输入Mirror3D命令并确定。

【练习】镜像复制千斤顶。

01 打开"千斤顶模型.dwg"素材文件。

02 执行Mirror3D命令，选择千斤顶半边剖面模型并确定，如图13-27所示。

03 当系统提示"指定镜像平面(三点)的第一个点或[对象(O)/最近的(L)/Z轴(Z)/视图(V)/XY 平面(XY)/YZ 平面(YZ)/ZX 平面(ZX)/三点(3)]:"时，在半边剖面任意一点处指定镜像平面的第一个点，如图13-28所示。

图 13-27　选择半边剖面模型

图 13-28　指定镜像第一点

04 当系统提示"在镜像平面上指定第二点:"时，在半边剖面中选择一点作为镜像平面的第二点，如图13-29所示。

05 当系统提示"在镜像平面上指定第三点:"时，在半边剖面中选择另一点作为镜像平面的第三点，如图13-30所示。

图 13-29　指定镜像第二点

图 13-30　指定镜像第三点

06 根据系统提示，在弹出的菜单中选择"否(N)"选项，如图13-31所示。至此，完成镜像复制操作，效果如图13-32所示。

图 13-31　选择"否 (N)"选项

图 13-32　镜像复制效果

13.2.4　三维阵列模型

"三维阵列"命令与二维图形中的阵列命令相似,可以进行矩形阵列,也可以进行环形阵列。但在三维阵列命令中,进行阵列复制操作时增加了层数的设置。在进行环形阵列操作时,其阵列中心并非由一个阵列中心点控制,而是由阵列中心的旋转轴确定。在阵列过程中,可以指定阵列的行数、列数、层数,以及各对象之间的距离。

【命令调用方式】

❏　选择"修改" | "三维操作" | "三维阵列"命令。

❏　输入3DArray命令并确定。

【练习】三维阵列对象。

01　创建一个边长为10的立方体。

02　执行3DArray命令,选择立方体作为要阵列的实体对象并确定。

03　在弹出的菜单中选择"矩形(R)"选项,如图13-33所示。当系统提示"输入行数(---): <当前>:"时,输入阵列的行数并确定,如图13-34所示。

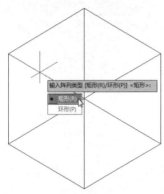

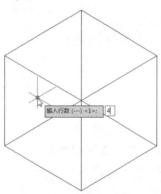

图 13-33　选择阵列类型　　　　　　　　　　图 13-34　设置阵列行数

04　当系统提示"输入列数(||||)<当前>:"时,设置阵列的列数,如图13-35所示。当系统提示"输入层(...)<当前>:"时,设置阵列的层数,如图13-36所示。

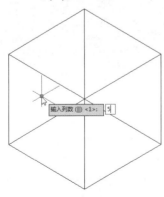

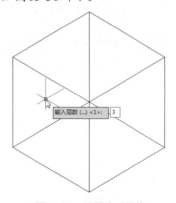

图 13-35　设置阵列列数　　　　　　　　　　图 13-36　设置阵列层数

05　当系统提示"指定行间距(---)<当前>:"时,设置阵列的行间距,如图13-37所示。当系统提示"指定列间距(||||)<当前>:"时,设置阵列的列间距,如图13-38所示。

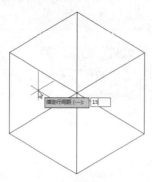

图 13-37　指定行间距

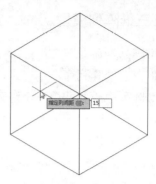

图 13-38　指定列间距

06 当系统提示"指定层间距(---)<当前>:"时，设置阵列的层间距，如图13-39所示。按空格键确定，阵列后的效果如图13-40所示。

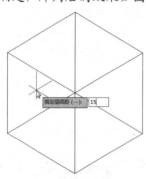

图 13-39　指定层间距

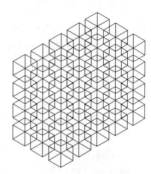

图 13-40　矩形阵列效果

【练习】创建珠环模型。

01 使用"圆环体"命令创建一个半径为60、圆管半径为5的圆环体，如图13-41所示。

02 执行Sphere(球体)命令，以圆环体的圆管中心为球体中心点，创建一个半径为10的球体，如图13-42所示。

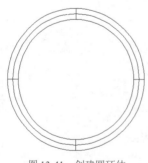

图 13-41　创建圆环体

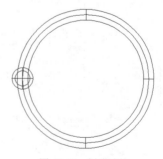

图 13-42　创建球体

03 执行3DArray命令，选择球体作为要阵列的对象，在弹出的菜单中选择"环形(P)"选项，如图13-43所示。

04 当系统提示"输入阵列中的项目数目:"时，设置阵列的数目为6，如图13-44所示。

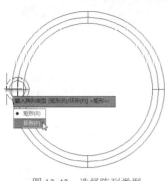

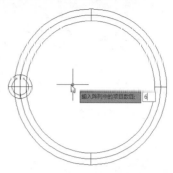

图 13-43 选择阵列类型　　　　　　　　　图 13-44 设置阵列数目

05 当系统提示"指定要填充的角度 (+=逆时针，−=顺时针) <当前>:"时，设置阵列填充的角度为360，如图13-45所示。

06 根据系统提示，捕捉圆环体的圆心作为阵列的中心点，如图13-46所示。

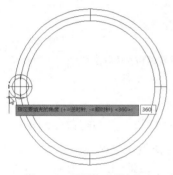

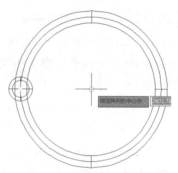

图 13-45 设置阵列填充角度　　　　　　　图 13-46 设置阵列中心点

07 当系统提示"指定旋转轴上的第二点:"时，输入第二点的相对坐标为(@0,0,5)并确定，以确定第二点与第一点在垂直线上，如图13-47所示。

08 将视图切换至"西南等轴测"视图，将视觉样式设置为"概念"，得到的效果如图13-48所示。

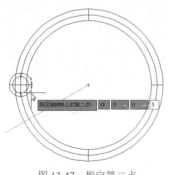

图 13-47 指定第二点　　　　　　　　　　图 13-48 环形阵列效果

❖ **注意:**

在输入旋转轴上第二点的相对坐标时，只要前面两个数字(即X轴和Y轴)为0，后面的数字(即Z轴)可以是其他任意数字，都可以确定旋转轴为Z轴。

13.3 编辑三维实体

在创建三维模型的操作中，对三维实体进行编辑，可以创建更复杂的模型。例如，用户可以对模型边进行倒角和圆角处理，也可以对模型进行分解。

13.3.1 倒角模型

使用"倒角边"命令可以为三维实体边和曲面边建立倒角。在创建倒角边的操作中，可以同时选择属于相同面的多条边。在设置倒角边的距离时，可以通过输入倒角距离值，或拖动倒角夹点来确定。

【命令调用方式】

- 选择"修改"|"实体编辑"|"倒角边"命令。
- 输入Chamferedge命令并确定。

执行Chamferedge命令，系统将提示"选择一条边或[环(L)/距离(D)]:"。

【主要选项说明】

- 选择边：选择要建立倒角的一条实体边或曲面边。
- 环(L)：对一个面上的所有边建立倒角。对于任何边，有两种可能的循环。选择循环边后，系统将提示用户接受当前选择，或选择下一个循环。
- 距离(D)：选择该项，可以设定倒角边的距离1和距离2的值。其默认值为1。

【练习】对实体边进行倒角处理。

01 绘制一个长度为80、宽度为80、高度为60的长方体。

02 选择"修改"|"实体编辑"|"倒角边"命令，当系统提示"选择一条边或[环(L)/距离(D)]:"时，选择长方体的一条边作为倒角边对象，如图13-49所示。

03 当系统提示"选择同一个面上的其他边或[环(L)/距离(D)]:"时，输入D并确定，以选择"距离(D)"选项，如图13-50所示。

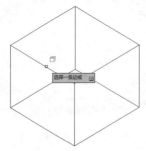

图13-49　选择倒角边对象

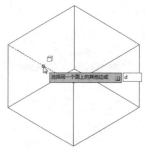

图13-50　输入D并确定

04 根据系统提示，输入"距离1"的值为15并确定，如图13-51所示。

05 根据系统提示，输入"距离2"的值为20并确定，如图13-52所示。

06 当系统提示"选择同一个面上的其他边或[环(L)/距离(D)]:"时，如图13-53所示，连续两次按下空格键进行确定。即可完成倒角边的操作，效果如图13-54所示。

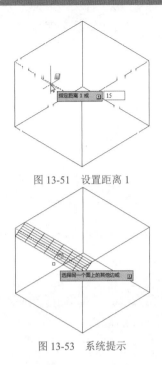

图 13-51 设置距离 1

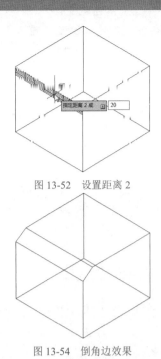

图 13-52 设置距离 2

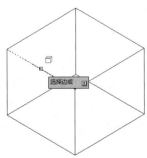

图 13-53 系统提示

图 13-54 倒角边效果

13.3.2 圆角模型

使用"圆角边"命令可以为实体对象的边制作圆角，在创建圆角边的操作中，可以选择多条边。圆角的大小可以通过输入圆角半径值或单击并拖动圆角夹点来确定。对实体的边进行圆角处理时，可以通过选择"半径(R)"选项，设置圆角的半径值。

【命令调用方式】

❑ 选择"修改"|"实体编辑"|"圆角边"命令。

❑ 输入Filletedge命令并确定。

【练习】对实体边进行圆角处理。

01 绘制一个长度为80、宽度为80、高度为60的长方体。

02 选择"修改"|"实体编辑"|"圆角边"命令，或执行Filletedge命令，选择长方体的一条边作为圆角边对象，如图13-55所示。

03 在弹出的菜单列表中选择"半径(R)"选项，如图13-56所示。

图 13-55 选择圆角边对象

图 13-56 选择"半径(R)"选项

04 根据系统提示，设置圆角半径的值为15，如图13-57所示。按下空格键确定圆角边操作，效果如图13-58所示。

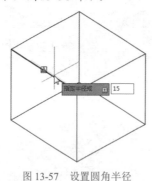

图 13-57　设置圆角半径

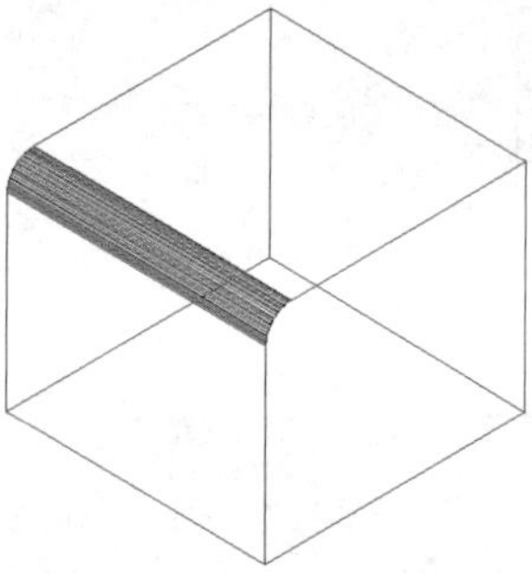

图 13-58　圆角边效果

13.3.3 布尔运算实体

对实体对象进行布尔运算，可以将多个实体合并在一起(即并集运算)，或是从某个实体中减去另一个实体(即差集运算)，还可以只保留相交的实体(即交集运算)。

1. 并集运算模型

执行"并集"命令，可以将选定的两个或两个以上的实体合并成为一个新的整体。并集实体是由两个或多个现有实体的全部体积合并起来形成的。例如，执行Union命令，选择如图13-59所示的两个长方体作为并集对象并确定，得到的并集运算效果如图13-60所示。

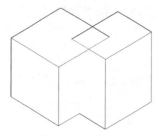

图 13-59　参考模型

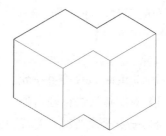

图 13-60　并集运算效果

【命令调用方式】

- 选择"修改"|"实体编辑"|"并集"命令。
- 在"常用"功能区中单击"实体编辑"面板中的"实体，并集"按钮 ![icon]。
- 输入Union(UNI)命令并确定。

2. 差集运算模型

执行"差集"命令，可以将选定的组合实体或面域相减得到一个差集整体。在绘制机械模型时，常用"差集"命令对实体或面域进行开槽、钻孔等处理。例如，执行Subtract命令，在如图13-61所示的两个长方体中，选择大长方体作为被减对象，选择小长方体作为要减去的对象。得到的差集运算效果如图13-62所示。

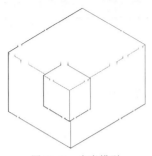

图 13-61　参考模型

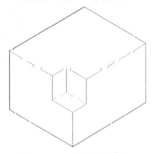

图 13-62　差集运算效果

【命令调用方式】

○　选择"修改"|"实体编辑"|"差集"命令。

○　单击"实体编辑"面板中的"实体，差集"按钮⬚。

○　输入Subtract(SU)命令并确定。

3. 交集运算模型

执行"交集"命令，可以从两个或多个实体或面域的交集中创建组合实体或面域，并删除交集外面的区域。例如，执行Intersect命令，选择如图13-63所示的长方体和球体并确定，即可完成两个模型的交集运算，效果如图13-64所示。

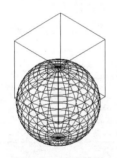

图 13-63　参考模型

图 13-64　交集运算效果

【命令调用方式】

○　选择"修改"|"实体编辑"|"交集"命令。

○　单击"实体编辑"面板中的"实体，交集"按钮⬚。

○　输入Intersect(IN)命令并确定。

13.3.4　分解模型

创建的每一个实体都是一个整体，若要对创建的实体中的某一部分进行编辑操作，可以先将实体进行分解后再进行编辑。

【命令调用方式】

○　选择"修改"|"分解"命令。

○　输入Explode(X)命令并确定。

执行上述任意命令后，实体中的平面被转化为面域，曲面被转化为主体。用户还可以继续使用该命令，将面域和主体分解为组成它们的基本元素，如直线、圆和圆弧等图形。

13.4 渲染三维模型

在AutoCAD中，用户可以通过为模型添加灯光和材质，对其进行渲染，得到更形象的三维实体模型。渲染后的图像效果会变得更加逼真。

13.4.1 添加模型灯光

由于AutoCAD中存在默认的光源，因此，在添加光源之前仍然可以看到物体。用户可以根据需要添加光源，同时可以将默认光源关闭。在AutoCAD中，可以添加的光源包括点光源、聚光灯、平行光和阳光等类型。

选择"视图"|"渲染"|"光源"命令，在弹出的子菜单中选择其中的命令，然后根据系统提示即可创建相应的光源。在为模型添加光源的操作中，可以指定光源的类型和位置，以及光源强度。

【练习】为实体模型添加光源。

01 选择"绘图"|"建模"|"圆柱体"命令，绘制一个底面半径为800、高度为1200的圆柱体，然后将视觉样式修改为"真实"样式，效果如图13-65所示。

02 选择"视图"|"渲染"|"光源"|"新建点光源"命令，在打开的对话框中单击"关闭默认光源(建议)"选项，如图13-66所示。

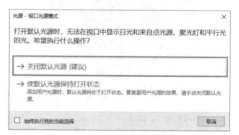

图 13-65　创建圆柱体　　　　　　　　　　　　图 13-66　关闭默认光源

03 根据系统提示，指定创建光源的位置，如图13-67所示。

04 在弹出的菜单列表中选择"强度因子(I)"选项，如图13-68所示。

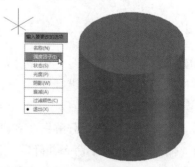

图 13-67　指定光源位置　　　　　　　　　　　图 13-68　选择"强度因子 (I)"选项

05 根据系统提示，输入光源的强度为2，如图13-69所示。按空格键进行确定，并退出命令，添加光源后的效果如图13-70所示。

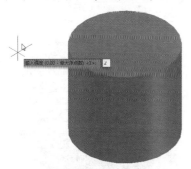

图 13-69 设置光源强度   图 13-70 添加光源后的效果

13.4.2 编辑模型材质

在AutoCAD中，用户不仅可以为模型添加光源，还可以为模型添加材质，以使模型显得更加逼真。为模型添加材质是指为其指定三维模型的材料，如瓷砖、织物、玻璃和布纹等。在添加模型材质后，还可以对材质进行编辑。

1. 添加材质

选择"视图"|"渲染"|"材质浏览器"命令，或执行Matbrowseropen(MAT)命令，在打开的"材质浏览器"选项板中可以选择需要的材质。为模型添加材质时，需要指定材质的类型，然后通过右击材质，在弹出的菜单中选择"指定给当前选择"命令，从而将材质指定给选择对象。

【练习】为实体添加玻璃材质。

01 创建一个球体模型，然后将视图切换到西南等轴测视图，再将视觉样式修改为"真实"样式，效果如图13-71所示。

02 执行"材质浏览器(MAT)"命令，在打开的"材质浏览器"选项板左下方单击"在文档中创建新材质"下拉按钮 🧪，在弹出的列表中选择"玻璃"选项，如图13-72所示。

图 13-71 创建球体   图 13-72 选择"玻璃"选项

03 选中球体模型，在材质列表中右击需要的材质，在弹出的菜单中选择"指定给当前选择"命令，如图13-73所示，即可将指定的材质赋予选择的球体，效果如图13-74所示。

图 13-73　选择"指定给当前选择"命令

图 13-74　指定材质后的效果

2. 编辑材质

选择"视图"|"渲染"|"材质编辑器"命令，或执行Mateditoropen命令，在打开的"材质编辑器"选项板中可以编辑材质的属性。材质编辑器的配置将随选定材质类型的不同而有所变化。

选择"视图"|"渲染"|"材质编辑器"命令，打开"材质编辑器"选项板。单击该选项板下方的"创建或复制材质"下拉按钮 🕲·，可以在弹出的菜单列表中选择要编辑的材质类型，如"陶瓷"，如图13-75所示。在"陶瓷"选项组中单击"类型"下拉按钮，在弹出的下拉列表中可以设置陶瓷的类型，如图13-76所示。

图 13-75　选择材质类型

图 13-76　设置陶瓷的类型

13.4.3　进行模型渲染

执行Render(渲染)命令，打开渲染窗口，即可对绘图区中的模型进行渲染，在此可以创建三维实体或曲面模型的真实照片图像或真实着色图像，效果如图13-77所示。

在渲染窗口中单击"将渲染的图像保存到文件"按钮 🖫，在打开的"渲染输出文件"对话框中可以设置渲染图像的保存路径、名称和类型，单击"保存"按钮即可对渲染图像进行保存，如图13-78所示。

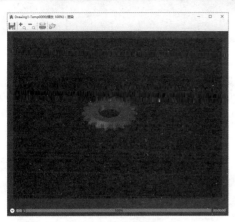

图 13-77 渲染窗口

图 13-78 保存渲染图像

13.5 上机实训

本章上机实训将绘制底座模型和渲染法兰盘模型，综合学习本章讲解的知识点，加深掌握网格对象的建立、布尔运算、灯光创建、材质编辑和模型渲染的具体应用。

13.5.1 绘制底座模型

本实训要求绘制底座模型图，主要掌握"边界网格"命令、"直纹网格"命令、"圆锥体"命令、"并集"布尔运算的应用。本例的效果如图13-79所示。

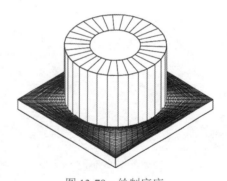

图 13-79 绘制底座

【实例分析】

在本实例中，首先使用"边界网格"命令绘制模型底面的座体，然后使用"直纹网格"命令绘制模型顶面，再使用"圆锥体"命令绘制圆管侧面，最后对模型进行布尔运算。

【操作步骤】

01 执行LA(图层)命令，在打开的"图层特性管理器"选项板中创建侧面、圆面、底面和顶面4个图层，将0图层设置为当前图层，如图13-80所示。

02 执行Surftab1命令，将网格密度值1设置为24；执行Surftab2命令，将网格密度值2设置为24。

03 将当前视图切换至西南等轴测视图。执行REC(矩形)命令，绘制一个长度为100的正方形，效果如图13-81所示。

图 13-80　创建图层

图 13-81　绘制正方形

04 执行L(直线)命令，以正方形的下方顶点为起点，然后指定下一点坐标为(@0,0,15)，如图13-82所示。绘制一条长度为15的线段，效果如图13-83所示。

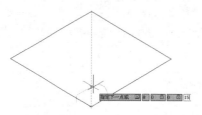

图 13-82　指定下一点坐标

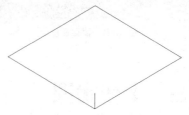

图 13-83　绘制线段

05 将"侧面"图层设置为当前图层，执行Tabsurf(平移网格)命令，选择正方形作为轮廓曲线对象，选择线段作为方向矢量对象，效果如图13-84所示。

06 将"侧面"图层隐藏起来，然后将"底面"图层设置为当前图层。

07 执行L(直线)命令，通过捕捉正方形对角上的两个顶点绘制一条对角线，如图13-85所示。

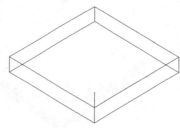

图 13-84　平移网格

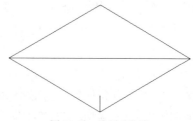

图 13-85　绘制对角线

08 执行C(圆)命令，以对角线的中点为圆心，绘制一个半径为25的圆，效果如图13-86所示。

09 执行TR(修剪)命令，分别对所绘制的圆和对角线进行修剪，效果如图13-87所示。

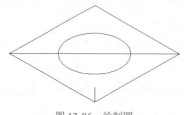

图 13-86　绘制圆

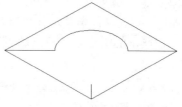

图 13-87　修剪图形

10 执行PL(多段线)命令，通过正方形上方的三个顶点绘制一条多段线，使其与对角线、圆成为封闭的图形，效果如图13-88所示。

⑪ 执行Edgsurf(边界网格)命令，分别以多段线、修剪后的圆和对角线作为边界，创建底座的底面模型，效果如图13-89所示。

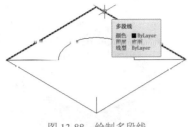

图13-88 绘制多段线

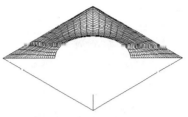

图13-89 创建底面模型

⑫ 执行MI(镜像)命令，指定正方形两个对角点作为镜像轴，如图13-90所示。对刚创建的边界网格进行镜像复制，效果如图13-91所示。

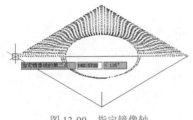

图13-90 指定镜像轴

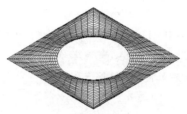

图13-91 镜像复制图形

⑬ 执行M(移动)命令，选择两个边界网格。指定基点后，设置第二个点的坐标为(0,0,-15)，如图13-92所示。将模型向下移动15个单位，效果如图13-93所示。

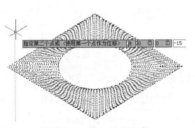

图13-92 输入移动距离

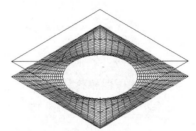

图13-93 移动网格后的效果

⑭ 隐藏"底面"图层，将"顶面"图层设置为当前图层。

⑮ 执行L(直线)命令，通过捕捉正方形的对角顶点绘制一条对角线。

⑯ 执行C(圆)命令，以对角线的中点为圆心，绘制一个半径为40的圆，效果如图13-94所示。

⑰ 执行TR(修剪)命令，对圆和对角线进行修剪，效果如图13-95所示。

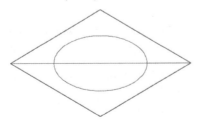

图13-94 绘制图形

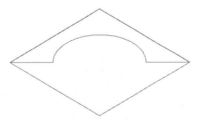

图13-95 修剪图形后的效果

18 使用与前面相同的方法，创建如图13-96所示的边界网格。

19 执行MI(镜像)命令，对边界网格进行镜像复制，将网格对象放入"底面"图层中，效果如图13-97所示。

图13-96 创建边界网格

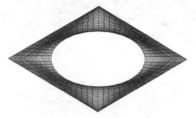

图13-97 镜像复制图形

20 执行C(圆)命令，以绘图区中圆弧的圆心为圆心，绘制半径分别为25和40的同心圆，效果如图13-98所示。

21 执行M(移动)命令，将绘制的同心圆向上移动80个单位。

22 执行Rulesurf(直纹网格)命令，选择移动的同心圆并确定，将其创建为圆管顶面模型，效果如图13-99所示。

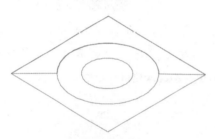

图13-98 绘制同心圆

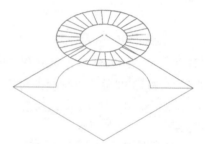

图13-99 创建直纹网格

23 执行CONE(圆锥体)命令，以圆弧的圆心为圆锥底面中心点，如图13-100所示。设置圆锥顶面半径和底面半径均为25、高度为80，创建圆柱面模型，如图13-101所示。

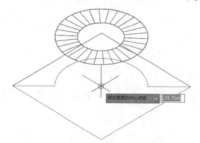

图13-100 指定底面中心点

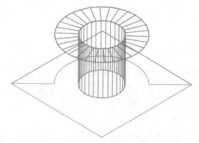

图13-101 创建的圆柱面

24 使用同样的方法创建一个半径为40的外圆柱面模型，效果如图13-102所示。

25 打开所有被关闭的图层，将相应图层中的对象显示出来，效果如图13-103所示。

26 选择"修改"|"实体编辑"|"并集"命令，对所有模型进行并集运算。然后选择"视图"|"消隐"命令，修改图形的视觉样式，完成本例模型的绘制。

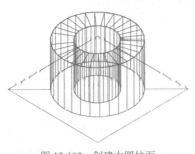

图 13-102 创建大圆柱面

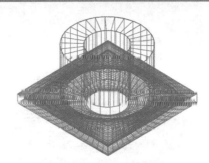

图 13-103 显示所有图层

13.5.2 渲染法兰盘模型

本实训要求渲染法兰盘模型，主要掌握场景灯光的添加、模型材质的编辑和渲染图形设置等具体应用，本例渲染的效果如图13-104所示。

【实例分析】

在本实例中，首先为模型新建一个点光源，并设置灯光强度，然后为模型添加并编辑"铁锈"材质，最后对模型进行渲染。

【操作步骤】

01 打开"法兰盘模型.dwg"素材模型文件。

图 13-104 渲染法兰盘模型

02 选择"视图"|"渲染"|"光源"|"新建点光源"命令，在打开的对话框中选择"关闭默认光源(建议)"选项，如图13-105所示。

03 进入绘图区，在如图13-106所示的位置创建一个点光源。

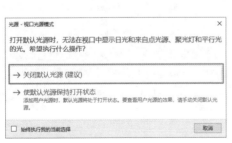

图 13-105 选择"关闭默认光源（建议）"选项

图 13-106 指定光源位置

04 在弹出的选项菜单中选择"强度(I)"选项，如图13-107所示。设置光源的强度为1.5并确定，效果如图13-108所示。

图 13-107　选择"强度 (I)"选项　　　　　　　　图 13-108　添加光源后的效果

05 选择"视图"|"三维视图"|"左视"命令，执行M(移动)命令，将创建的点光源向上移动，效果如图13-109所示。

06 执行MAT(材质浏览器)命令，打开"材质浏览器"选项板。在该选项板的材质类型列表中选择"金属"选项，然后选中右侧的"铁锈"材质。

07 选择法兰盘模型，右击"铁锈"材质，在弹出的菜单中选择"指定给当前选择"命令，如图13-110所示。

图 13-109　移动光源效果

图 13-110　选择"指定给当前选择"命令

08 执行Render(渲染)命令，对法兰盘模型进行渲染。然后对渲染的图像进行保存，完成本实例的制作。

13.6　思考与练习

1. 在AutoCAD中，可以创建哪些网格对象？

2. 在网格对象中，使用什么系统变量控制网格的密度？

3. 在AutoCAD中，可以添加哪几种光源？

4. 在AutoCAD中，为模型添加材质是指什么，可以为模型添加哪些材质？

5. 请打开"盘件零件图.dwg"素材图形文件(如图13-111所示)。参照盘件零件图的尺寸，对零件图形进行编辑，完成盘件模型的绘制，最终效果如图13-112所示。

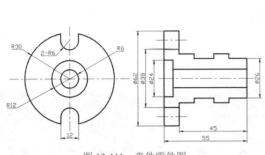

图 13-111　盘件零件图

图 13-112　盘件模型效果

6. 本例将装配千斤顶模型，打开"千斤顶零件模型.dwg"素材图形文件(如图13-113所示)。应用本章所学的知识对模型进行装配，效果如图13-114所示。

图 13-113　千斤顶分解模型

图 13-114　装配千斤顶

第14章

打印与输出

本章导读

　　使用AutoCAD制图的最终目的是将图形打印出来以便相关人员进行查看，或是将图形输出为其他需要的格式，以便使用其他软件对其进行编辑或传送给需要的工作人员。本章将讲解打印和输出图形的相关知识，其中包括设置图纸尺寸、设置打印比例、设置打印方向、打印图形内容、创建电子文件和输出图形文件等内容。

本章重点

- ◯ 页面设置
- ◯ 打印图形
- ◯ 输出图形
- ◯ 创建电子文件

二维码教学视频

【上机实训】打印零件二视图

【上机实训】输出位图文件

14.1 页面设置

正确地设置页面参数，对确保最后打印出来的图形结果的正确性和规范性有着非常重要的作用。在页面设置管理器中，可以进行布局的控制，而在创建打印布局时，需要指定绘图仪并设置图纸尺寸和打印方向。

14.1.1 新建页面设置

选择"文件"｜"页面设置管理器"命令，打开"页面设置管理器"对话框，如图14-1所示。单击该对话框中的"新建"按钮，在打开的如图14-2所示的"新建页面设置"对话框中输入新页面设置名，然后单击"确定"按钮，即可新建页面设置。

图 14-1 "页面设置管理器"对话框

图 14-2 "新建页面设置"对话框

14.1.2 修改页面设置

选择"文件"｜"页面设置管理器"命令，打开"页面设置管理器"对话框。在该对话框中选择要修改的页面设置，然后单击"修改"按钮，可以在打开的"页面设置"对话框中对选择的页面设置进行修改，如图14-3所示。

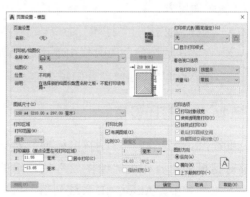

图 14-3 修改页面设置

❖ **注意:**

页面设置中的参数与打印设置中的参数相同，各个选项的具体作用请参考本章中的打印内容。

14.1.3　导入页面设置

选择"文件"｜"页面设置管理器"命令，打开"页面设置管理器"对话框。单击该对话框中的"输入"按钮，可以打开"从文件选择页面设置"对话框，在此选择并打开需要的页面设置文件，如图14-4所示。在打开的如图14-5所示的"输入页面设置"对话框中单击"确定"按钮，即可将选择的页面设置导入当前图形文件中。

图 14-4　选择要导入的页面设置文件　　　　　　图 14-5　"输入页面设置"对话框

14.2　打印图形

在打印图形时，可以先选择设置好的页面打印样式，然后直接对图形进行打印。如果之前没有进行页面设置，则需要先选择相应的打印机或绘图仪等打印设备，然后设置打印参数。在设置完这些内容后，可以进行打印预览，查看打印出来的效果。如果预览效果令人满意，即可将图形打印出来。

【命令调用方式】

❍　选择"文件"｜"打印"命令。

❍　在"快速访问"工具栏中单击"打印"按钮 🖶 。

❍　输入Print或Plot命令并确定。

14.2.1　选择打印设备

执行Plot命令，打开"打印-模型"对话框。在该对话框的"打印机 / 绘图仪"选项组的"名称"下拉列表中，AutoCAD系统列出了已安装的打印机或AutoCAD内部打印机的设备名称。用户可以在该下拉列表中选择需要的打印输出设备，如图14-6所示。

图 14-6　选择打印设备

14.2.2 设置打印尺寸

在"图纸尺寸"下拉列表中可以选择不同的打印图纸，用户可以根据需要设置图纸的打印尺寸，如图14-7所示。

图 14-7 设置打印尺寸

14.2.3 设置打印比例

通常情况下，最终的工程图不可能按照1:1的比例绘出。图形输出到图纸上必须遵循一定的比例，所以正确地设置图形打印比例能使图形更加美观、完整。因此，在打印图形文件时，需要在"打印-模型"对话框的"打印比例"区域设置打印出图的比例，如图14-8所示。

14.2.4 设置打印范围

设置好打印参数后，在"打印范围"下拉列表中选择打印图形范围的方式，如图14-9所示。如果选择"窗口"选项，单击列表框右方的"窗口"按钮，即可在绘图区指定打印的窗口范围。确定打印范围后将返回"打印-模型"对话框，单击"确定"按钮即可开始打印图形。

图 14-8 设置打印比例

图 14-9 选择打印范围的方式

14.2.5 设置打印份数

默认情况下，打印图纸的份数为1份，如果需要打印多份图纸，可以在"打印份数"选项组中设置打印的份数，如图14-10所示。

图 14-10 设置打印份数

14.2.6 设置打印方向

默认情况下，打印图形的方向为纵向，用户也可以在"打印-模型"对话框右下方的"图形方向"选项组中修改图形的打印方向，AutoCAD提供的图形打印方向包括"纵向""横向"和"上下颠倒打印"3种，如图14-11所示。

图 14-11 设置打印方向

14.2.7 居中打印图形

默认情况下，在打印图形时，系统并非将图形放在图纸的中央位置进行打印，而是根据图形的大小，将图形放在图纸的上方位置。如果要将图形放在图纸的中央位置进行打印，则需要在"打印偏移"选项组中选中"居中打印"复选框，如图14-12所示。

图 14-12　选择"居中打印"方式

14.3　输出图形

在AutoCAD中可以将图形文件输出为其他格式的文件，以便使用其他软件对其进行编辑处理。例如，要在CorelDRAW中对图形进行编辑，可以将图形输出为.wmf格式的文件；要在Photoshop中对图形进行编辑，则可以将图形输出为.bmp格式的文件。

【命令调用方式】

○ 选择"文件"|"输出"命令。

○ 输入Export命令并确定。

执行上述任意一种操作，将打开如图14-13所示的"输出数据"对话框。在该对话框的"保存于"下拉列表中选择保存路径，在"文件名"下拉列表中输入文件名，在"文件类型"下拉列表中选择要输出的文件格式，如图14-14所示。单击"保存"按钮即可将图形输出为指定的格式文件。

图 14-13　"输出数据"对话框

图 14-14　选择要输出的格式

在AutoCAD中，图形输出的文件格式主要有如下几种。

○ .dwf：输出为Autodesk Web图形格式，便于在网上发布。

○ .wmf：输出为Windows图元文件格式。

○ .sat：输出为ACIS文件。

○ .stl：输出为实体对象立体画文件。

○ .eps：输出为封装的PostScript文件。

○ .dxx：输出为DXX属性的抽取文件。

○ .bmp：输出为位图文件，几乎可供所有的图像处理软件使用。

○ .dwg：输出为可供其他AutoCAD版本使用的图块文件。

○ .dgn：输出为MicroStation V8 DGN格式的文件。

14.4 创建电子文件

在AutoCAD中可以将图形文件创建为压缩的电子文件。在默认情况下，创建的电子文件为压缩格式DWF，且不会丢失数据。因此，打开和传输电子文件的速度会比较快。

【练习】创建电子文件

01 打开"设计图.dwg"素材图形，如图14-15所示。

02 选择"文件"|"打印"命令，打开"打印-模型"对话框。在该对话框的"打印机/绘图仪"选项组中的"名称"下拉列表中选择"DWF6 ePlot.pc3"选项，如图14-16所示。

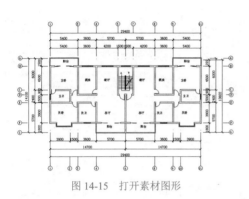

图 14-15 打开素材图形

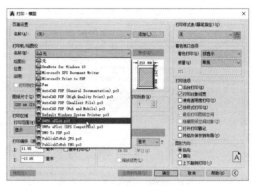

图 14-16 选择打印设备

03 单击"打印-模型"对话框中的"确定"按钮，在打开的"浏览打印文件"对话框中设置打印文件路径和名称，然后进行保存，如图14-17所示。

04 在计算机中打开相应的文件夹，可以找到刚才保存的DWF文件，如图14-18所示。

图 14-17 保存打印文件

图 14-18 保存的 DWF 文件

14.5 上机实训

本章上机实训将练习打印零件二视图和将图形输出为位图格式文件，综合学习本章讲解的知识点，加深掌握图形打印和输出的具体应用。

14.5.1 打印零件二视图

本实训要求练习打印零件二视图，主要掌握打印设备的选择，图纸尺寸、打印比例和打印方向等设置，以及打印范围的选取。

【实例分析】

打印图形时，可以通过页面设置确定打印的参数；也可以直接执行"打印"命令，然后设置打印的参数，包括打印机的选择、纸张大小、打印范围和打印方向等。

【操作步骤】

01 打开"球轴承二视图.dwg"素材图形，如图14-19所示。

02 选择"文件" | "打印"命令，打开"打印-模型"对话框，选择打印设备，并对图纸尺寸、打印比例和方向等进行设置，如图14-20所示。

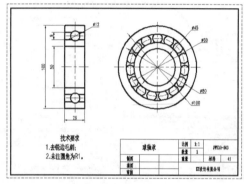

图 14-19 打开素材图形

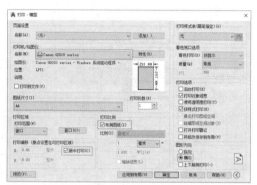

图 14-20 设置打印参数

03 在"打印范围"下拉列表中选择"窗口"选项，然后使用窗口选择方式选择要打印的图形，如图14-21所示。

04 返回"打印-模型"对话框，单击"预览"按钮，预览打印效果，如图14-22所示。在预览窗口中单击"打印"按钮，开始对图形进行打印。

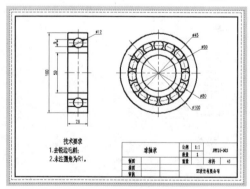

图 14-21 选择要打印的图形

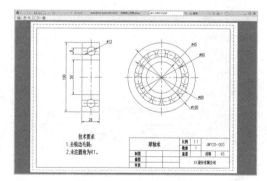

图 14-22 预览并打印图形

14.5.2 输出位图文件

本实训要求练习将图形输出为位图格式文件，主要掌握将AutoCAD图形输出为其他格式文件的方法。

【实例分析】

输出图形的过程中，首先要指定输出图形的路径，然后输入图形的名字，并选择输出图形的格式。

【操作步骤】

01 打开"柱塞泵.dwg"图形文件，如图14-23所示。

02 选择"文件"|"输出"命令，打开"输出数据"对话框。该对话框中设置保存位置及文件名，然后选择输出文件的格式为BMP，如图14-24所示。

图14-23 打开素材图形

图14-24 设置输出参数

03 单击"保存"按钮，返回绘图区，选择要输出的柱塞泵模型图并确定，如图14-25所示，即可将其输出为BMP格式的图形文件。

04 在指定的输出位置可以打开并查看输出的图形，如图14-26所示。

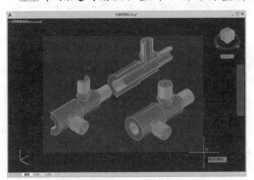

图14-25 选择输出图形

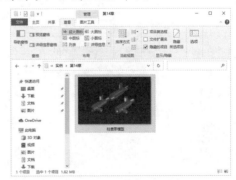

图14-26 查看输出的图形

14.6 思考与练习

1. 在一台计算机连接多台打印机的情况下，在打印图形时，如何指定需要的打印机进行打印？

2. 为什么在打印图形时，已选择了打印的范围并设置了居中打印，而打印的图形仍然处于纸张的边缘？

3. 打开"带轮.dwg"素材图形(如图14-27所示)，然后对图形文件进行页面设置，如图

14-28所示。

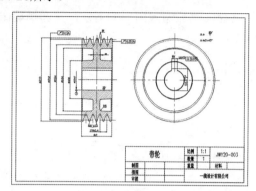

图 14-27 带轮素材图形

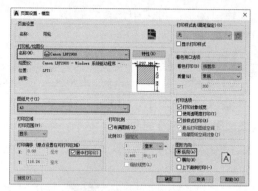

图 14-28 进行页面设置

4. 打开"堵头结合件.dwg"素材图形(如图14-29所示)，然后对图形文件进行打印设置，如图14-30所示。

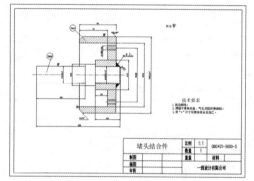

图 14-29 堵头结合件素材图形

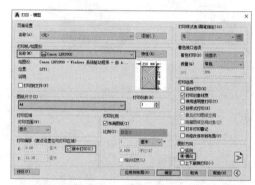

图 14-30 进行打印设置

第15章

综合案例解析

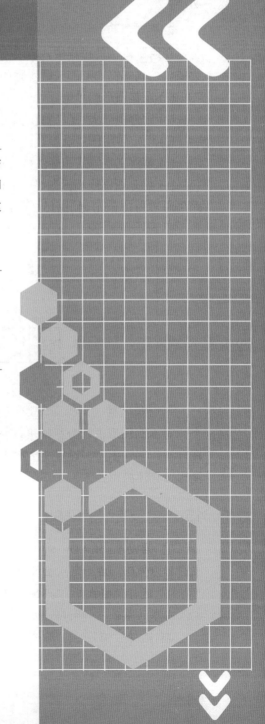

15.1　创建图形样板

1. 实例效果

为了方便绘图，提高绘图效率，本例将创建简易图形样板，主要包括图纸大小的设置、图框线和标题栏的绘制等。这些对象是绘制一幅完整图形必备的内容，如图15-1所示。

2. 实例分析

在绘制本例的过程中，应遵守国家标准的有关规定，使用标准线型、设置适当的图形界限。绘制本例图形的关键步骤如下。

(1) 设置图形的单位。

(2) 设置图纸大小(如A3)，即设定图形界限不超过图纸的大小。

(3) 设定常用图层及参数。

(4) 设置文字样式和标注样式。

(5) 绘制图框线和标题栏。图框线左边距通常为25mm、右边距通常为5mm、上下两边距离通常为10 mm，如图15-2所示。

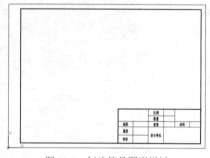

图 15-1　创建简易图形样板

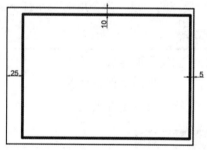

图 15-2　图纸框尺寸

3. 操作过程

对本例图形进行分析，可以将其分为7个主要部分进行绘制，操作过程依次为设置绘图环境、创建图层、设置文字样式、设置标注样式、绘制图框线、绘制标题栏和保存样板图形。具体操作如下。

15.1.1　设置绘图环境

01 启动AutoCAD，选择"格式"|"图形界限"命令，根据系统提示设置图纸左下角点坐标为(0,0)，右上角点坐标为(420,297)。

02 选择"格式"|"单位"命令，打开"图形单位"对话框，设置长度类型、精度和插入内容的单位，如图15-3所示。

03 选择"工具"|"绘图设置"命令，打开"草图设置"对话框。在该对话框的"对

象捕捉"选项卡中选择对象捕捉常用选项,如图15-4所示。

图 15-3 设置图形单位

图 15-4 设置对象捕捉

15.1.2 创建图层

01 执行LAYER命令,打开"图层特性管理器"选项板。在该选项板中单击"新建图层"按钮 ,创建一个新图层,将其命名为"轮廓线",如图15-5所示。

02 单击"轮廓线"图层的线宽标记,打开"线宽"对话框。在该对话框中设置轮廓线的线宽值为0.35mm并确定,如图15-6所示。

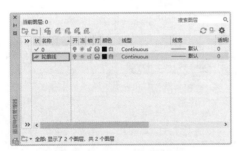

图 15-5 创建"轮廓线"图层

图 15-6 设置图层线宽

03 新建一个"中心线"图层,单击"中心线"图层的颜色标记,打开"选择颜色"对话框。在该对话框中选择"红"色作为此图层的颜色,如图15-7所示。

04 单击"中心线"图层的线型标记,打开"选择线型"对话框,单击"加载"按钮,如图15-8所示。

图 15-7 设置图层颜色

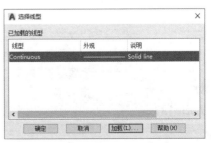

图 15-8 单击"加载"按钮

05 在打开的"加载或重载线型"对话框中选择ACAD_IS008W100线型，单击"确定"按钮，如图15-9所示。

06 加载的线型便显示在"选择线型"对话框中。在该对话框中选择所加载的ACAD_IS008W100线型，单击"确定"按钮，如图15-10所示。将此线型赋予"中心线"图层。

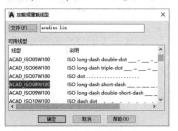

图 15-9　选择加载的线型

图 15-10　设置"中心线"图层的线型

07 返回"图层特性管理器"选项板，将"中心线"图层的线宽改为默认值，如图15-11所示。

08 创建其他常用图层，并设置各个图层的特性，如图15-12所示。设置完成后关闭"图层特性管理器"选项板。

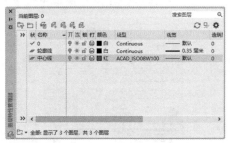

图 15-11　设置"中心线"图层的线宽

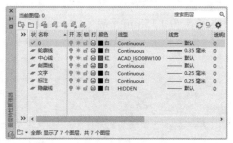

图 15-12　创建并设置其他常用图层

15.1.3　设置文字样式

01 执行DDstyle命令，打开"文字样式"对话框。在该对话框中单击"新建"按钮，在打开的"新建文字样式"对话框中新建一个名为"标题栏"的文字样式，如图15-13所示。

02 在"文字样式"对话框的"字体名"下拉列表中选择txt.shx字体，然后选中"使用大字体"复选框；在"大字体"下拉列表中选择gbcbig.shx字体，设置文字高度为8，如图15-14所示。

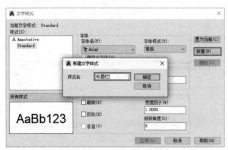

图 15-13　新建文字样式

图 15-14　设置文字样式

03 新建一个名为"零件名称"的文字样式，设置文字高度为10，如图15-15所示。

04 新建一个名为"注释"和 一个名为"尺寸标注"的文字样式，文字高度都设置为5，然后单击"应用"按钮，如图15-16所示。

图 15-15 新建文字样式

图 15-16 新建文字样式

> ❖ **注意：**
>
> 在绘制图形时，通常需要设置注释、尺寸标注、标题栏和零件名称这4种文字样式。AutoCAD中专门提供了三种符合国家标准的中文字体文件，即gbenor.shx、gbeitc.shx和gbcbig.shx文件。其中，gbenor.shx和gbeitc.shx用于标注正体和斜体的字母和数字，gbcbig.shx用于标注中文字。用户也可采用长仿宋体，选择"仿宋_GB2312"字体，然后将"宽度因子"设为0.7。

15.1.4 设置标注样式

01 执行Dimstyle(D)命令，打开"标注样式管理器"对话框。在该对话框的"样式"列表中选择ISO-25样式，单击"修改"按钮，如图15-17所示。

02 在打开的"修改标注样式"对话框的"文字"选项卡中设置"文字样式"为"尺寸标注"，在"文字对齐"选项组中选中"ISO标准"单选按钮，然后进行确定，如图15-18所示。

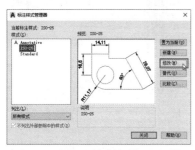

图 15-17 "标注样式管理器"对话框

图 15-18 修改标注文字样式

15.1.5 绘制图框线

01 执行REC(矩形)命令，设置矩形的第一个角点坐标为(0,0)，另一个角点坐标为

(420,297)，绘制一个长度为420、宽度为297的矩形，如图15-19所示。

02 设置"轮廓线"图层为当前图层，执行REC(矩形)命令。设置矩形的第一个角点坐标为(25,10)，另一个角点的相对坐标为(@390,277)，绘制一个长度为390、宽度为277的矩形，如图15-20所示。

图 15-19　绘制矩形框一

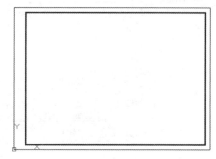

图 15-20　绘制矩形框二

> **❖ 注意：**
>
> AutoCAD中的图形界限不能直观地显示出来，所以在绘图时通常需要通过图框来确定绘图的范围。图框通常要小于或等于图形界限。

15.1.6　绘制标题栏

01 设置图层0为当前图层，选择"格式"｜"表格样式"命令，打开"表格样式"对话框。在该对话框中单击"新建"按钮，在打开的"创建新的表格样式"对话框中新建一个名为"标题栏"的表格样式，如图15-21所示。

02 单击"继续"按钮，在打开的"新建表格样式"对话框中选择"常规"选项卡，在"对齐"下拉列表中选择"正中"选项，如图15-22所示。

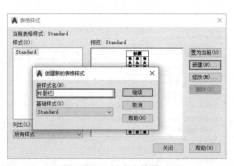

图 15-21　新建表格样式

图 15-22　设置表格常规样式

03 选择"文字"选项卡，在"文字样式"下拉列表中选择"标题栏"选项，如图15-23所示。

04 选择"边框"选项卡，在"线宽"下拉列表中选择0.30mm选项，再单击"外边框"按钮，将设置的边框特性应用于外边框，然后进行确定，如图15-24所示。

05 选择"绘图"｜"表格"命令，打开"插入表格"对话框。在"表格样式"下拉列表中选择"标题栏"表格样式，在"列和行设置"选项组中设置列数为6、数据行数为3。在"第一行单元样式"和"第二行单元样式"下拉列表中都选择"数据"选项，如图15-25所示。

图 15-23　设置表格文字样式

图 15-24　新建表格边框样式

06 单击"确定"按钮，在绘图区指定插入表格的位置，即可创建一个指定列数和行数的表格，如图15-26所示。

图 15-25　设置表格参数

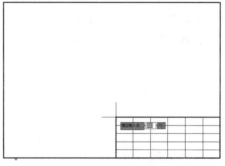

图 15-26　插入表格

07 拖动选中表格中的前2行和前2列表格单元，如图15-27所示。

08 在"表格单元"功能区单击"合并单元"下拉按钮，然后选择"合并全部"选项，如图15-28所示，将选中的表格单元合并。

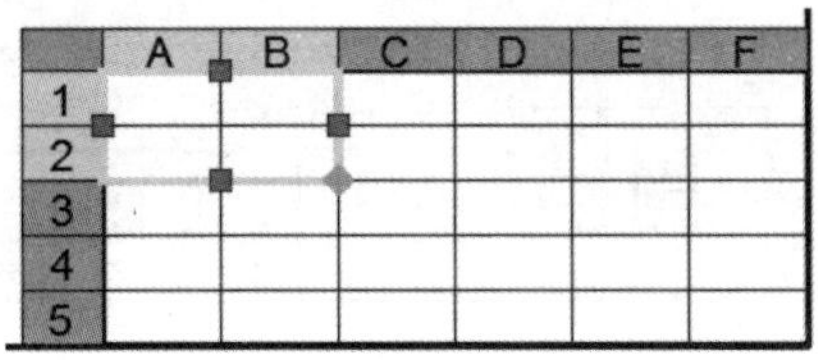

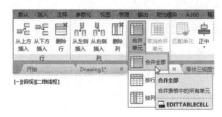

图 15-27　选中要合并的表格单元

图 15-28　选择"合并全部"选项

09 参照如图15-29所示的表格效果，对表格中的其他表格单元进行合并。

10 参照如图15-30所示的效果，在表格各个单元中输入文字内容，完成表格的绘制。

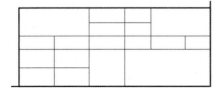

图 15-29　合并表格单元

图 15-30　输入表格文字

15.1.7　保存样板图形

01 选择"文件"｜"另存为"命令，打开"图形另存为"对话框。在该对话框中单击"文件类型"下拉按钮，在弹出的下拉列表中选择"AutoCAD图形样板"文件类型，如图15-31所示。

02 设置保存文件的路径和名称，然后单击"保存"按钮对图形进行保存，如图15-32所示。

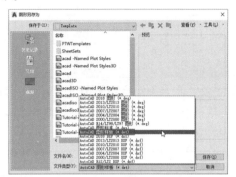

图 15-31　选择文件类型

图 15-32　设置保存路径和名称

15.2　绘制机械零件三视图

1. 实例效果

本例将以绘制零件三视图为例，介绍机械零件设计的制图方法和流程。打开"零件三视图.dwg"文件，查看本例的最终效果，如图15-33所示。

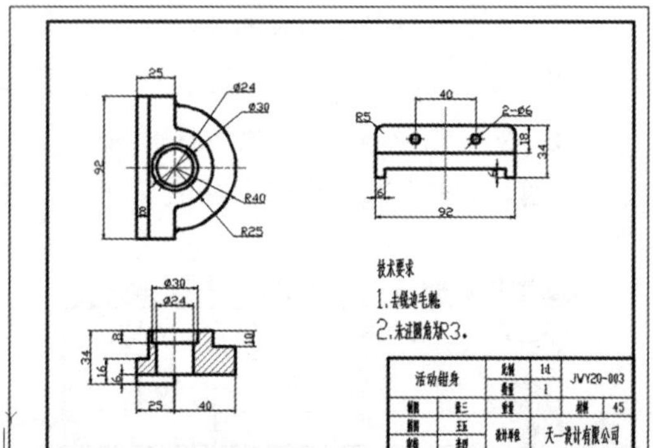

2. 实例分析

在绘制本例的过程中，首先绘制零件的俯视图，再绘制零件的左视图和剖视图。绘制本例图形的关键步骤如下。

图 15-33　零件三视图

(1) 使用"直线"命令绘制中心线。

(2) 使用"直线""圆""偏移"和"圆角"等命令绘制零件俯视图和左视图。

(3) 使用"直线""偏移"和"图案填充"等命令绘制零件剖视图。

(4) 使用"线性""半径"和"直径"命令对图形进行标注。

(5) 使用"文字"命令书写技术要求和标题栏中的文字内容。

3. 操作过程

对本例图形进行分析，可以将其分为4个主要部分进行绘制，操作过程依次为绘制零件俯视图、零件左视图、零件剖视图和标注零件图形。具体操作如下。

15.2.1 绘制零件俯视图

01 打开前面创建的"样板图形.dwg"图形文件，将"中心线"图层设置为当前图层。

02 执行L(直线)命令，在图框内绘制两条相互垂直的中心线，如图15-34所示。

03 将"轮廓线"图层设置为当前图层。执行C(圆)命令，以两条线段的交点为圆心，绘制一个半径为40的圆，如图15-35所示。

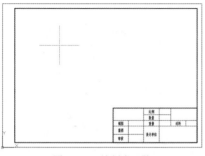

图 15-34 绘制中心线

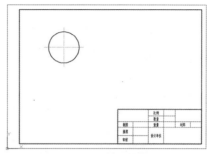

图 15-35 绘制圆形

04 执行O(偏移)命令，将绘制的圆向内依次偏移15、10、3个单位，效果如图15-36所示。

05 执行O(偏移)命令，将垂直中心线依次向左偏移17、8个单位，再将水平中心线分别向上和向下各偏移46个单位。将偏移得到的直线放入"轮廓线"图层中，效果如图15-37所示。

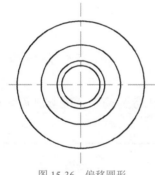

图 15-36 偏移圆形

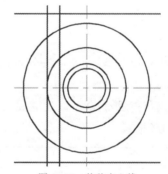

图 15-37 偏移中心线

06 执行TR(修剪)命令，参照图15-38所示的效果，对圆和偏移的线段进行修剪。

07 隐藏"中心线"图层，然后执行L(直线)命令，参照图15-39所示的效果，绘制两条直线连接水平线和半圆弧。

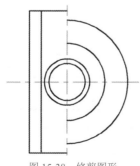

图 15-38 修剪图形

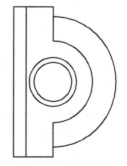

图 15-39 绘制直线

08 执行F(圆角)命令，设置圆角半径为3。对直线和半圆弧进行圆角处理，效果如图15-40所示。

09 打开"中心线"图层，通过调整中心线的顶点，适当修改中心线的长度，效果如图15-41所示，完成零件俯视图的绘制。

图 15-40　圆角处理图形

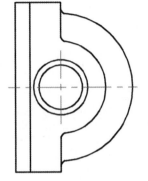

图 15-41　调整中心线

❖ **注意：**

在对半圆弧和直线进行圆角处理的过程中，应该先对直线和大的半圆弧进行圆角操作，再对直线和小的半圆弧进行圆角操作，这样才能一次处理好图形。

15.2.2　绘制零件左视图

01 执行L(直线)命令，在俯视图的右侧绘制一个长度为92、宽度为34的矩形，如图15-42所示。

02 执行F(圆角)命令，设置圆角半径为5，对矩形上方的两个角进行圆角处理，效果如图15-43所示。

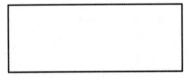

图 15-42　绘制矩形

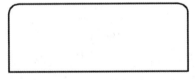

图 15-43　圆角矩形

03 执行X(分解)命令，将矩形进行分解。

04 执行O(偏移)命令，将矩形左右两边的垂直线分别向内偏移6个单位，将矩形下边的水平线向上依次偏移6和10个单位，效果如图15-44所示。

05 执行TR(修剪)命令，对偏移线段和矩形进行修剪，效果如图15-45所示。

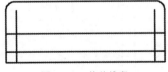

图 15-44　偏移线段

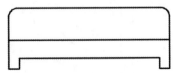

图 15-45　修剪图形

06 将"中心线"图层设置为当前图层。执行L(直线)命令,通过对象捕捉追踪功能,捕捉追踪矩形水平线的中点,绘制一条垂直中心线,效果如图15-46所示。

07 执行O(偏移)命令,将中心线向左右两边各偏移20个单位,将矩形上方的水半线向下偏移9个单位,并将偏移得到的线段放在"中心线"图层中,效果如图15-47所示。

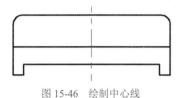

图 15-46　绘制中心线　　　　　　　　　　图 15-47　偏移中心线

08 将"轮廓线"图层设置为当前图层。执行C(圆)命令,参照图15-48所示的效果,以两边中心线的交点为圆心,分别绘制半径为3和5的同心圆。

09 执行TR(修剪)命令,以大圆为边界,对两方的中心线进行修剪。然后将大圆删除,效果如图15-49所示,完成零件左视图的绘制。

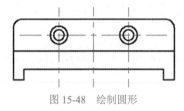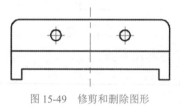

图 15-48　绘制圆形　　　　　　　　　　图 15-49　修剪和删除图形

15.2.3　绘制零件剖视图

01 将"中心线"图层设置为当前图层。执行L(直线)命令,在俯视图中心线下方绘制一条垂直中心线。

02 将绘制的垂直中心线向左依次偏移17、8个单位,再将中心线向右依次偏移25、15个单位,效果如图15-50所示。

03 将偏移得到的中心线放在"轮廓线"图层中。

04 将"轮廓线"图层设置为当前图层,然后执行L(直线)命令,绘制一条水平直线,如图15-51所示。

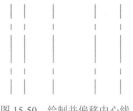

图 15-50　绘制并偏移中心线　　　　　　图 15-51　绘制水平直线

05 执行O(偏移)命令,将水平直线向上依次偏移10、8、10个单位,效果如图15-52所示。

06 执行TR(修剪)命令,对偏移线段进行修剪,效果如图15-53所示。

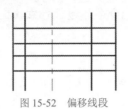

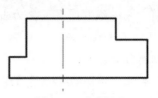

图 15-52　偏移线段　　　　　　　　　　　　　　图 15-53　修剪图形

07 执行O(偏移)命令，将上方的水平线向下偏移8个单位，再将垂直中心线向左右依次各偏移12和3个单位，并将偏移得到的中心线放在"轮廓线"图层中，效果如图15-54所示。

08 执行TR(修剪)命令，对偏移线段进行修剪，效果如图15-55所示。

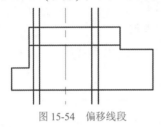

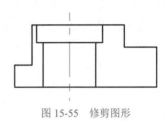

图 15-54　偏移线段　　　　　　　　　　　　　　图 15-55　修剪图形

09 执行O(偏移)命令，将下方的水平线向下偏移6个单位，效果如图15-56所示。

10 执行L(直线)命令，通过捕捉线段的端点，在图形左下方绘制两条连接线，效果如图15-57所示。

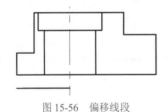

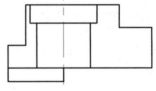

图 15-56　偏移线段　　　　　　　　　　　　　　图 15-57　绘制连接线

11 将"剖面线"图层设置为当前图层，执行H(图案填充)命令，设置填充图案为ANSI31，如图15-58所示。对剖视图局部进行图案填充，效果如图15-59所示，完成剖视图的绘制。

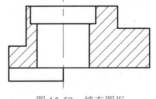

图 15-58　设置填充参数　　　　　　　　　　　　图 15-59　填充图形

15.2.4　标注零件图形

01 执行D(标注样式)命令，在打开的"标注样式管理器"对话框中选择ISO-25样式，然后单击"修改"按钮，如图15-60所示。

02 在打开的"修改标注样式：ISO-25"对话框中选择"调整"选项卡，设置"使用全局比例"值为1.2，如图15-61所示。

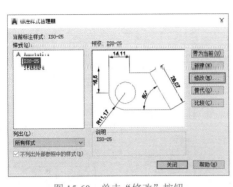

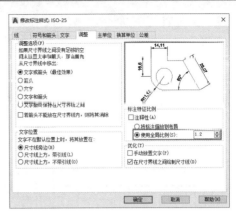

图 15-60　单击"修改"按钮　　　　　　　图 15-61　设置标注的全局比例

03 将"标注"图层设置为当前图层。执行DLI(线性)命令，分别在各视图中进行尺寸标注，效果如图15-62所示。

04 执行DDI(直径)命令，对俯视图和左视图中的圆进行直径标注，效果如图15-63所示。

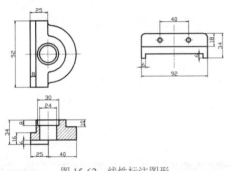

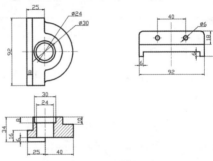

图 15-62　线性标注图形　　　　　　　　　图 15-63　进行直径标注

05 执行DRA(半径)命令，分别对俯视图中的半圆和左视图的圆角进行半径标注，效果如图15-64所示。

06 分别双击剖视图中标注值为30和24的线性标注，然后在标注数字前加上直径符号⌀，效果如图15-65所示。

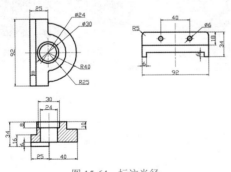

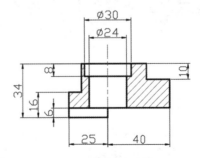

图 15-64　标注半径　　　　　　　　　　　图 15-65　修改标注文字

07 双击左视图中标注值为⌀6的直径标注，然后将标注文字修改为"2-⌀6"，效果如图15-66所示。

08 执行T(文字)命令，书写技术要求文字和标题栏中的文字内容，效果如图15-67所示，完成本例的绘制。

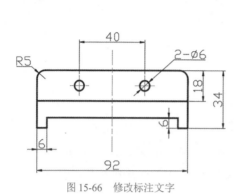

图 15-66　修改标注文字

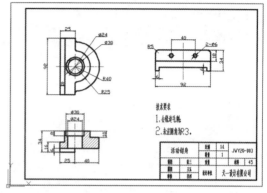

图 15-67　书写文字

15.3　绘制机械零件模型

1. 实例效果

使用AutoCAD不仅可以绘制机械设计图、加工生产图以及装配图等，还可以绘制产品的实体模型图。产品实体模型图可以直观地反映产品的具体形状和结构。本例将以阀盖零件图为参照对象(如图15-68所示)绘制阀盖模型图。请打开"阀盖模型图.dwg"文件，查看本例的最终效果，如图15-69所示。

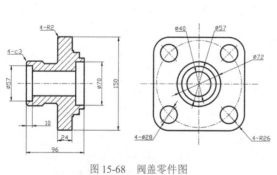

图 15-68　阀盖零件图

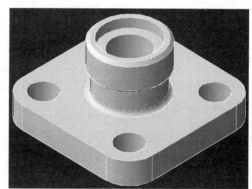

图 15-69　阀盖模型效果

2. 实例分析

在绘制本例的过程中，首先打开阀盖零件图并对图形进行编辑，再根据零件图尺寸和效果创建模型图。绘制本例模型图的关键步骤如下。

01 打开阀盖零件图并删除标注和辅助线等对象。

02 使用"面域"命令将主视图外轮廓转换为面域，并对面域进行差集运算。

03 使用"修剪"命令对图形进行修剪，并删除多余线段。

04 使用"修改"｜"对象"｜"多段线"命令将修剪图形转换为多段线。

05 使用"拉伸"和"旋转"命令将二维图形创建为实体模型。

06 使用"三维旋转""移动"和"布尔运算"命令对模型进行编辑。

3. 操作过程

对本例图形进行分析，可以将其分为两个主要部分进行绘制，操作过程依次为编辑零件图和创建零件模型。具体操作如下。

01 打开"阀盖零件图.dwg"图形文件，删除主视图中的标注和辅助线对象，效果如图15-70所示。

02 选择"视图"｜"三维视图"｜"西南等轴测"命令，将视图切换到西南等轴测视图，效果如图15-71所示。

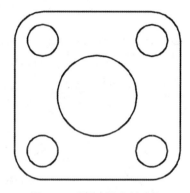

图 15-70 删除标注和辅助线

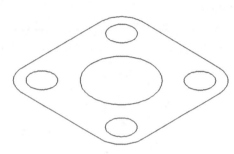

图 15-71 西南等轴测视图

03 选择"绘图"｜"面域"命令，选择主视图中的轮廓图形，将其转换为面域对象。

04 选择"修改"｜"实体编辑"｜"差集"命令，选择矩形作为源对象，再选择其中的5个圆作为修剪对象，修改后的面域将成为一个整体，如图15-72所示。

05 选择"绘图"｜"建模"｜"拉伸"命令，在主视图中选择转换为面域的图形并确定，设置拉伸的高度为24，拉伸后的效果如图15-73所示。

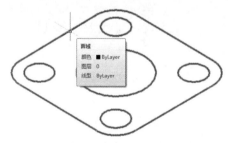

图 15-72 进行面域编辑

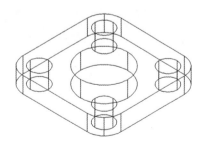

图 15-73 拉伸实体

❖ **注意**：

将多条线段转换为面域或多段线对象，目的是方便后面将图形编辑为三维模型。

06 将剖视图中填充的图案和标注等图形删除，效果如图15-74所示。

07 使用TR(修剪)命令对剖视图进行修剪，并参照图15-75所示的效果对图形进行编辑。

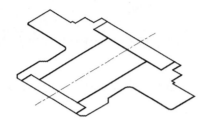
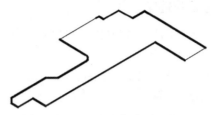

图 15-74　删除标注和图案　　　　　　　　　　图 15-75　修剪图形

08 选择"修改"｜"对象"｜"多段线"命令，对剖视图中修改后的线段进行编辑，将这些线段合并为一条多段线。

09 选择"绘图"｜"建模"｜"旋转"命令，选择转换为多段线的图形并确定。然后捕捉如图15-76所示的端点作为旋转轴的起点。

10 根据系统提示，捕捉如图15-77所示的端点作为旋转轴的第二点。

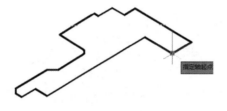
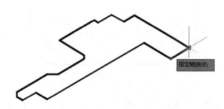

图 15-76　指定旋转轴起点　　　　　　　　　　图 15-77　指定旋转轴第二点

11 根据系统提示，在动态文本框中输入旋转角度为360并确定，如图15-78所示。绘制的旋转模型如图15-79所示。

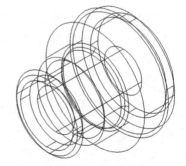

图 15-78　输入旋转角度　　　　　　　　　　　图 15-79　旋转模型

12 选择"修改"｜"三维操作"｜"三维旋转"命令，对实体对象进行旋转。选择Y轴为旋转轴，再输入旋转的角度为-90，如图15-80所示。得到的旋转效果如图15-81所示。

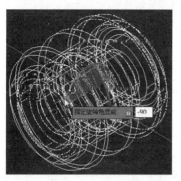

图 15-80　输入旋转角度

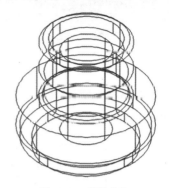

图 15-81　旋转实体

13 选择"修改"｜"三维操作"｜"三维移动"命令，选择旋转实体，捕捉旋转实体下方的圆心作为移动基点，如图15-82所示。

14 将光标移到拉伸实体的底面圆心处，指定移动的第二点，移动旋转实体后的效果如图15-83所示。

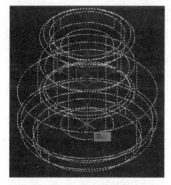

图 15-82　指定移动基点

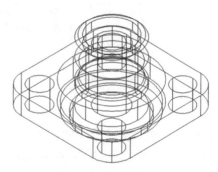

图 15-83　移动旋转实体

15 选择"视图"｜"三维视图"｜"左视"命令，在左视图中对拉伸实体进行适当的移动，使其效果如图15-84所示。

16 选择"视图"｜"三维视图"｜"西南等轴测"命令，再选择"视图"｜"视觉样式"｜"概念"命令，得到如图15-85所示的视觉效果。

17 选择"修改"｜"实体编辑"｜"并集"命令，将旋转实体与拉伸实体进行并集运算，完成本实例的绘制。

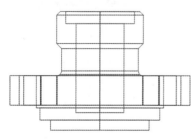

图 15-84　调整实体位置

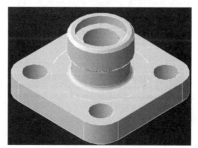

图 15-85　更改视觉效果

15.4　思考与练习

　　1. 请打开"壳体零件图.dwg"图形文件，参照如图15-86所示的壳体三视图的尺寸和效果，绘制壳体主视图、左视图和俯视图，并对图形进行尺寸标注和文字注释。

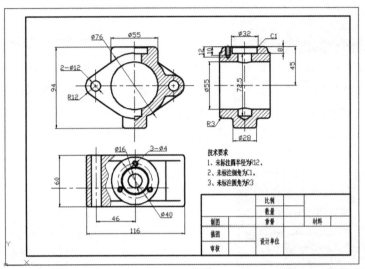

图 15-86　绘制壳体三视图

　　2. 打开"支座零件图.dwg"文件，如图15-87所示。参照该零件图的尺寸和效果绘制支座模型图，最终效果如图15-88所示。

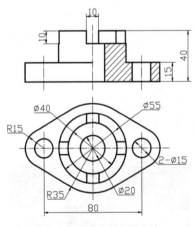

图 15-87　支座零件图素材

图 15-88　绘制支座模型图

附录 A　AutoCAD 快捷键

获取帮助	F1
实现作图窗口和文本窗口的切换	F2
控制是否实现对象自动捕捉	F3
三维对象捕捉开/关	F4
等轴测平面切换	F5
控制状态行坐标的显示方式	F6
栅格显示模式控制	F7
正交模式控制	F8
栅格捕捉模式控制	F9
极轴模式控制	F10
对象追踪模式控制	F11
动态输入控制	F12
打开"特性"选项板	Ctrl+1
打开"设计中心"选项板	Ctrl+2
将选择的对象复制到剪切板上	Ctrl+C
将剪切板上的内容粘贴到指定的位置	Ctrl+V
重复执行上一步命令	Ctrl+J
超链接	Ctrl+K
新建图形文件	Ctrl+N
打开"选项"对话框	Ctrl+M
打开图像文件	Ctrl+O
打开"打印"对话框	Ctrl+P
保存文件	Ctrl+S
剪切所选择的内容	Ctrl+X
重做	Ctrl+Y
取消前一步的操作	Ctrl+Z

附录 B   AutoCAD 常用的简化命令

命令	简化命令	命令	简化命令
直线	L	打断	BR
构造线	XL	分解	X
射线	RAY	并集	UN
矩形	REC	差集	SU
圆	C	交集	IN
圆弧	A	对象捕捉模式设置	SE
多线	ML	图层	LA
多段线	PL	恢复上一次操作	U
正多边形	POL	缩放视图	Z
样条曲线	SPL	移动视图	P
椭圆	EL	重生成视图	RE
点	PO	拼写检查	SP
定数等分点	DIV	测量两点间的距离	DI
定距等分点	ME	标注样式	D
定义块	B	线性标注	DLI
插入	I	对齐标注	DAL
图案填充	H	半径标注	DRA
多行文字	T	直径标注	DDI
单行文字	DT	对齐标注	DAL
移动	M	角度标注	DAN
复制	CO	弧长标注	DAR
偏移	O	坐标标注	DOR
阵列	AR	折弯标注	DJO
旋转	RO	快速标注	QDIM
缩放比例	SC	基线标注	DBA
删除	E	连续标注	DCO
圆角	F	角度标注	DAN
倒角	CHA	圆心标记	DCE
修剪	TR	拉伸实体	EXT
延伸	EX	旋转实体	REV
拉伸	S	放样实体	LOFT
拉长	LEN	拉伸实体	DBA